영재학급, 영재교육원,
경시대회 준비를 위한

창의사고력
초등수학

팩토

규칙 · 기하 · 문제해결력

"

서로 다른 펜토미노 조각 퍼즐을 맞추어
직사각형 모양을 만들어 본 경험이 있는지요?

한참을 고민하여 스스로 완성한 후 느끼는 행복은 꼭 말로 표현하지 않아도 알겠지요. 퍼즐 놀이를 했을 뿐인데, 여러분은 펜토미노 12조각을 어느 사이에 모두 외워버리게 된답니다. 또 보도블록을 보면서 조각 맞추기를 하고, 화장실 바닥과 벽면의 조각들을 보면서 멋진 퍼즐을 스스로 만들기도 한답니다.
이 과정에서 공간에 대한 감각과 또 다른 퍼즐 문제, 도형 맞추기, 도형 나누기 에 대한 자신감도 생기게 되지요. 완성했다는 행복감보다 더 큰 자신감과 수학에 대한 흥미가 생기게 되는 것입니다.

팩토가 만드는 창의사고력 수학은 바로 이런 것입니다.

수학 문제를 한 문제 풀었을 뿐인데, 그 결과는 기대 이상으로 여러분을 행복하게 해줍니다. 학교에서도 친구들과 다른 멋진 방법으로 문제를 해결할 수 있고, 중학생이 되어서는 더 큰 꿈을 이루는 밑거름이 되어 줄 것입니다.
물론 고민하고, 시행착오를 반복하는 것은 퍼즐을 맞추는 것과 같이 여러분들의 몫입니다. 팩토는 여러분에게 생각할 수 있는 기회를 주고, 그 과정에서 포기하지 않도록 여러분들을 도와주는 친구가 되어줄 것입니다.
자 그럼 시작해 볼까요?

"

Contents

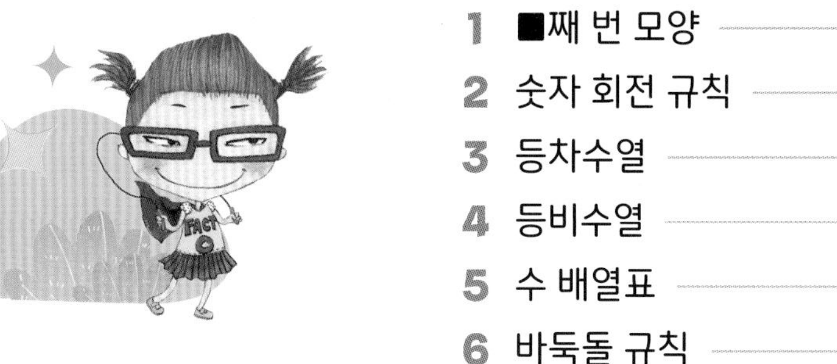

Ⅰ 규칙

1 ■째 번 모양 · 8
2 숫자 회전 규칙 · 10
3 등차수열 · 12
4 등비수열 · 18
5 수 배열표 · 20
6 바둑돌 규칙 · 22

Ⅱ 기하

1 조건에 맞게 나누기 · 34
2 폴리오미노 · 36
3 정사각형으로 나누기 · 38
4 폴리아몬드 · 44
5 찾을 수 있는 도형의 개수 · 46
6 여러 가지 도형을 붙여 만든 모양 · 48

Ⅲ 문제해결력

1 부분과 전체의 차를 이용하여 해결하기 · 60
2 가로수 심기 · 62
3 그림 그려 해결하기 · 64
4 나누어 계산하기 · 70
5 주고 받기 · 72
6 예상하고 확인하기 · 74

구성과 특징

팩토를 공부하기 前 » 진단평가

1. 매스티안 홈페이지 www.mathtian.com의 교재 자료실에서 해당 학년의 진단평가 시험지와 정답지를 다운로드 하여 출력한 후 정해진 시간 안에 풀어 봅니다.
2. 학부모님 또는 선생님이 정답지를 참고하여 채점하고 채점한 결과를 홈페이지에 입력한 후 팩토 교재 추천을 받습니다.

팩토를 공부하는 방법

① 대표 유형 익히기

대표 유형 문제를 해결하는 사고의 흐름을 단계별로 전개하였고, 반복 수행을 통해 효과적으로 유형을 습득할 수 있습니다.

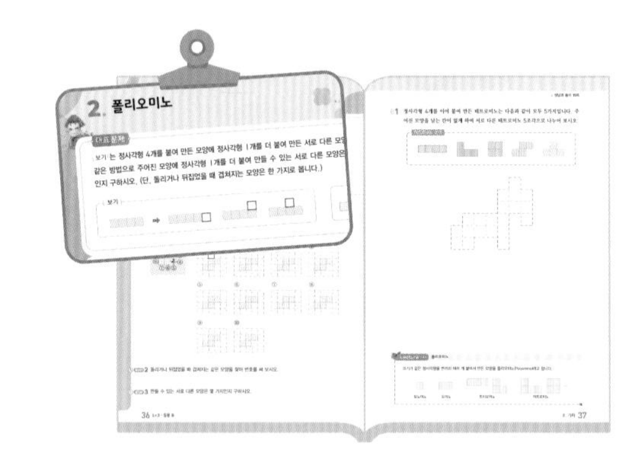

② 실력 키우기

유형별 학습이 가장 놓치기 쉬운 주제 통합형 문제를 수록하여 내실 있는 마무리 학습을 할 수 있습니다.

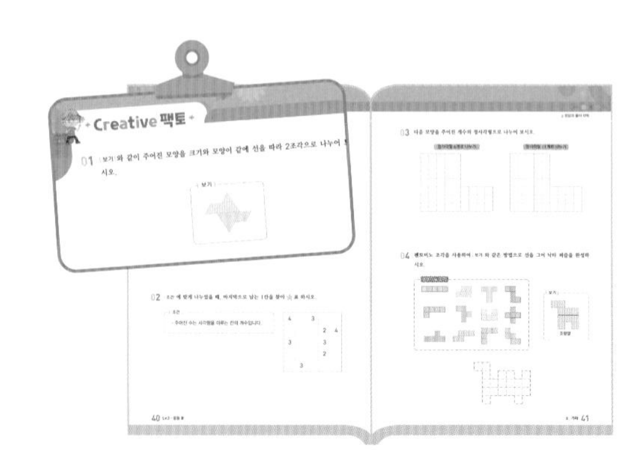

③ 경시대회 대비

각 주제의 대표적인 경시대회 대비, 심화 문제를 담았습니다.

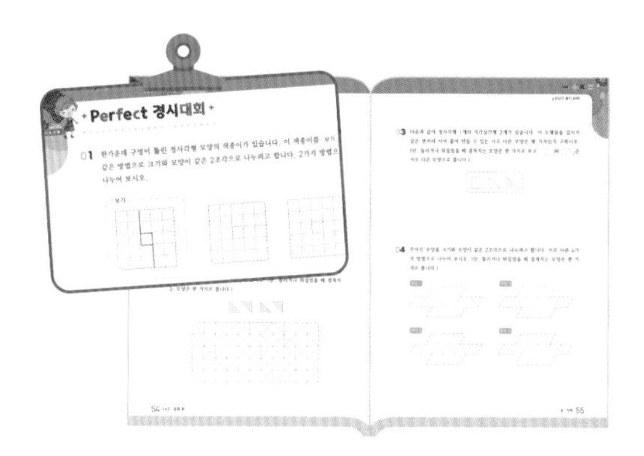

④ 영재교육원 대비

영재교육원 선발 문제인 영재성 검사를 경험할 수 있는 개방형 · 다답형 문제를 담았습니다.

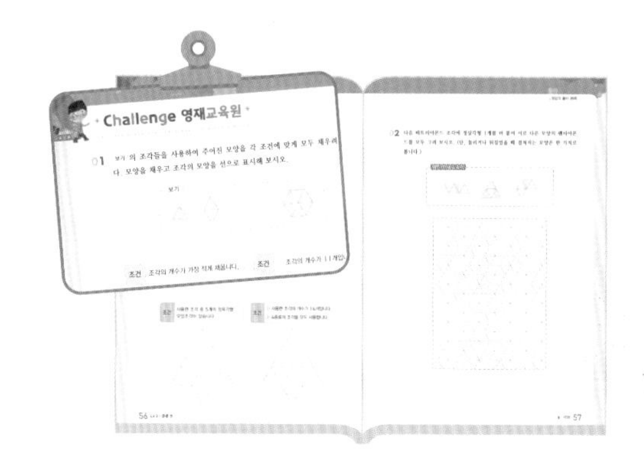

⑤ 명확한 정답 & 친절한 풀이

채점하기 편하게 직관적으로 정답을 구성하였고, 틀린 문제를 이해하거나 다양한 접근을 할 수 있도록 친절하게 풀이를 담았습니다.

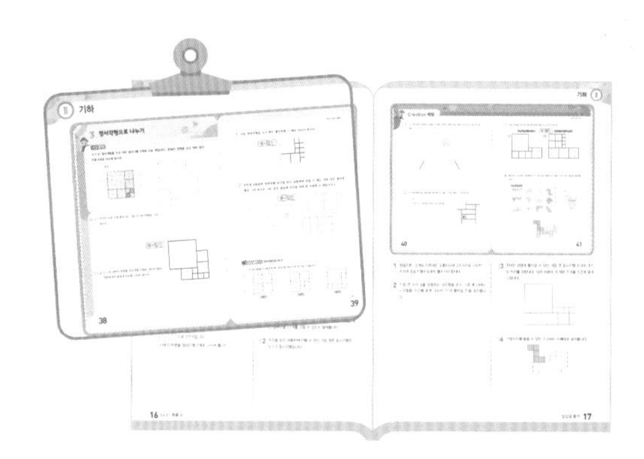

팩토를 공부하고 난 後 » 형성평가·총괄평가

1. 팩토 교재의 부록으로 제공된 형성평가와 총괄평가를 정해진 시간 안에 풀어 봅니다.
2. 학부모님 또는 선생님이 정답지를 참고하여 채점하고 채점한 결과를 매스티안 홈페이지 www.mathtian.com에 입력한 후 학습 성취도와 다음에 공부할 팩토 교재 추천을 받습니다.

I

규칙

학습 Planner

계획한 대로 공부한 날은 😀에, 공부하지 못한 날은 🙁에 ◯표 하세요.

공부할 내용	공부할 날짜	확 인
1 ■째 번 모양	월 일	😀 | 🙁
2 숫자 회전 규칙	월 일	😀 | 🙁
3 등차수열	월 일	😀 | 🙁
Creative 팩토	월 일	😀 | 🙁
4 등비수열	월 일	😀 | 🙁
5 수 배열표	월 일	😀 | 🙁
6 바둑돌 규칙	월 일	😀 | 🙁
Creative 팩토	월 일	😀 | 🙁
Perfect 경시대회	월 일	😀 | 🙁
Challenge 영재교육원	월 일	😀 | 🙁

1. ■째 번 모양

대표 문제

규칙에 따라 16째 번에 올 그림을 찾아 기호를 써 보시오.

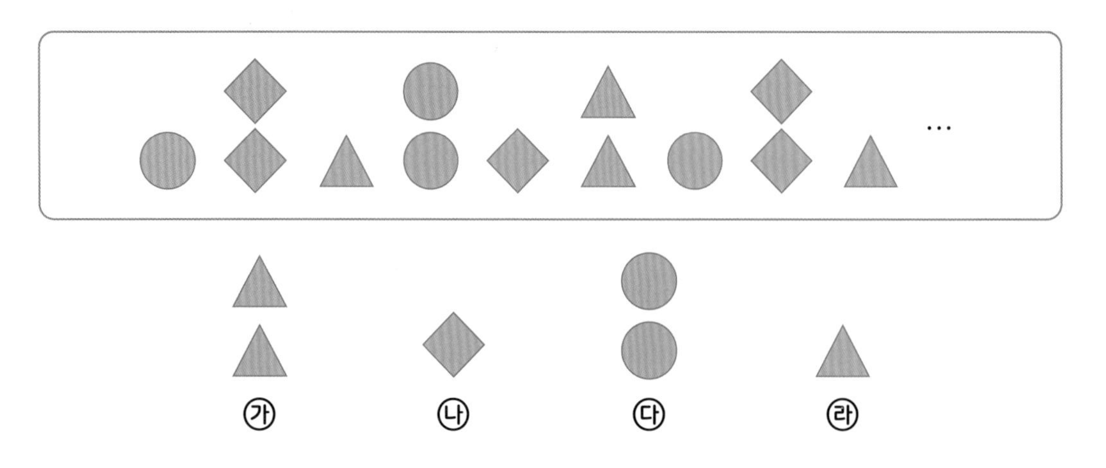

STEP 1 규칙을 찾아 빈칸을 알맞게 채워 보시오.

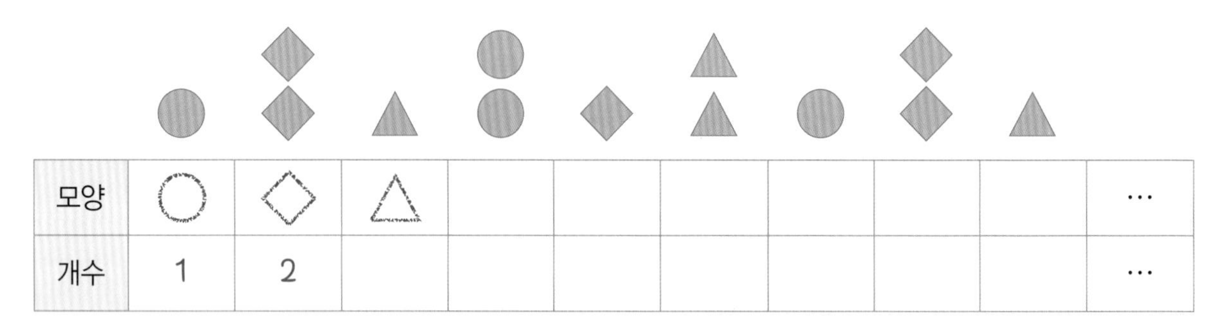

모양	○	◇	△							…
개수	1	2								…

STEP 2 규칙을 찾아 ☐ 안에 알맞은 수를 써넣고, 알맞은 모양에 ○표 하시오.

STEP 1의 모양에서 반복되는 부분은 ☐ 개입니다.

16째 번 16÷☐ 의 나머지가 ☐ 이므로, 모양은 (○, ◇, △)입니다.

STEP 3 규칙을 찾아 ☐ 안에 알맞은 수를 써넣고, 알맞은 개수에 ○표 하시오.

STEP 1의 개수에서 반복되는 부분은 ☐ 개입니다.

16째 번 16÷☐ 의 나머지가 ☐ 이므로, 개수는 (1개, 2개)입니다.

STEP 4 16째 번에 올 그림을 찾아 기호를 써 보시오.

정답과 풀이 2쪽

01 규칙에 따라 로마 숫자를 늘어놓은 것입니다. 20째 번에 올 로마 숫자를 써 보시오.

Ⅲ　Ⅵ　Ⅸ　Ⅲ　Ⅵ　Ⅸ　Ⅲ　⋯

02 규칙에 따라 18째 번에 올 쿠키를 찾아 ○표 하시오.

(, ,)

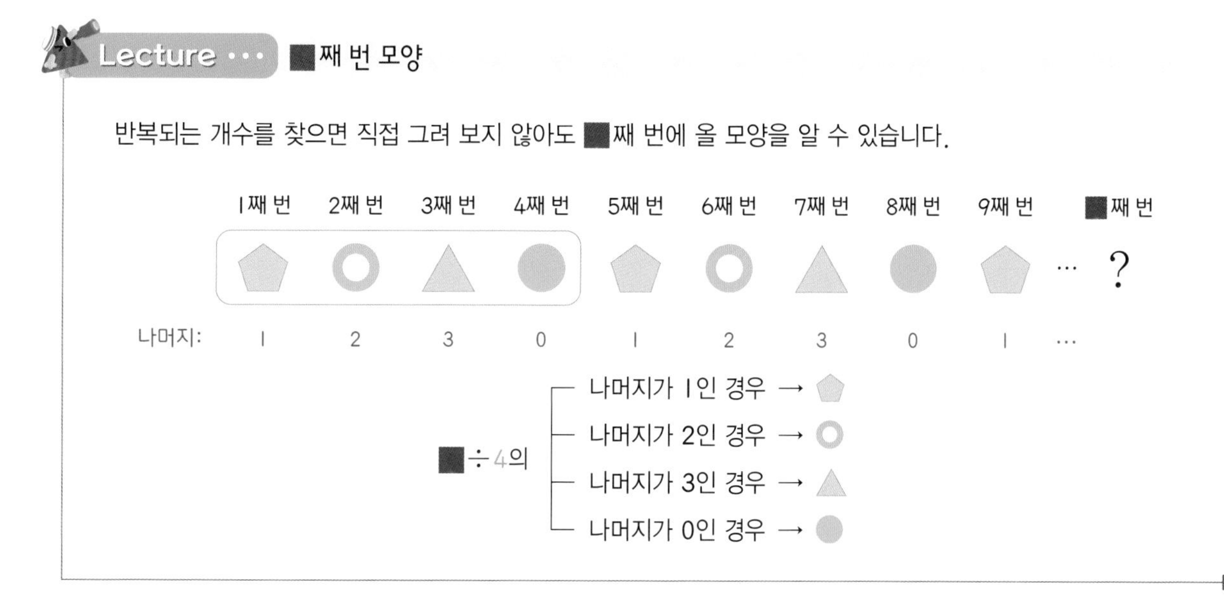

2. 숫자 회전 규칙

대표 문제

규칙을 찾아 빈 곳에 알맞은 수를 써넣으시오.

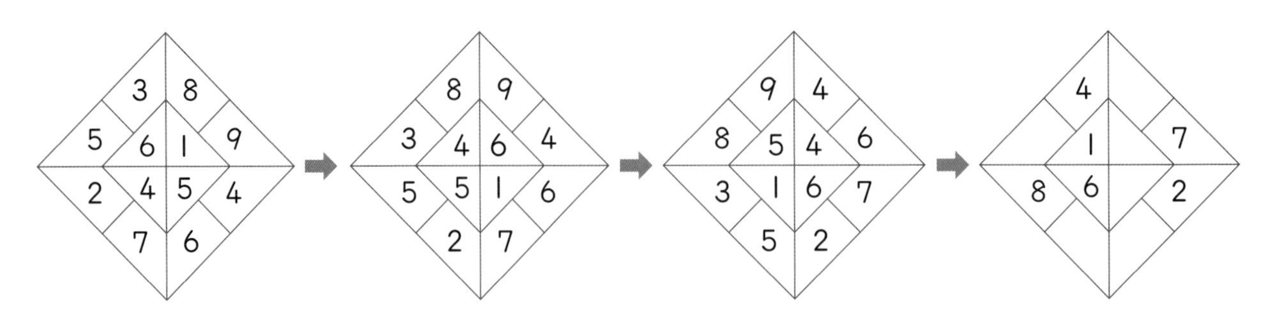

STEP 1 파란색 칸에 있는 숫자는 어떤 규칙으로 이동하는지 알아보시오.

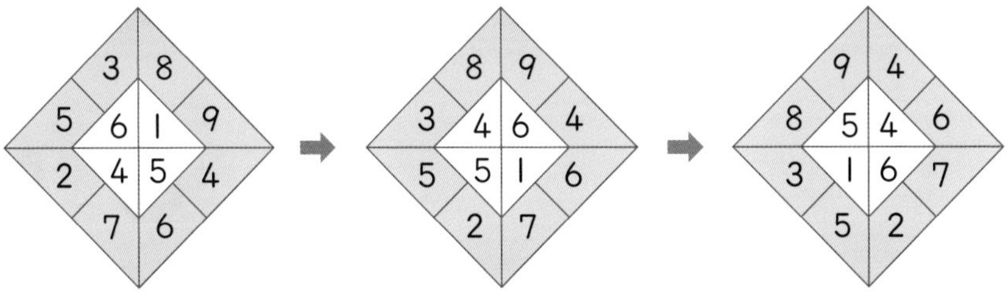

➡ 파란색 칸에 있는 숫자는 (시계 방향, 시계 반대 방향)으로 이동합니다.

STEP 2 연두색 칸에 있는 숫자는 어떤 규칙으로 이동하는지 알아보시오.

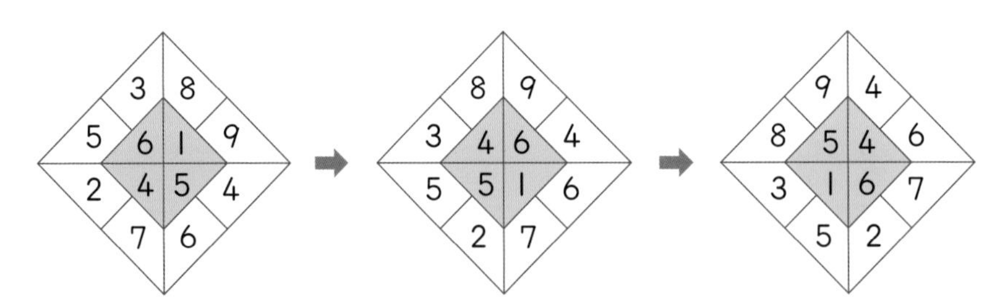

➡ 연두색 칸에 있는 숫자는 (시계 방향, 시계 반대 방향)으로 이동합니다.

STEP 3 STEP 1과 STEP 2에서 찾은 규칙에 따라 빈 곳에 알맞은 수를 써넣으시오.

01 규칙을 찾아 빈칸에 알맞은 수를 써넣으시오.

4	2	1	7
9	4	5	8
7	5	3	6

➡

7	4	2	1
8	5	4	9
5	3	6	7

➡

1	7	4	2
9	4	5	8
3	6	7	5

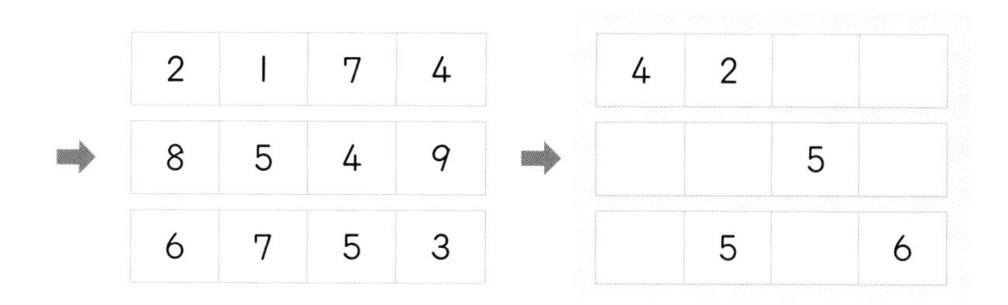

02 규칙을 찾아 빈칸에 알맞은 수를 써넣으시오.

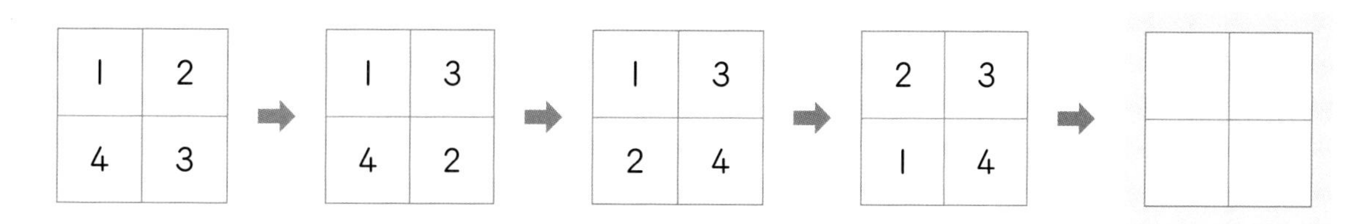

Lecture ··· 숫자 회전 규칙

숫자가 시계 방향 또는 시계 반대 방향으로 회전하는 규칙을 숫자 회전 규칙이라고 합니다.

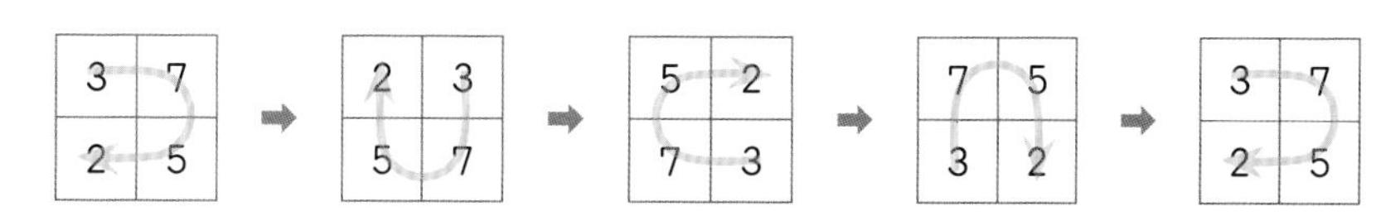

➡ 숫자 3, 7, 5, 2가 시계 방향으로 1칸씩 이동합니다.

3. 등차수열

대표 문제

일정한 규칙으로 성냥개비를 늘어놓았습니다. 13째 번에 놓일 성냥개비는 몇 개인지 구해 보시오.

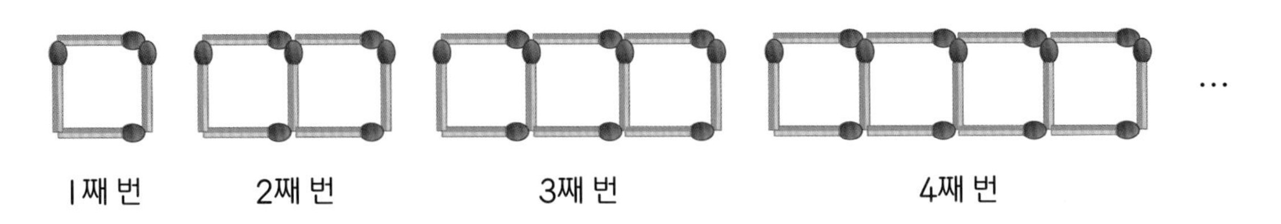

STEP 1 ☐ 안에 알맞은 수를 써넣어 늘어나는 성냥개비의 개수를 알아보시오.

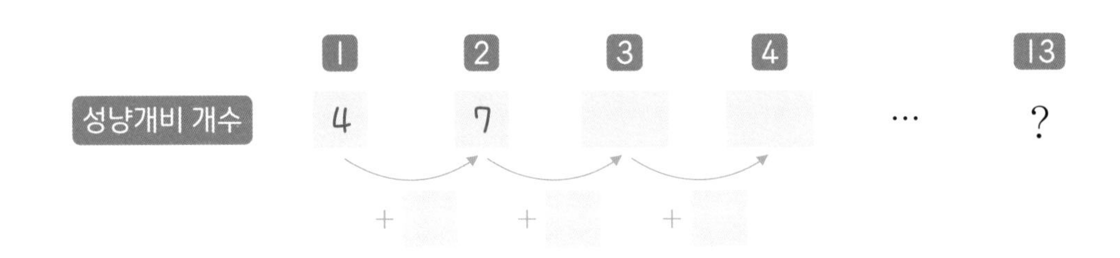

STEP 2 규칙을 찾아 ☐ 안에 알맞은 수를 써넣으시오.

STEP 1에서 순서가 한 번씩 늘어날 때마다 성냥개비의 개수가 ☐ 개씩 커지므로 ☐ 의 단으로 만들어 생각합니다.

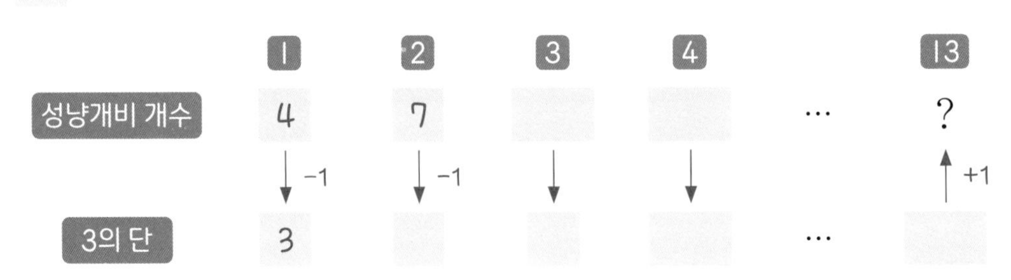

STEP 3 STEP 2에서 찾은 규칙에 따라 13째 번에 놓일 성냥개비는 몇 개인지 구해 보시오.

정답과 풀이 4쪽

01 그림과 같은 규칙으로 사진을 벽에 붙이려고 합니다. 사진 15장을 붙일 때, 필요한 압정은 몇 개인지 구해 보시오.

02 일정한 규칙으로 도형을 만들었습니다. 16째 번의 도형에 있는 점은 몇 개인지 구해 보시오.

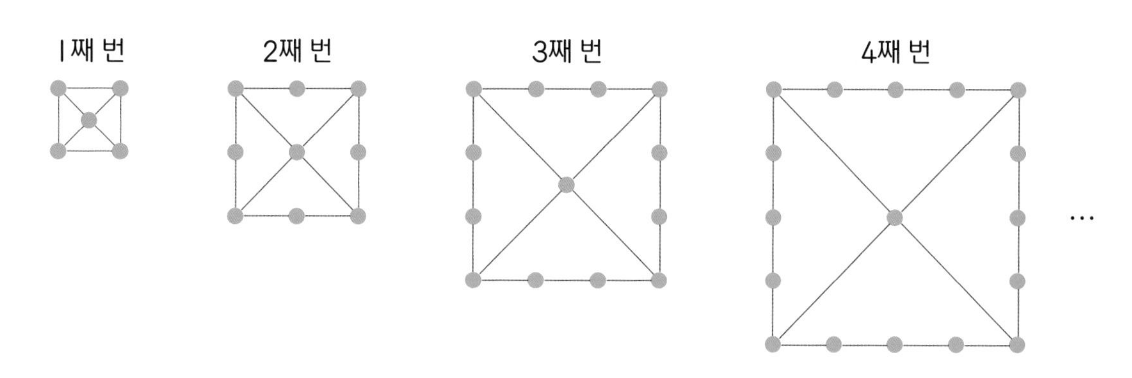

등차수열

수의 배열에서 규칙을 찾아 10째 번 수를 구합니다.

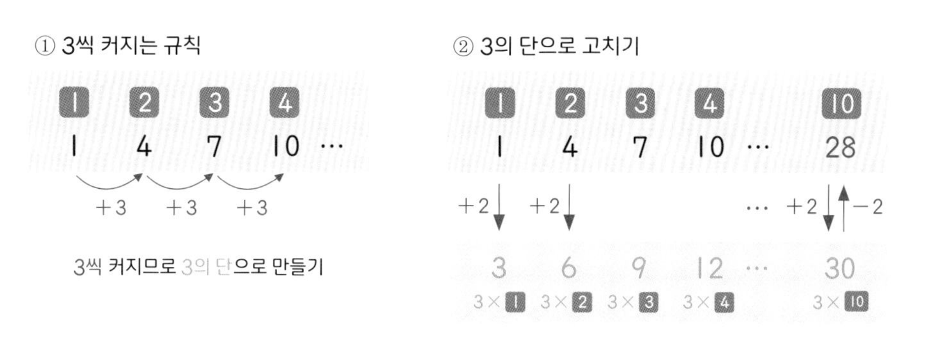

Creative 팩토

01 규칙에 따라 19째 번의 모양을 찾아 ○표 하시오.

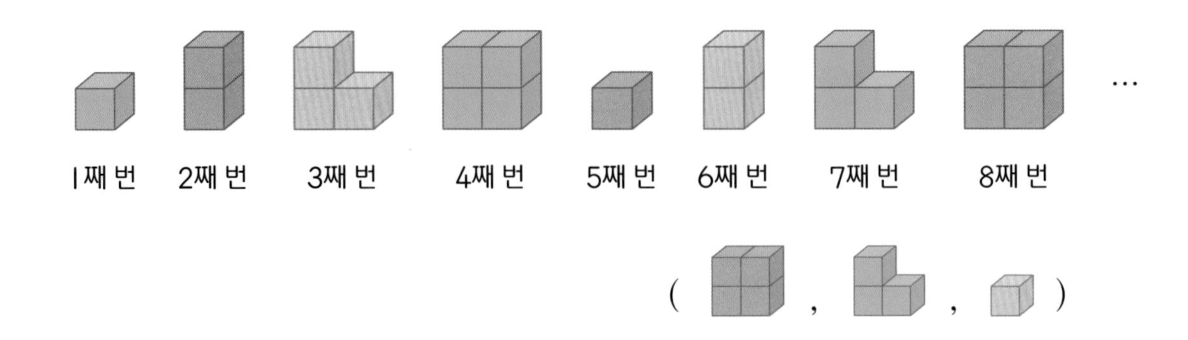

02 규칙을 찾아 빈칸에 알맞은 수를 써넣으시오.

<table>
<tr><td>3</td><td>5</td><td>8</td><td>6</td></tr>
<tr><td>4</td><td colspan="2" rowspan="2">1</td><td>2</td></tr>
<tr><td>7</td><td>9</td></tr>
<tr><td>1</td><td>6</td><td>3</td><td>4</td></tr>
</table>

➡

<table>
<tr><td>5</td><td>8</td><td>6</td><td>2</td></tr>
<tr><td>3</td><td colspan="2" rowspan="2">2</td><td>9</td></tr>
<tr><td>4</td><td>4</td></tr>
<tr><td>7</td><td>1</td><td>6</td><td>3</td></tr>
</table>

➡

<table>
<tr><td>8</td><td>6</td><td>2</td><td>9</td></tr>
<tr><td>5</td><td colspan="2" rowspan="2">3</td><td>4</td></tr>
<tr><td>3</td><td>3</td></tr>
<tr><td>4</td><td>7</td><td>1</td><td>6</td></tr>
</table>

➡

<table>
<tr><td>6</td><td>2</td><td>9</td><td>4</td></tr>
<tr><td>8</td><td colspan="2" rowspan="2">4</td><td>3</td></tr>
<tr><td>5</td><td>6</td></tr>
<tr><td>3</td><td>4</td><td>7</td><td>1</td></tr>
</table>

➡

<table>
<tr><td> </td><td> </td><td> </td><td> </td></tr>
<tr><td> </td><td colspan="2" rowspan="2"> </td><td> </td></tr>
<tr><td> </td><td> </td></tr>
<tr><td> </td><td> </td><td> </td><td> </td></tr>
</table>

정답과 풀이 5쪽

03 일정한 규칙으로 ■을 그렸습니다. 24째 번 그림에 있는 ■은 몇 개인지 구해 보시오.

04 다음 그림은 일정한 규칙이 있습니다. 1째 번부터 11째 번 모양 중 15째 번 모양과 같은 것은 몇째 번과 몇째 번 모양인지 구해 보시오.

05 규칙을 찾아 빈칸에 알맞은 수를 써넣으시오.

21	46
32	5

➡

42	1
25	36

➡

5	32
46	21

➡

36	25
1	42

➡

21	46
32	5

➡

06 일정한 규칙으로 성냥개비를 늘어놓았습니다. 성냥개비 19개로 만들 수 있는 정삼각형은 모두 몇 개인지 구해 보시오.

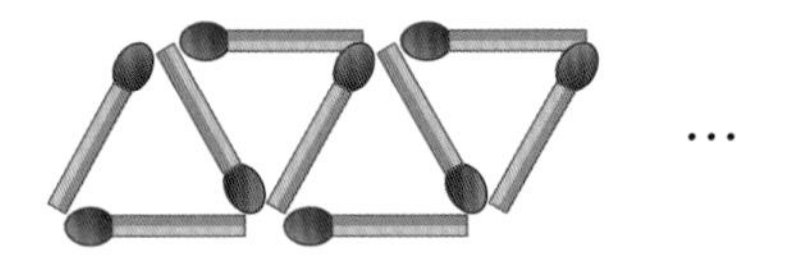

07 규칙에 따라 23째 번 그림을 찾아 기호를 써 보시오.

㉮ ㉯ ㉰ ㉱

08 그림과 같이 짧은 모서리에 1명, 긴 모서리에 2명씩 앉을 수 있는 탁자를 한 줄로 붙여서 의자를 놓으려고 합니다. 12개의 탁자를 붙일 때, 필요한 의자는 모두 몇 개인지 구해 보시오.

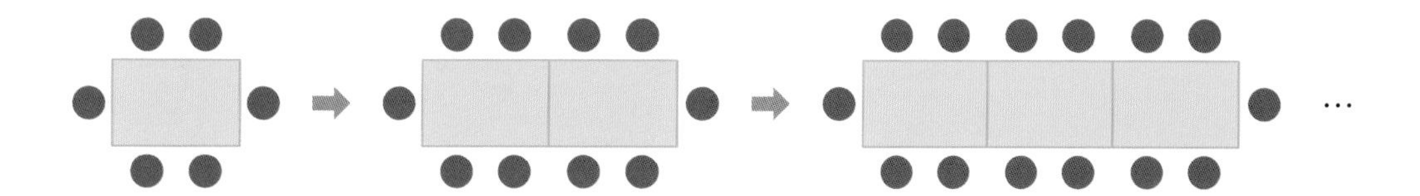

4. 등비수열

대표 문제

규칙적으로 사각형을 똑같이 나누어 작은 조각을 만들고 있습니다. 7째 번 그림에서 만들어지는 작은 조각의 개수를 구해 보시오.

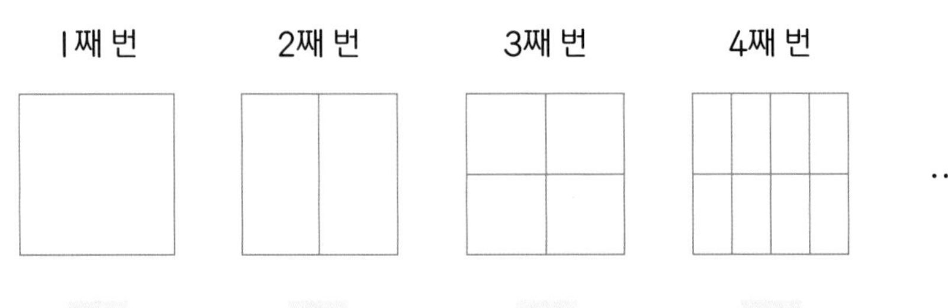

STEP 1 그림을 보고 조각의 개수를 세어 ☐ 안에 알맞은 수를 써넣으시오.

1째 번 2째 번 3째 번 4째 번 …

조각의 개수 1 ☐ ☐ ☐

STEP 2 STEP 1에서 찾은 조각의 개수를 보고, 규칙을 찾아보시오.

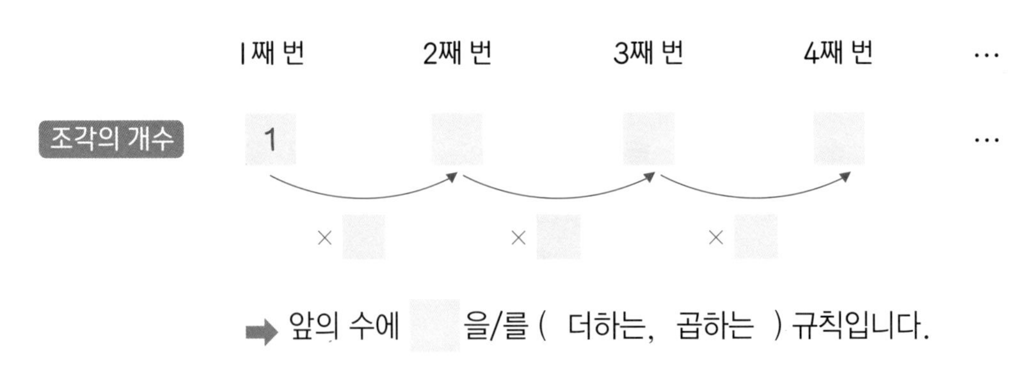

➡ 앞의 수에 ☐ 을/를 (더하는, 곱하는) 규칙입니다.

STEP 3 STEP 2에서 찾은 규칙에 따라 7째 번 그림에서 만들어지는 작은 조각의 개수를 구해 보시오.

정답과 풀이 7쪽

01 그림과 같이 규칙적으로 삼각형을 만들고 있습니다. 5째 번 그림에서 색칠된 삼각형의 개수를 구해 보시오.

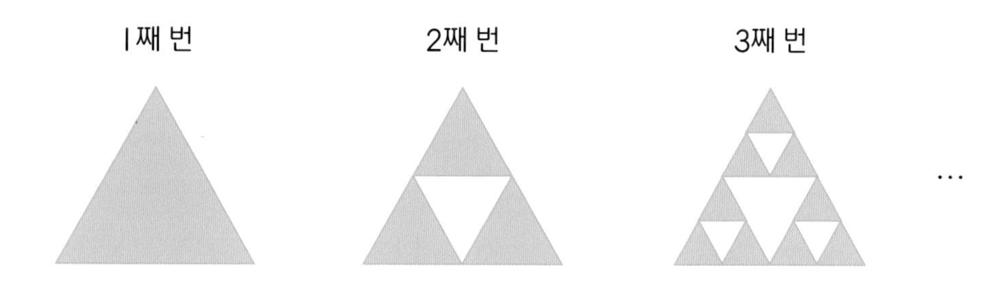

02 긴 밧줄을 반으로 자르고, 나누어진 두 개의 밧줄을 겹쳐서 다시 반으로 자르는 것을 반복하였습니다. 자른 밧줄의 개수가 128개가 되려면 밧줄을 몇 번 잘라야 하는지 구해 보시오.

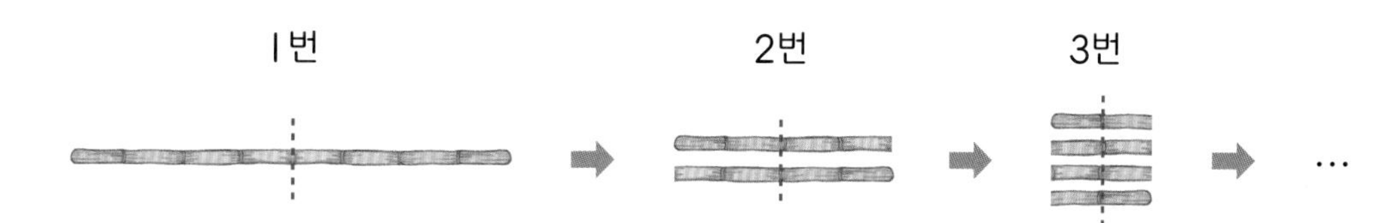

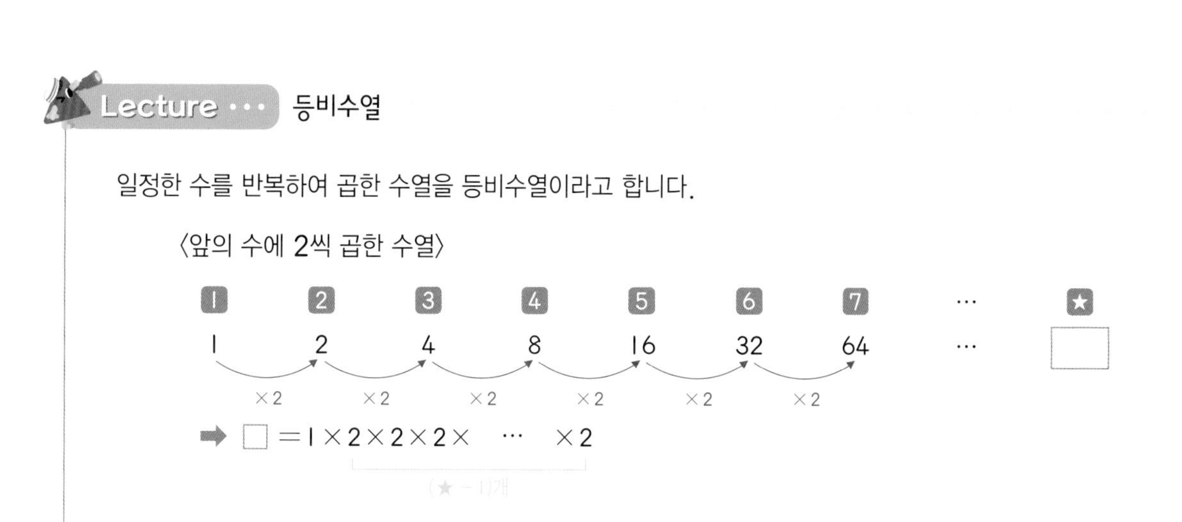

5. 수 배열표

대표 문제

다음 수 배열표에서 규칙을 찾아 6행 3열의 수를 구해 보시오.

	1열	2열	3열	4열	5열	…
1행	1	2	5	10	17	…
2행	4	3	6	11	18	…
3행	9	8	7	12	19	…
4행	16	15	14	13	20	…
⋮	⋮	⋮	⋮	⋮	⋮	⋱

STEP 1 1열에 놓여 있는 수들의 규칙을 찾아 6행 1열의 수를 구해 보시오.

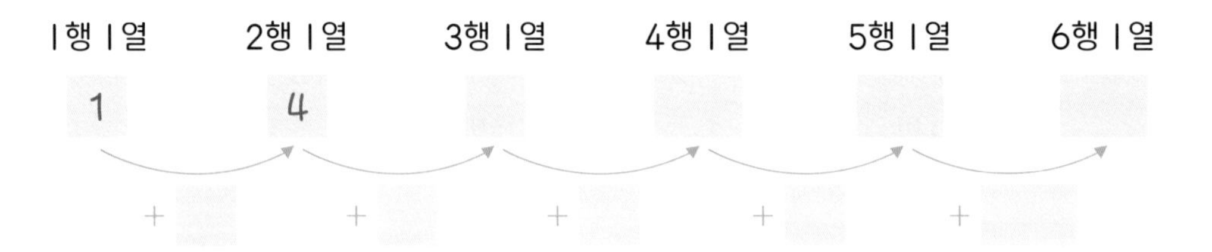

STEP 2 수가 배열된 규칙을 찾아 행이 변할 때, 수의 변화를 알아보시오.

- 3행은 3열까지 오른쪽으로 갈수록 ☐ 씩 작아집니다.
- 4행은 4열까지 오른쪽으로 갈수록 ☐ 씩 작아집니다.
- 5행은 ☐ 열까지 오른쪽으로 갈수록 ☐ 씩 작아집니다.

STEP 3 STEP 1과 STEP 2에서 찾은 규칙에 따라 6행 3열의 수를 구해 보시오.

정답과 풀이 8쪽

01 다음 표에서 (❸, ②)는 8을 나타낼 때, (❺, ⑤)를 구해 보시오.

	①	②	③	⋯
❶	1	4	5	⋯
❷	2	3	6	⋯
❸	9	8	7	⋯
⋮	⋮	⋮	⋮	⋱

02 다음 수 배열표에서 7째 줄의 맨 오른쪽 삼각형에 들어갈 수를 구해 보시오.

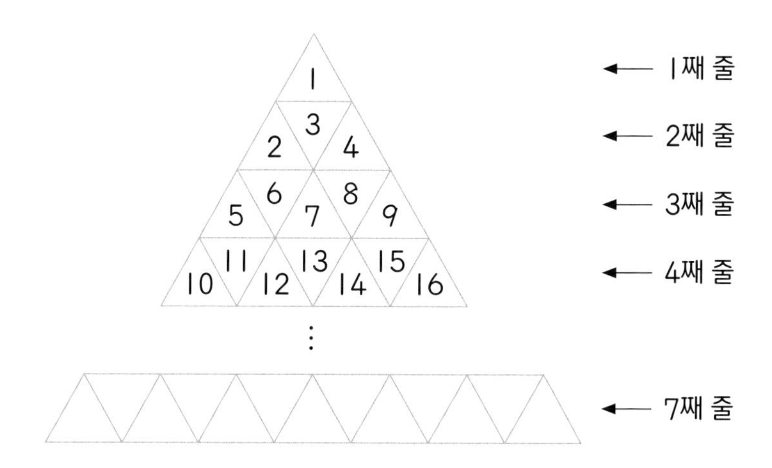

Lecture ⋯ 수 배열표

수 배열표에서 행은 가로 방향, 열은 세로 방향을 나타냅니다. 일정한 규칙으로 수를 배열할 때, 가로, 세로, 대각선 방향으로 수들의 규칙을 찾을 수 있습니다.

	1열	2열	3열	4열	5열
1행	1	2	4	7	11
2행	3	4	6	9	13
3행	6	7	9	12	⋯
4행	10	11	13	16	⋯
⋮	⋮	⋮	⋮	⋮	⋱

규칙 1 2 4 7 11 ⋯ (+1 +2 +3 +4)

규칙 1 3 6 10 ⋯ (+2 +3 +4)

규칙 1 4 9 16 ⋯ (+3 +5 +7)

6. 바둑돌 규칙

대표 문제

그림과 같이 일정한 규칙으로 바둑돌을 1째 번부터 9째 번까지 늘어놓을 때, 흰색 바둑돌과 검은색 바둑돌 중 어느 것이 몇 개 더 많은지 구해 보시오.

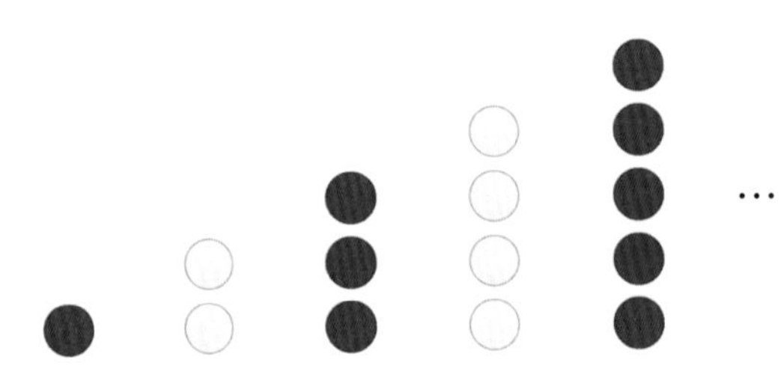

STEP 1 선을 그어 흰색 바둑돌과 검은색 바둑돌의 개수를 비교하여 알맞게 답해 보시오.

1째 번 바둑돌

검은색 바둑돌이 1개 더 많습니다.

2 ~ 3째 번 바둑돌 비교

(흰, 검은)색 바둑돌이 ☐ 개 더 많습니다.

4 ~ 5째 번 바둑돌 비교

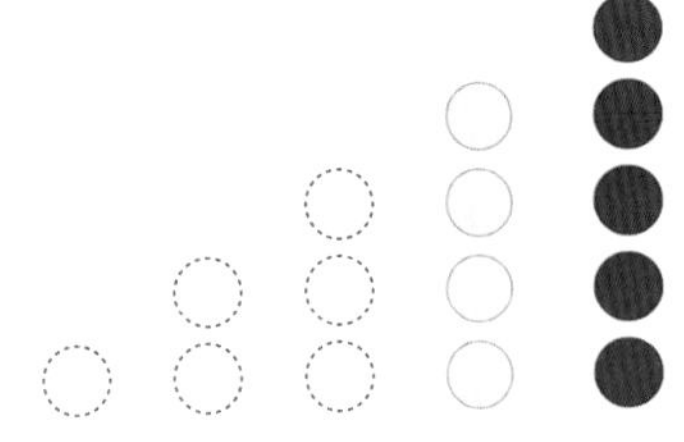

(흰, 검은)색 바둑돌이 ☐ 개 더 많습니다.

STEP 2 STEP 1에서 찾은 규칙에 따라 다음 문장을 알맞게 답해 보시오.

- 6～7째 번 바둑돌 비교: (흰, 검은)색 바둑돌이 ☐ 개 더 많습니다.
- 8～9째 번 바둑돌 비교: (흰, 검은)색 바둑돌이 ☐ 개 더 많습니다.

STEP 3 바둑돌을 1째 번부터 9째 번까지 늘어놓을 때, 흰색 바둑돌과 검은색 바둑돌 중 어느 것이 몇 개 더 많은지 구해 보시오.

정답과 풀이 9쪽

01 그림과 같이 일정한 규칙으로 바둑돌을 8째 번까지 늘어놓을 때, 흰색 바둑돌과 검은색 바둑돌 중 어느 것이 몇 개 더 많은지 구해 보시오.

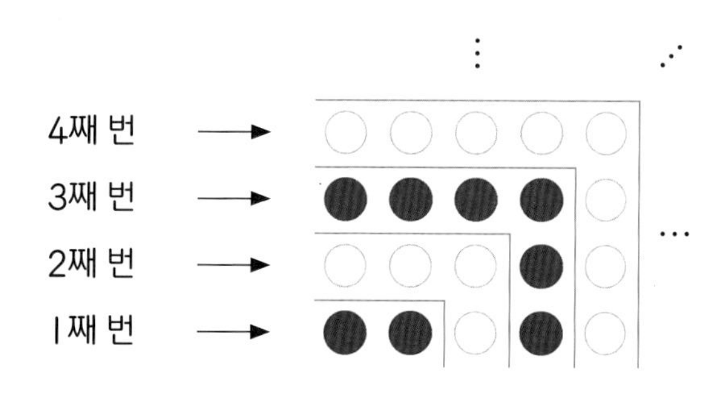

02 그림과 같이 일정한 규칙으로 바둑돌을 늘어놓을 때, 9째 번에 놓일 바둑돌의 개수를 구해 보시오.

바둑돌 규칙

바둑돌의 개수를 식으로 나타내면 ■째 번 모양의 개수를 쉽게 알 수 있습니다.

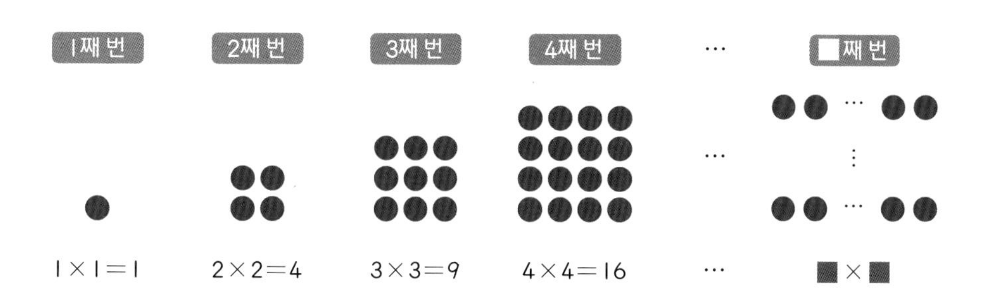

01 일정한 규칙으로 수를 나열한 것입니다. □ 안에 알맞은 수를 써넣으시오.

1, 1, 2, 3, 4, 9, 8, 27, 16, □

홀수째 번 수와 짝수째 번 수로 나누어 생각합니다.

02 다음 수 배열표에서 규칙을 찾아 6행 4열의 수를 구해 보시오.

	1열	2열	3열	4열	···
1행	1	2	9	10	···
2행	4	3	8	11	···
3행	5	6	7	12	···
4행	16	15	14	13	···
⋮	⋮	⋮	⋮	⋮	⋱

정답과 풀이 10쪽

03 일정한 규칙으로 바둑돌을 늘어놓았습니다. 바둑돌을 23개 놓았을 때, 검은색 바둑돌과 흰색 바둑돌은 각각 몇 개인지 구해 보시오.

04 다음 수 배열표에서 100은 어떤 알파벳 아래에 쓰이는지 구해 보시오.

A	B	C	D	E	F
1	2	3	4	5	6
12	11	10	9	8	7
13	14	15	16	17	18
24	23	22	21	20	19
⋮	⋮	⋮	⋮	⋮	⋮

05 일정한 규칙으로 노란색 블록과 연두색 블록을 쌓았습니다. 맨 아랫줄의 블록이 7개일 때, 노란색 블록과 연두색 블록 중 무슨 색 블록이 몇 개 더 많은지 구해 보시오.

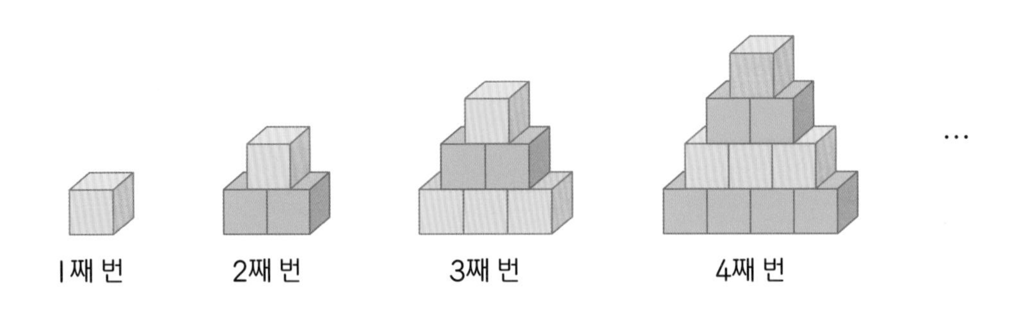

06 일정한 규칙으로 원을 똑같이 나누어 작은 조각을 만들고 있습니다. 작은 조각이 256개 만들어지는 것은 몇째 번인지 구해 보시오.

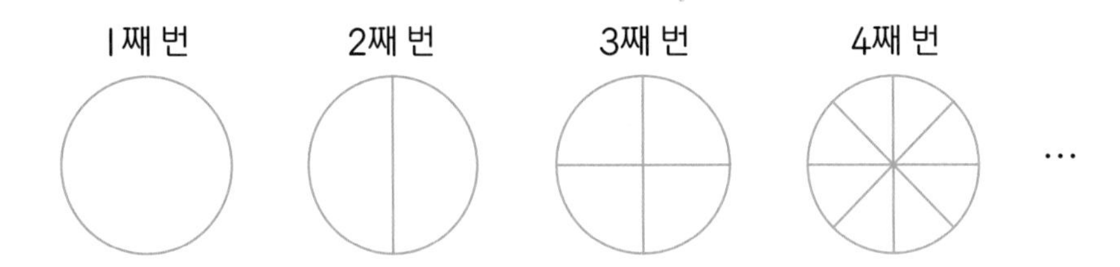

07 다음 수 배열표에서 3행 4열을 20이라고 할 때, 70은 몇 행 몇 열의 수인지 구해 보시오.

	1열	2열	3열	4열	5열	6열	7열	8열
1행	1	2	3	4	5	6	7	8
2행	9	10	11	12	13	14	15	16
3행	17	18	19	20	21	22	23	24
4행	25	26	27	28	29	30	31	32
⋮	⋮	⋮	⋮	⋮	⋮	⋮	⋮	⋮

각 행의 8열의 수의 규칙을 알아봅니다.

08 일정한 규칙으로 바둑돌을 늘어놓았습니다. 흰색 바둑돌이 검은색 바둑돌보다 많아지는 것은 몇째 번부터인지 구해 보시오.

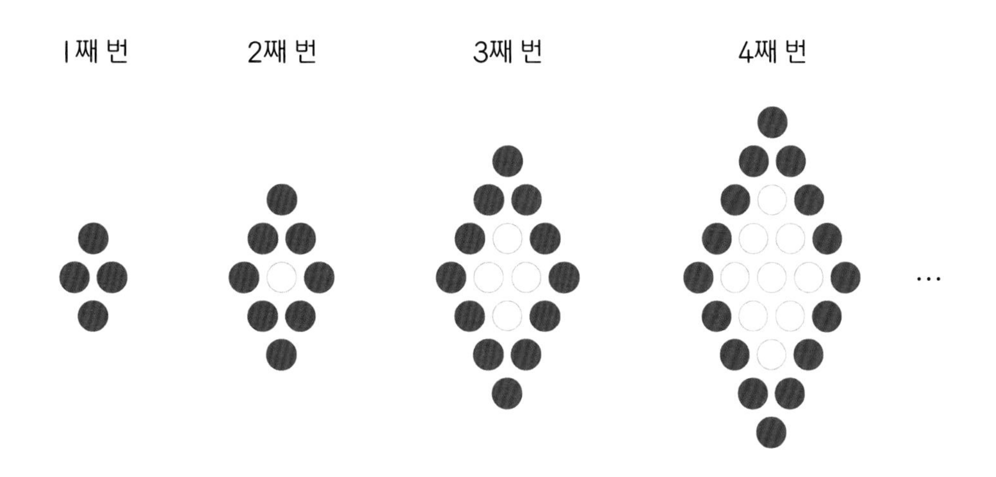

* Perfect 경시대회 *

01 다음과 같이 일정한 규칙으로 나열한 수를 묶을 때, 8째 번 묶음을 구해 보시오.

(2, 4), (6, 8, 10), (12, 14), (16, 18, 20), (22, 24) ⋯

02 그림에서 1째 번으로 꺾이는 부분의 수는 2, 2째 번으로 꺾이는 부분의 수는 3, 3째 번으로 꺾이는 부분의 수는 5입니다. 9째 번으로 꺾이는 부분의 수를 구해 보시오.

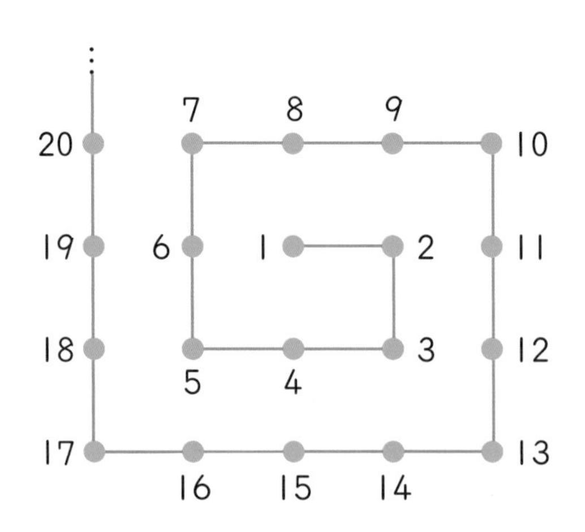

› 정답과 풀이 12쪽

03 한 변의 길이가 3 cm인 정사각형을 다음과 같이 겹치지 않게 붙였습니다. 9째 번에 만들어지는 직사각형의 네 변의 길이의 합은 몇 cm인지 구해 보시오.

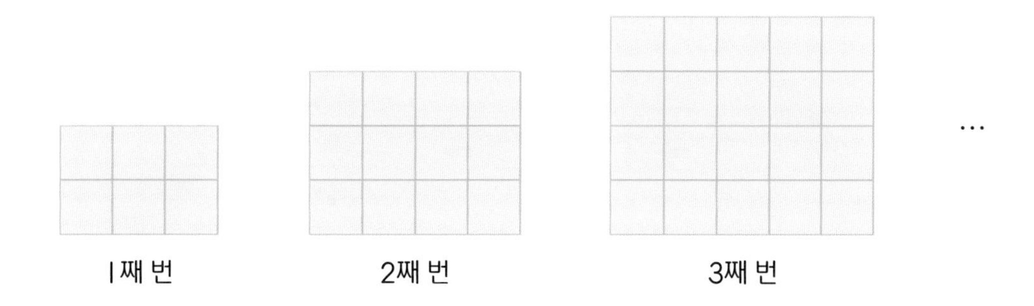

04 다음과 같은 순서로 피아노 건반을 치려고 합니다. 77째 번에 치게 되는 건반의 음을 구해 보시오.

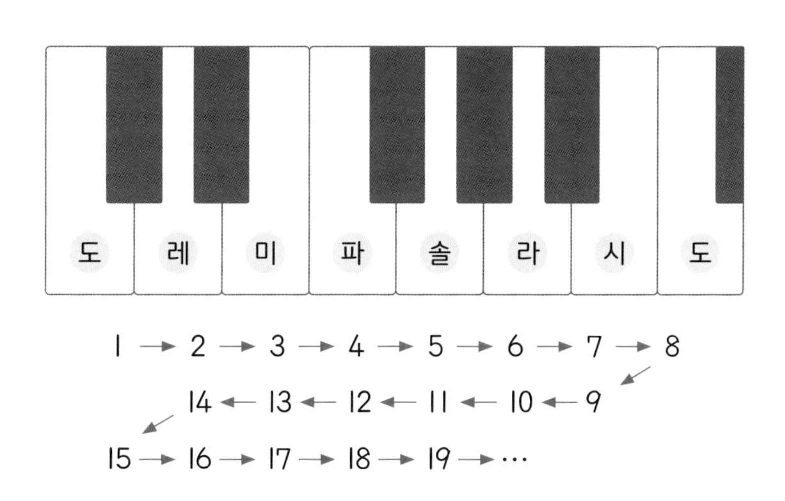

* Challenge 영재교육원 *

01 | 보기 |와 같이 빈칸에 2가지의 규칙이 있는 그림을 그려 넣고, 그 규칙을 설명해 보시오.

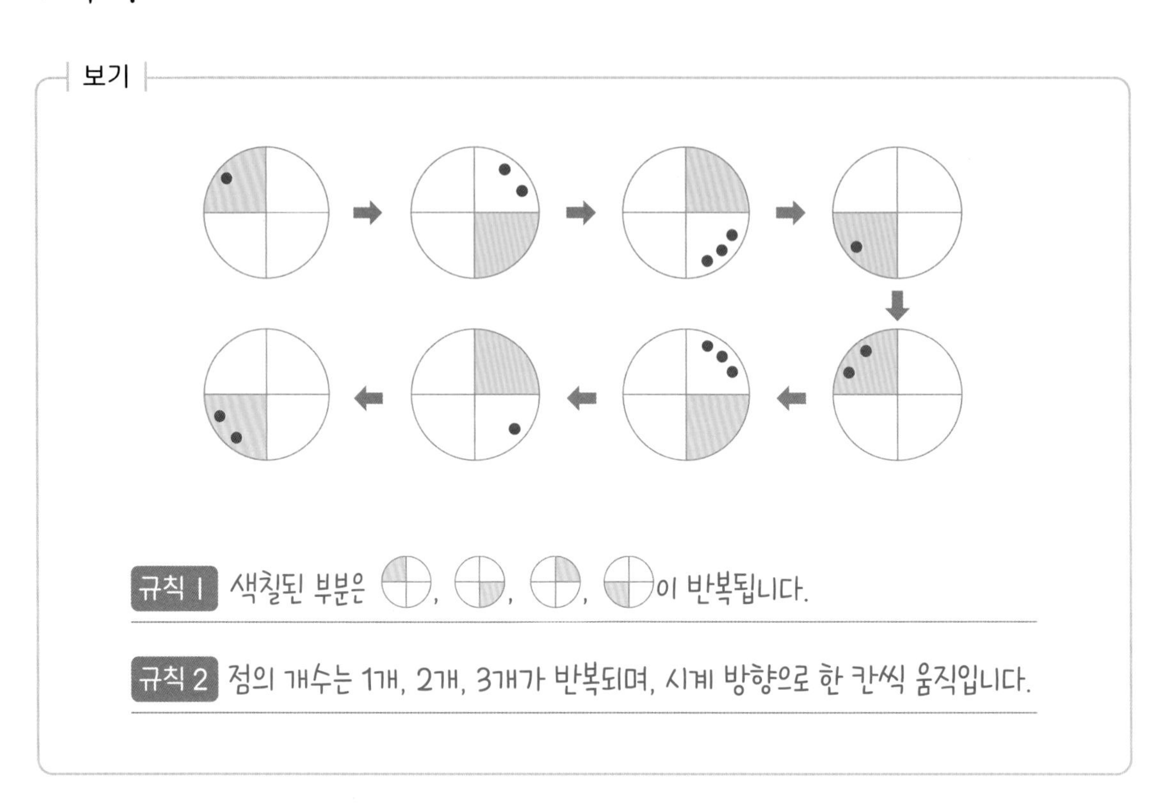

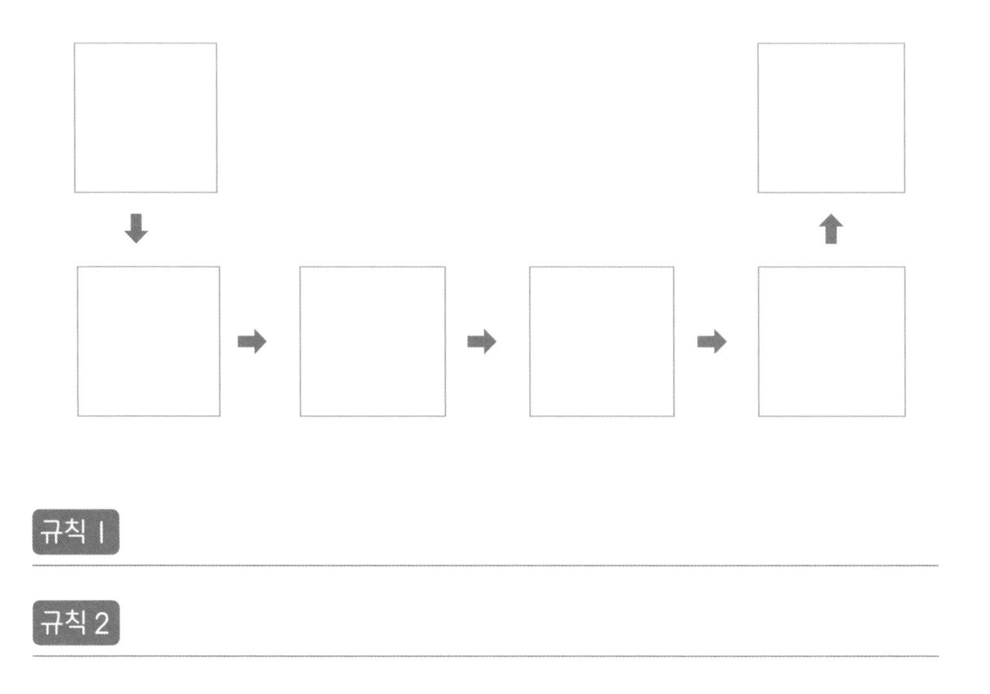

정답과 풀이 13쪽

02 직선 7개를 그어 만들 수 있는 만나는 점의 최대 개수를 구해 보시오.

직선을 그려 알아보기

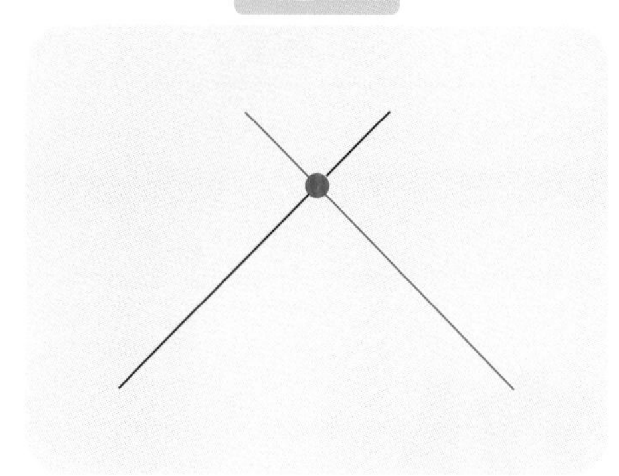

만나는 점의 최대 개수: 1 개

직선 3개

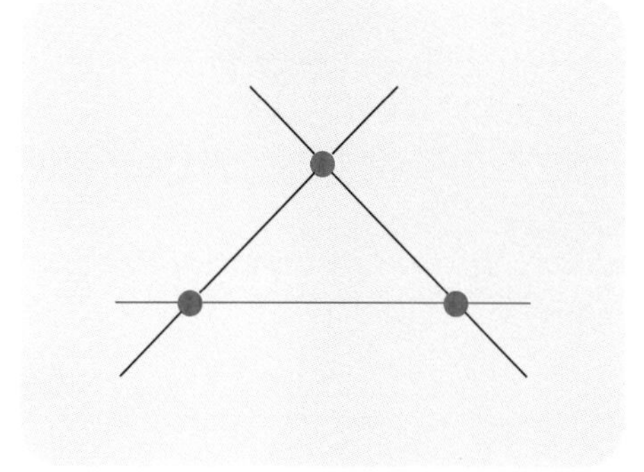

만나는 점의 최대 개수: 3 개

직선 4개

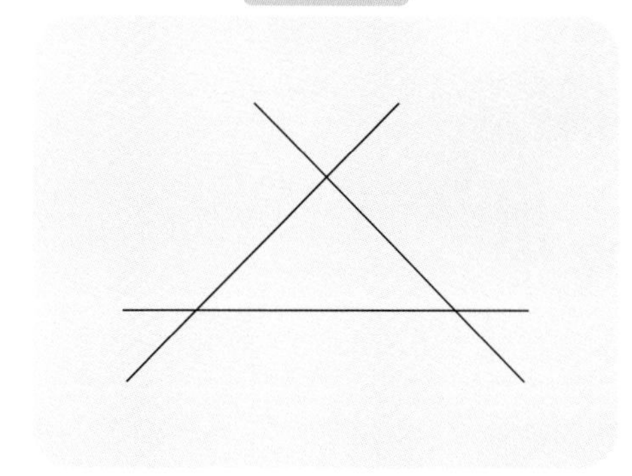

만나는 점의 최대 개수: 개

직선 5개

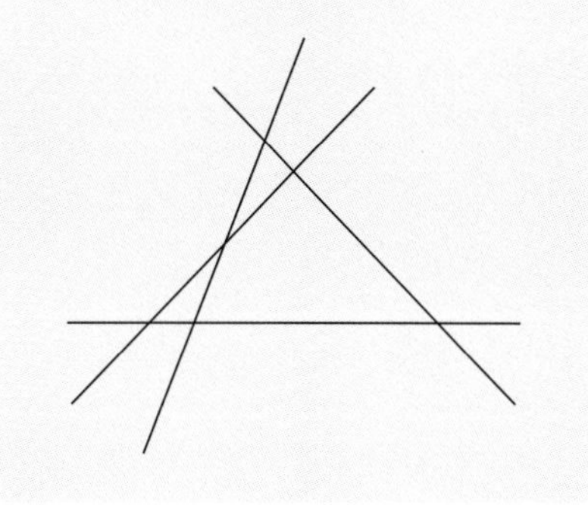

만나는 점의 최대 개수: 개

표로 나타내어 규칙 찾기

직선의 개수(개)	1	2	3	4	5	6
만나는 점의 최대 개수(개)	0	1	3			

직선 7개 ➡ 만나는 점의 최대 개수: 개

Ⅱ

기 하

계획한 대로 공부한 날은 😀에, 공부하지 못한 날은 🙁에 ○표 하세요.

공부할 내용	공부할 날짜	확 인
1 조건에 맞게 나누기	월 일	😀 | 🙁
2 폴리오미노	월 일	😀 | 🙁
3 정사각형으로 나누기	월 일	😀 | 🙁
Creative 팩토	월 일	😀 | 🙁
4 폴리아몬드	월 일	😀 | 🙁
5 찾을 수 있는 도형의 개수	월 일	😀 | 🙁
6 여러 가지 도형을 붙여 만든 모양	월 일	😀 | 🙁
Creative 팩토	월 일	😀 | 🙁
Perfect 경시대회	월 일	😀 | 🙁
Challenge 영재교육원	월 일	😀 | 🙁

1. 조건에 맞게 나누기

대표 문제

다음 직사각형을 크기와 모양이 같게 선을 따라 2조각으로 나누려고 합니다. 나누는 방법은 모두 몇 가지인지 구하시오. (단, 돌리거나 뒤집었을 때 겹쳐지는 방법은 한 가지로 봅니다.)

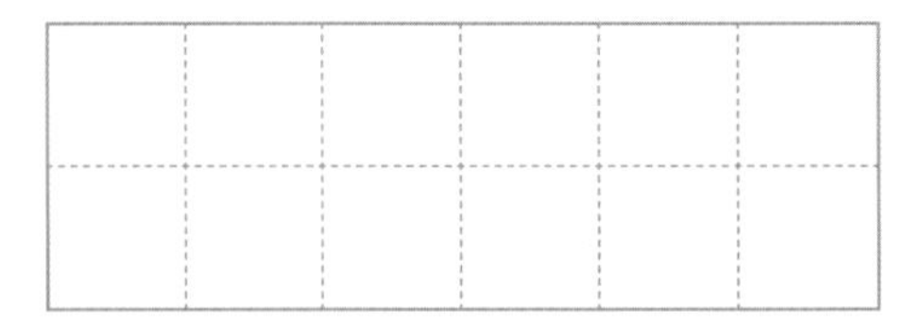

STEP 1 한가운데 점에서부터 두 방향으로 각각 같은 길이의 선을 그어 크기와 모양이 같은 2조각으로 나누어 보시오.

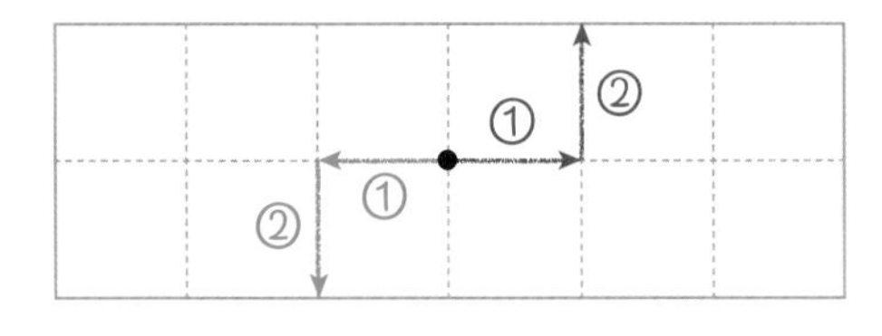

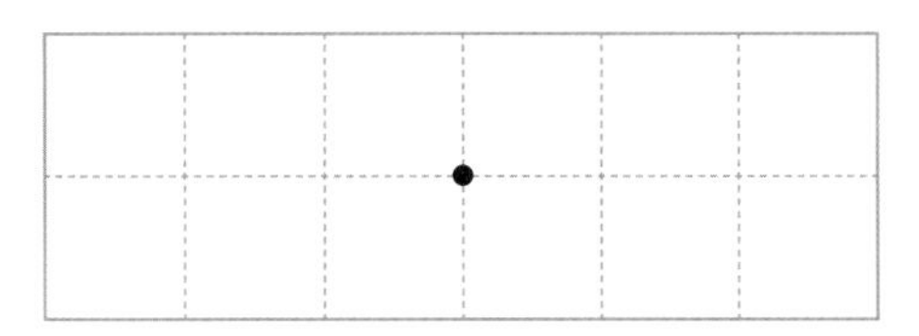

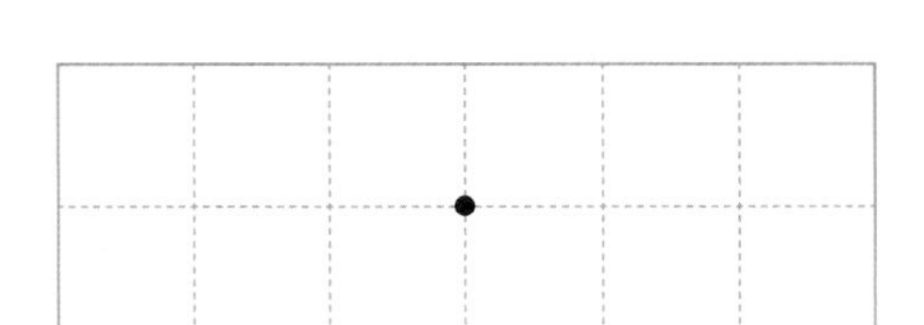

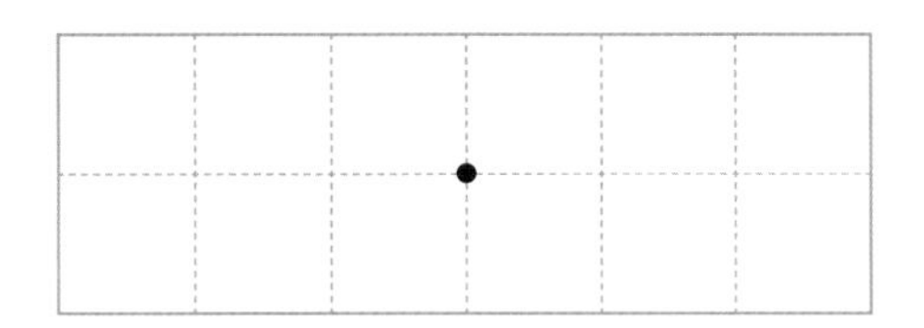

STEP 2 직사각형을 크기와 모양이 같게 선을 따라 2조각으로 나누는 방법은 모두 몇 가지인지 구하시오.

01 주어진 모양을 조건에 맞게 사각형으로 나누어 보시오.

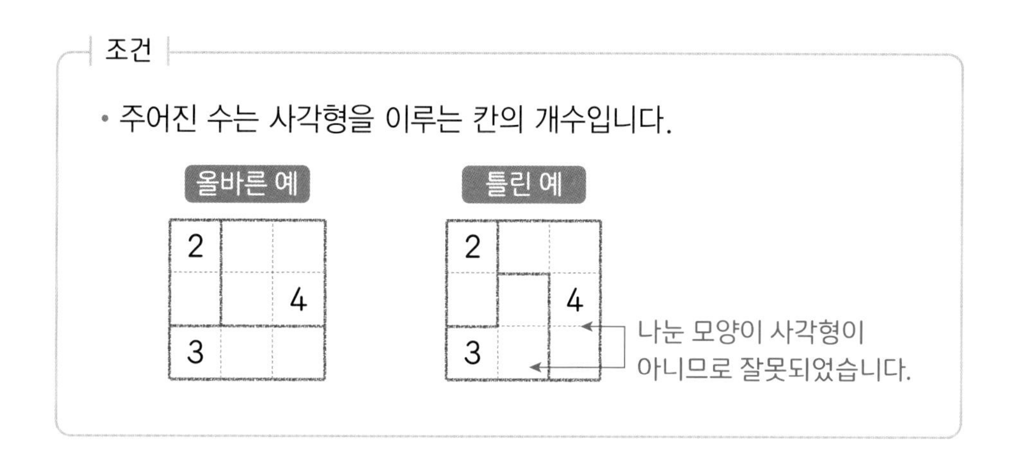

3		6			3
				2	
		4			
4		2			
					6

	2				4
		4			4
3			6		4
			3		

Lecture ••• 조건에 맞게 나누기

• 도형을 반으로 나누기

① 한가운데 점(시작점)에서부터 선을 한 칸 긋습니다.

② 시작점을 중심으로 반대쪽으로 같은 길이의 선을 긋습니다.

위의 과정을 반복하면 크기와 모양이 같은 2조각으로 나누어집니다.

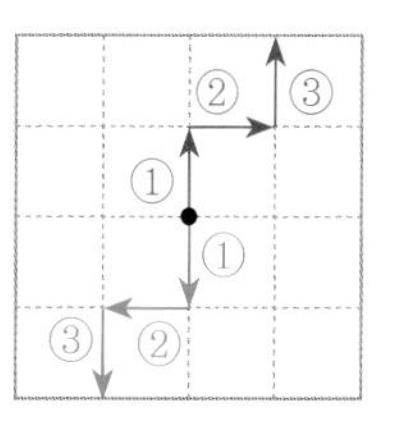

• 사각형으로 나누기

① 가장 큰 수를 포함하는 사각형을 먼저 그립니다.

② 남은 사각형을 조건에 맞게 나눕니다.

8			
		6	
			2

➡

8			
		6	
			2

2. 폴리오미노

대표 문제

보기는 정사각형 4개를 붙여 만든 모양에 정사각형 1개를 더 붙여 만든 서로 다른 모양입니다. 같은 방법으로 주어진 모양에 정사각형 1개를 더 붙여 만들 수 있는 서로 다른 모양은 몇 가지인지 구하시오. (단, 돌리거나 뒤집었을 때 겹쳐지는 모양은 한 가지로 봅니다.)

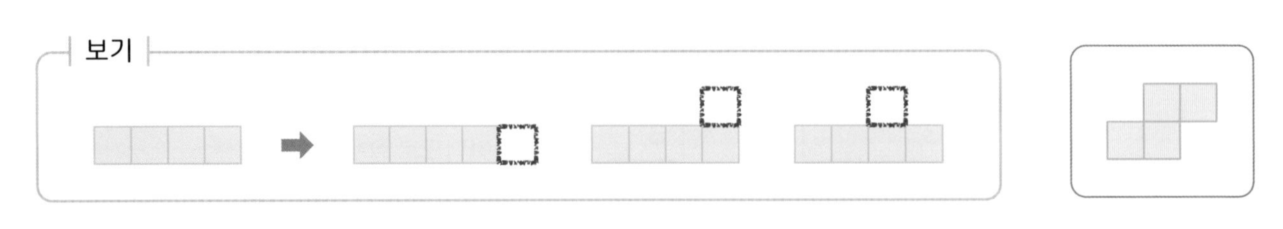

STEP 1 ①부터 ⑩까지 차례대로 정사각형을 1개 붙여 보시오.

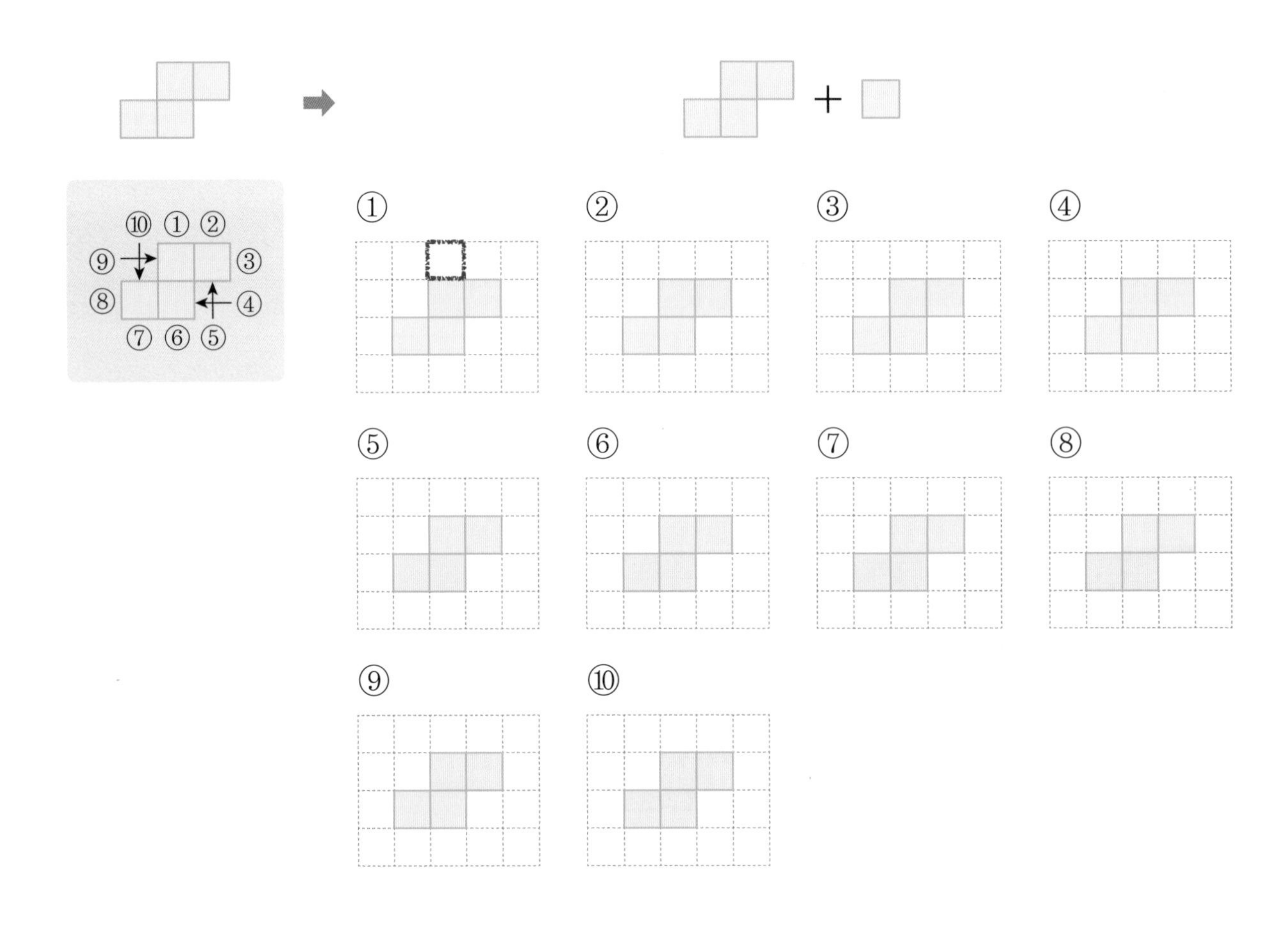

STEP 2 돌리거나 뒤집었을 때 겹쳐지는 같은 모양을 찾아 번호를 써 보시오.

STEP 3 만들 수 있는 서로 다른 모양은 몇 가지인지 구하시오.

정답과 풀이 15쪽

01 정사각형 4개를 이어 붙여 만든 테트로미노는 다음과 같이 모두 5가지입니다. 주어진 모양을 남는 칸이 없게 하여 서로 다른 테트로미노 5조각으로 나누어 보시오.

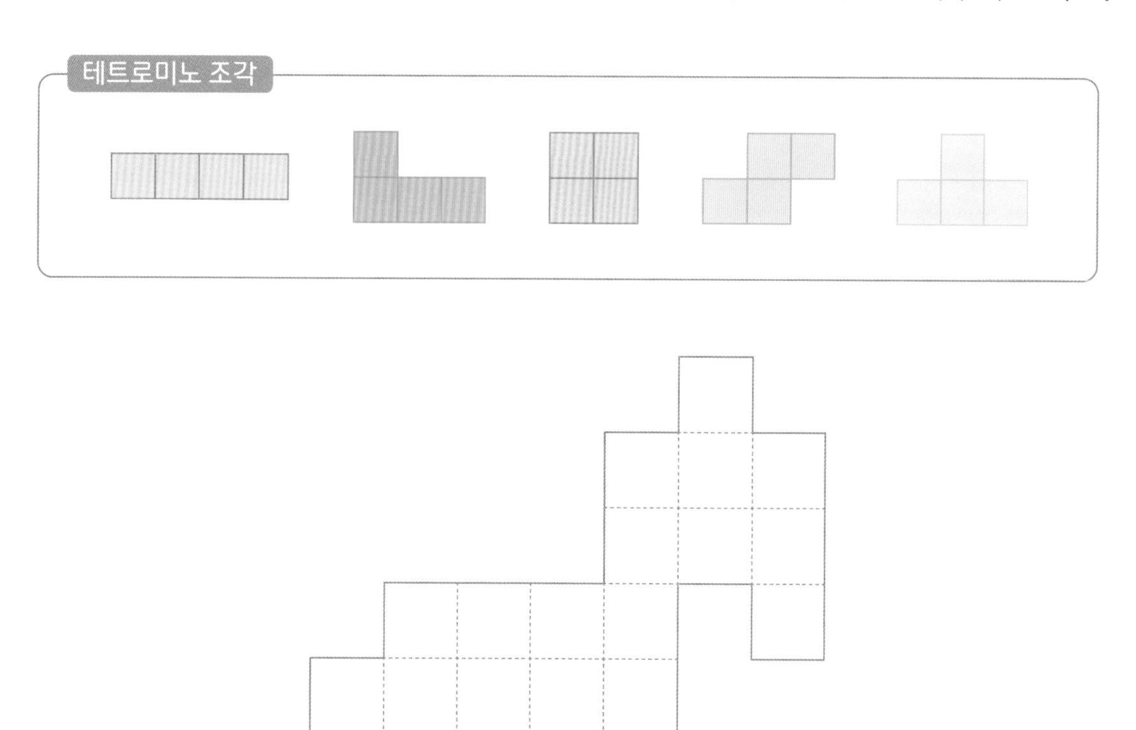

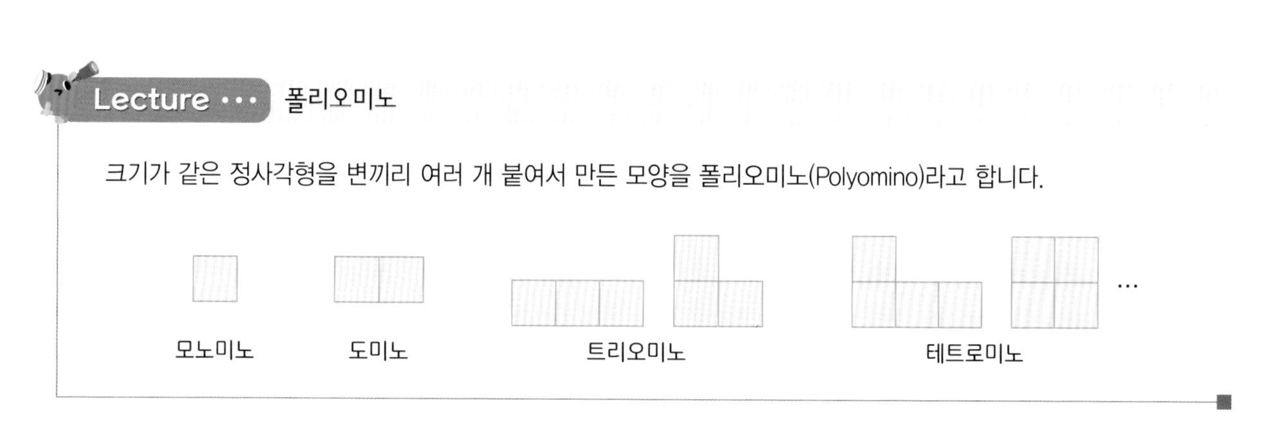

3. 정사각형으로 나누기

대표 문제

|보기|는 정사각형을 크고 작은 정사각형 9개로 나눈 것입니다. 주어진 모양을 크고 작은 정사각형 8개로 나누어 보시오.

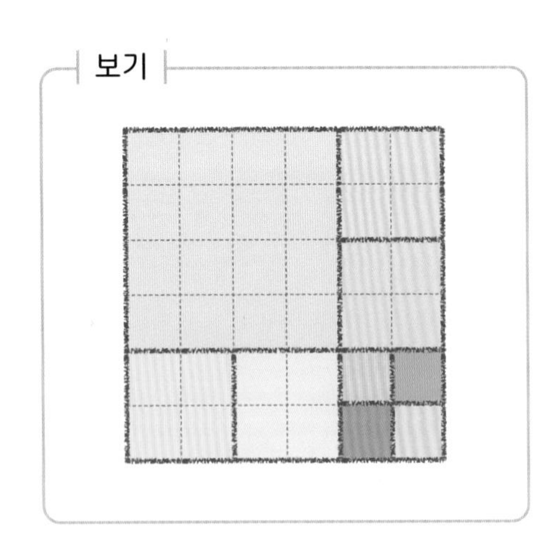

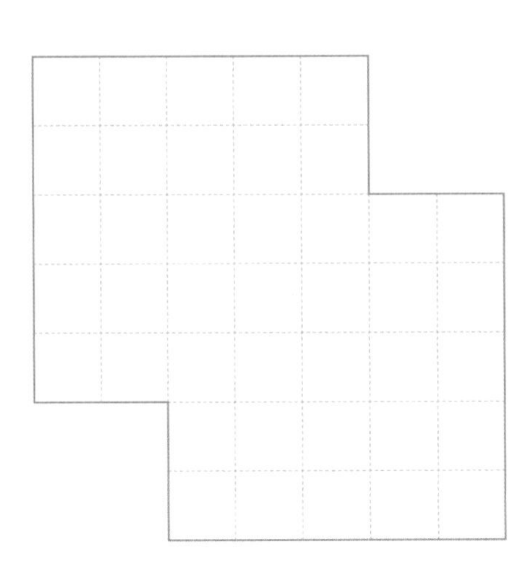

STEP 1 주어진 모양 안에 들어가는 가장 큰 정사각형을 그려 보시오.

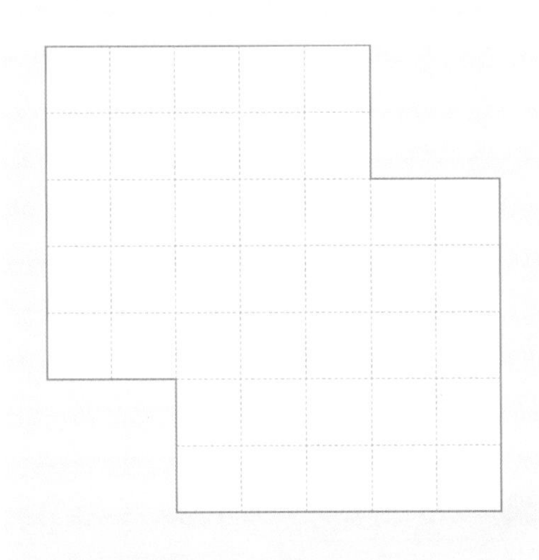

STEP 2 STEP 1의 나머지 부분을 정사각형 7개로 나누어 정사각형이 모두 8개가 되도록 나누어 보시오.

정답과 풀이 16쪽

01 다음 정사각형을 크고 작은 정사각형 11개로 나누어 보시오.

02 주어진 3종류의 정사각형 조각을 모두 사용하여 만들 수 있는 가장 작은 정사각형을 그려 보시오. (단, 같은 종류의 조각을 여러 번 사용할 수 있습니다.)

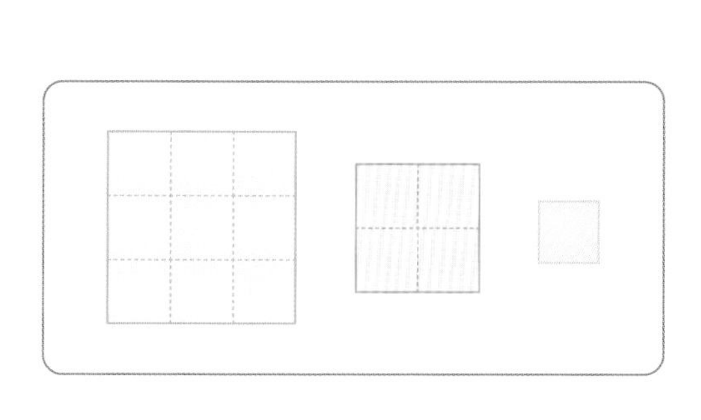

Lecture ··· 정사각형으로 나누기

큰 정사각형을 조건에 맞게 작은 정사각형 여러 조각으로 나눌 수 있습니다.

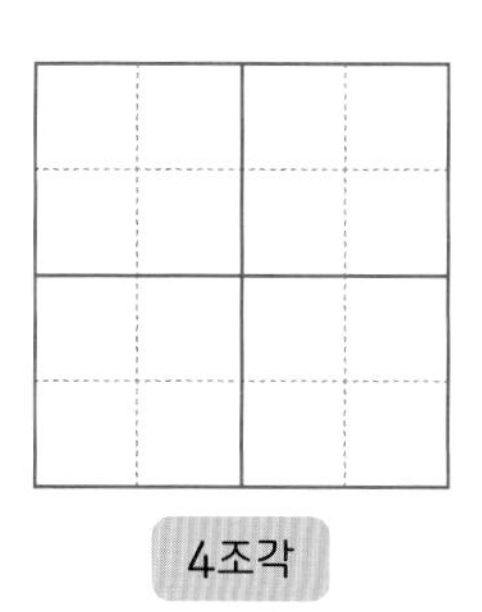

4조각

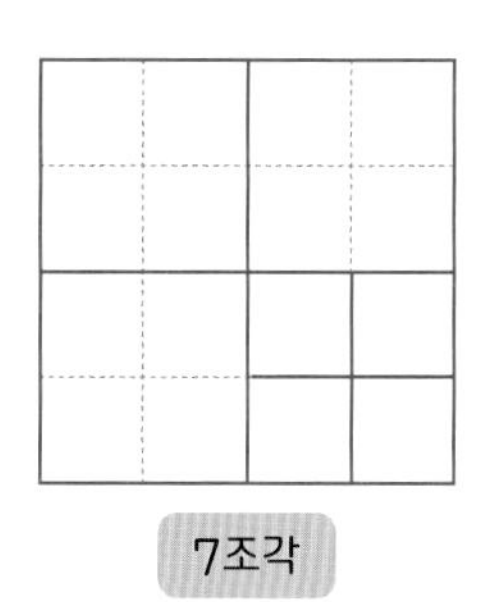

7조각

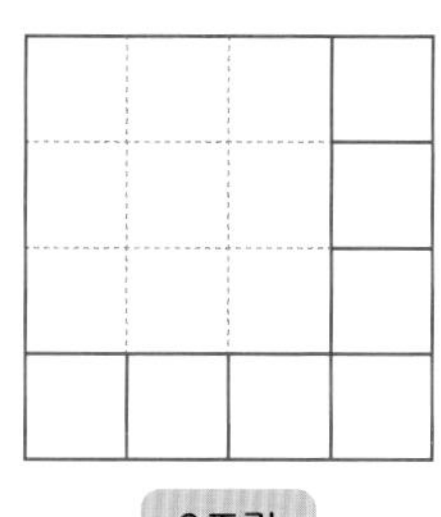

8조각

* Creative 팩토 *

01 |보기|와 같이 주어진 모양을 크기와 모양이 같게 선을 따라 2조각으로 나누어 보시오.

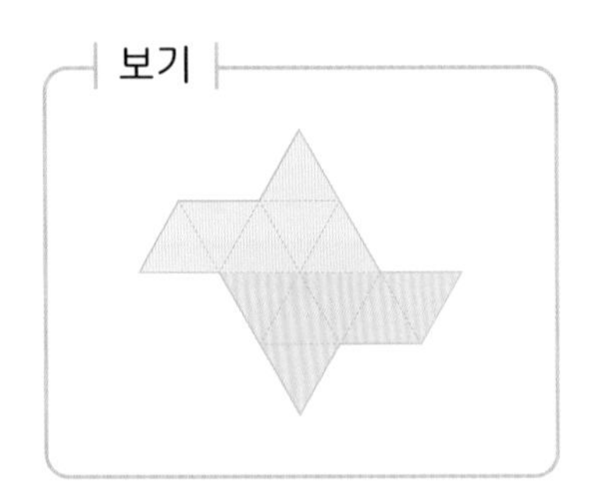

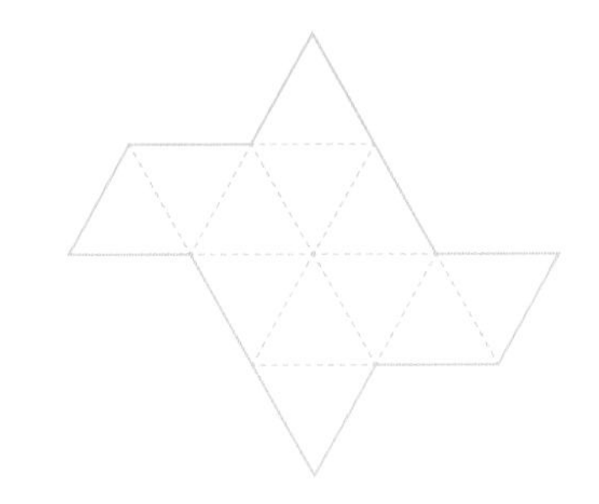

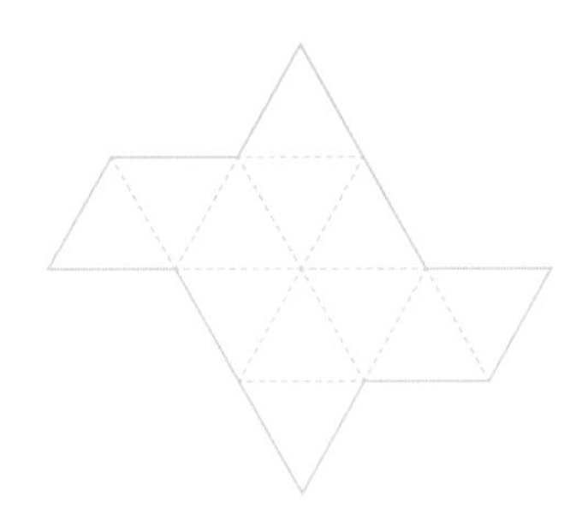

02 |조건|에 맞게 나누었을 때, 마지막으로 남는 1칸을 찾아 ★표 하시오.

|조건|

• 주어진 수는 사각형을 이루는 칸의 개수입니다.

<table>
<tr><td>4</td><td></td><td>3</td><td></td><td></td></tr>
<tr><td></td><td></td><td></td><td>2</td><td>4</td></tr>
<tr><td>3</td><td></td><td></td><td>3</td><td></td></tr>
<tr><td></td><td></td><td></td><td>2</td><td></td></tr>
<tr><td></td><td>3</td><td></td><td></td><td></td></tr>
</table>

› 정답과 풀이 17쪽

03 다음 모양을 주어진 개수의 정사각형으로 나누어 보시오.

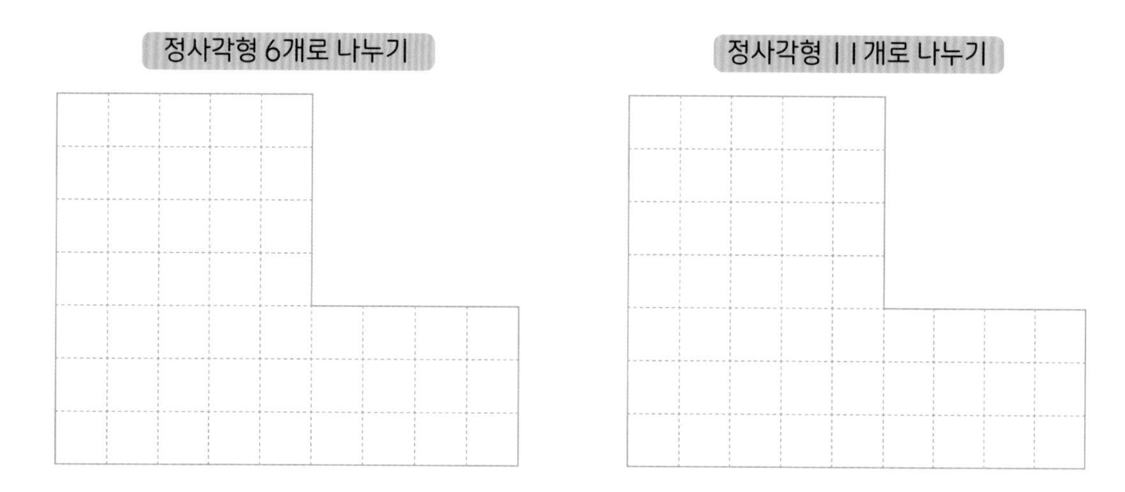

04 펜토미노 조각을 사용하여 보기 와 같은 방법으로 선을 그어 낙타 퍼즐을 완성하시오.

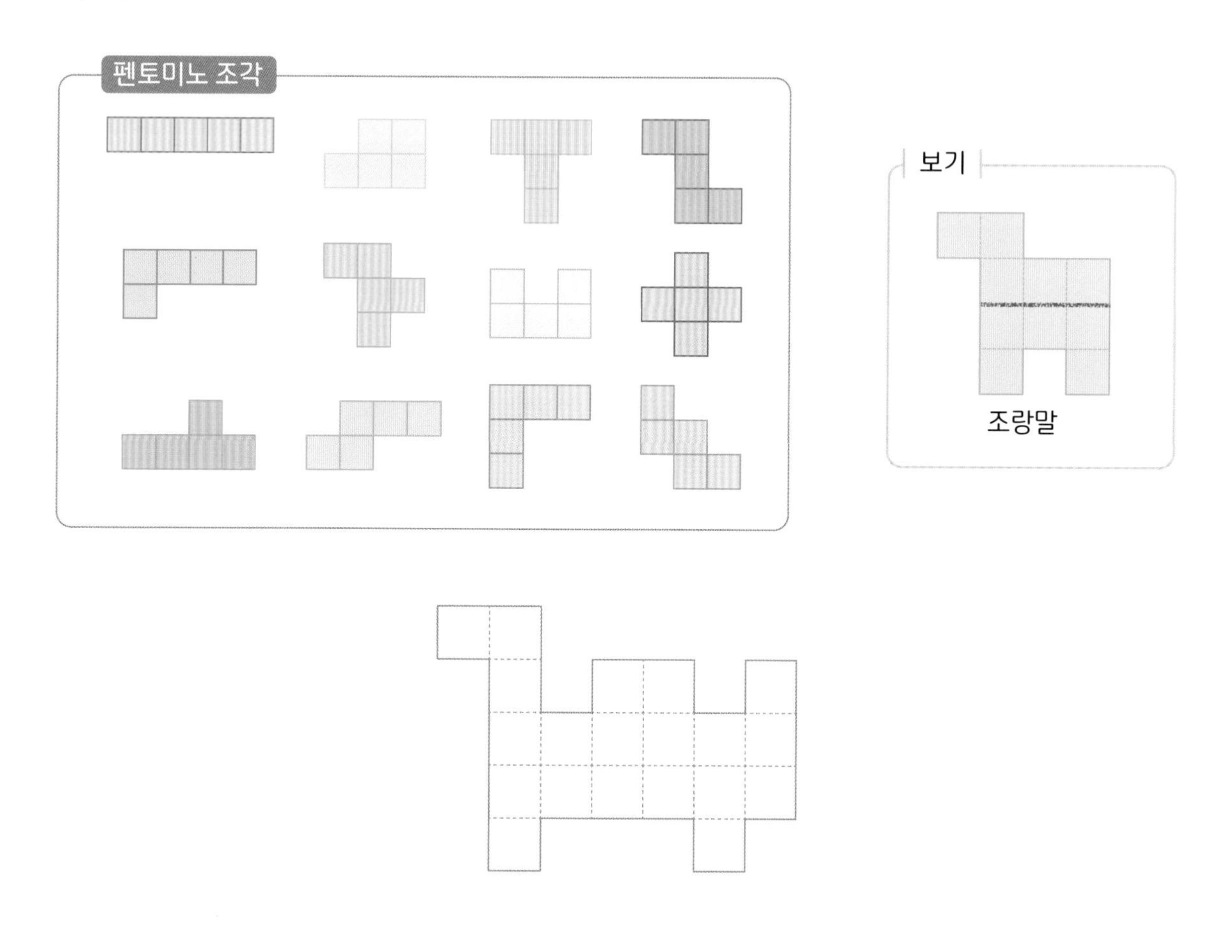

05 보기 와 같이 ♡와 ☆ 모양이 하나씩 들어가도록 모양과 크기가 같은 4개의 조각으로 나누어 보시오. (단, ♡와 ☆ 모양의 위치가 달라도 같은 모양으로 봅니다.)

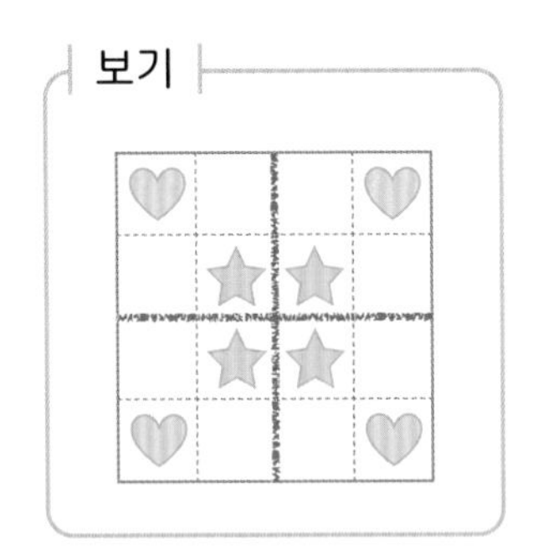

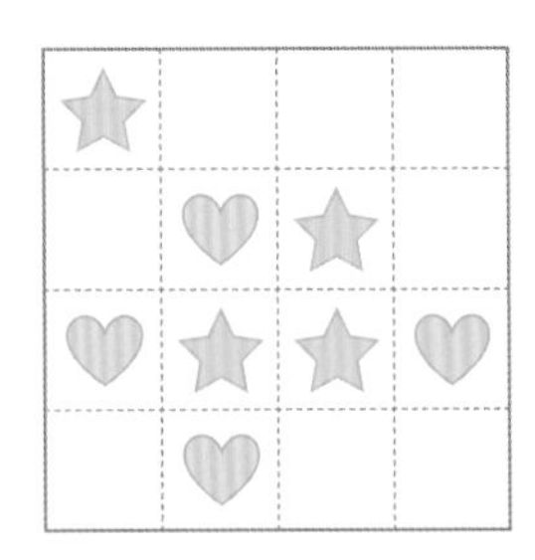

06 정사각형 4개를 이어 붙여 만든 모양을 테트로미노라고 합니다. 주어진 모양을 알파벳이 하나씩 들어 있는 테트로미노 5조각으로 나누어 보시오. (단, 조각의 모양은 모두 다릅니다.)

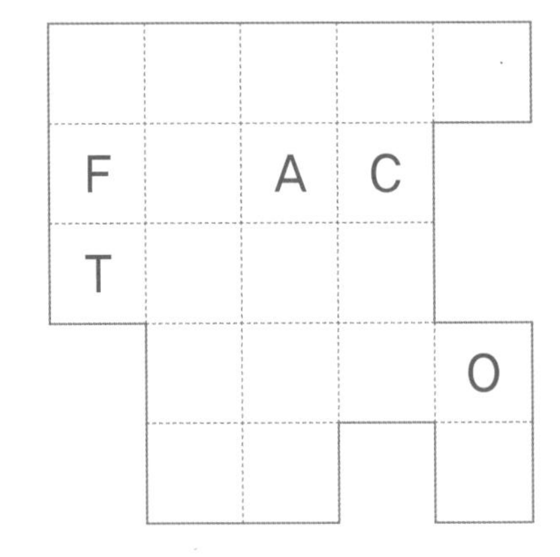

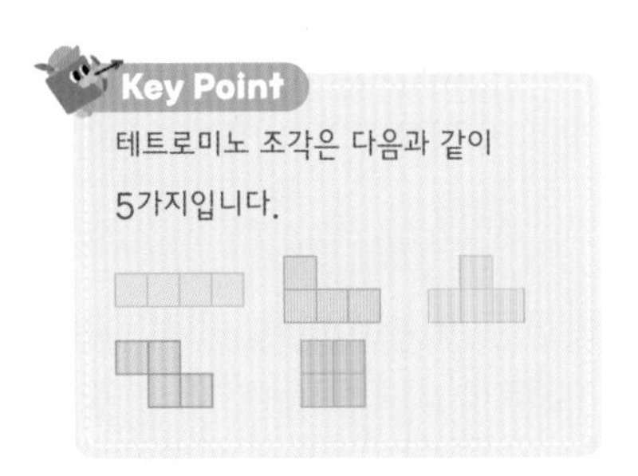

정답과 풀이 18쪽

07 다음 2조각을 길이가 같은 변끼리 이어 붙여 만들 수 있는 서로 다른 모양을 5가지 그려 보시오. (단, 돌리거나 뒤집었을 때 겹쳐지는 모양은 한 가지로 봅니다.)

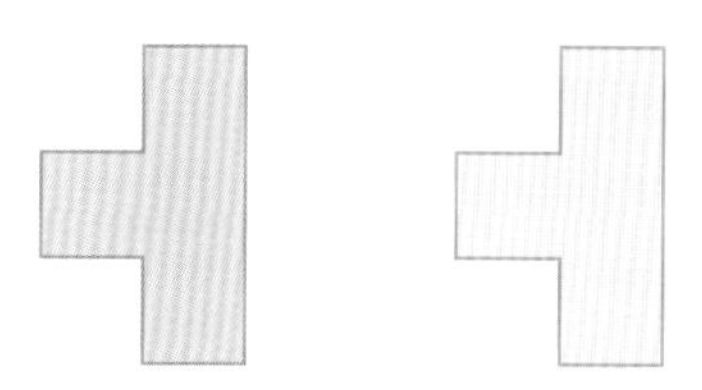

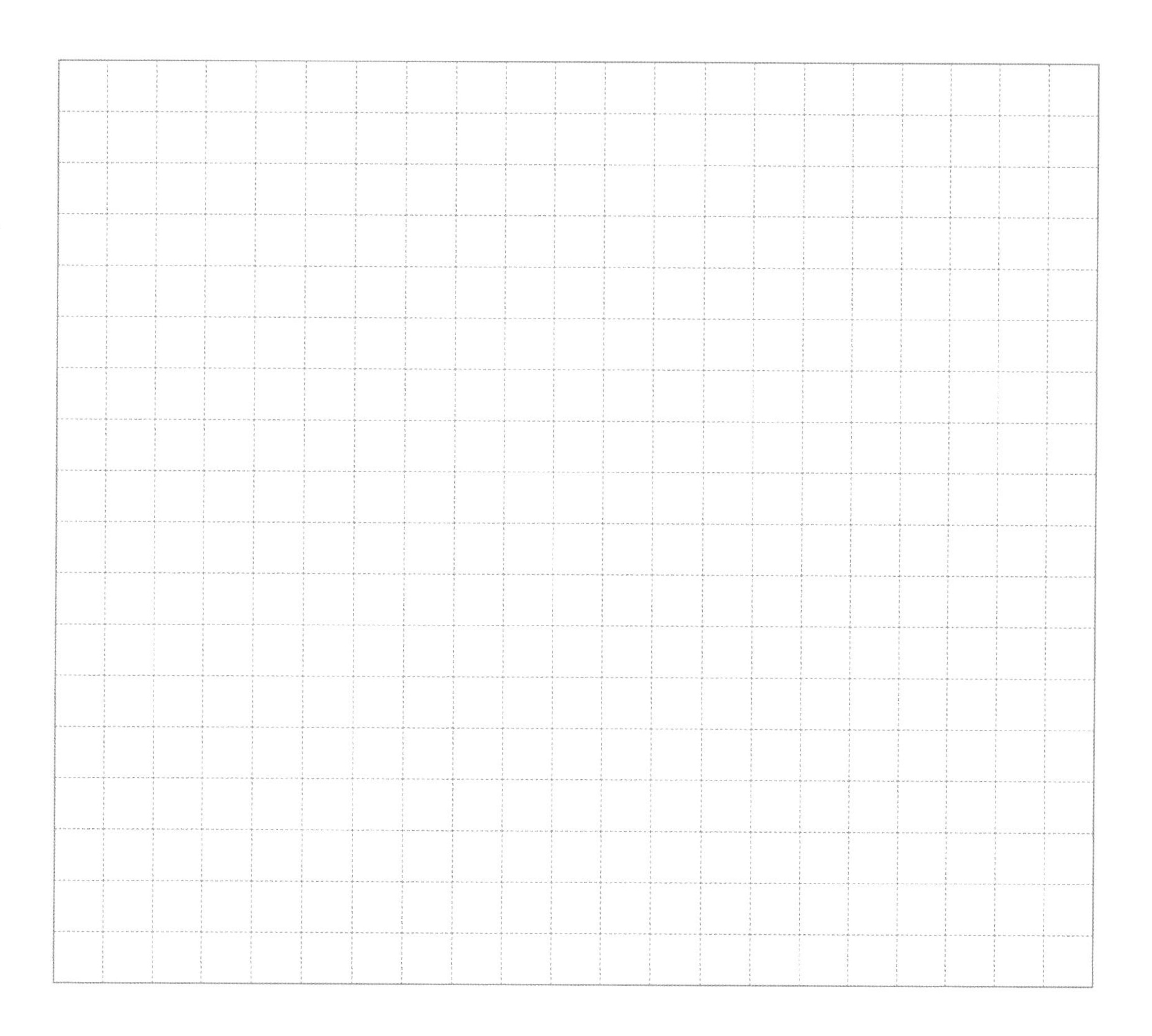

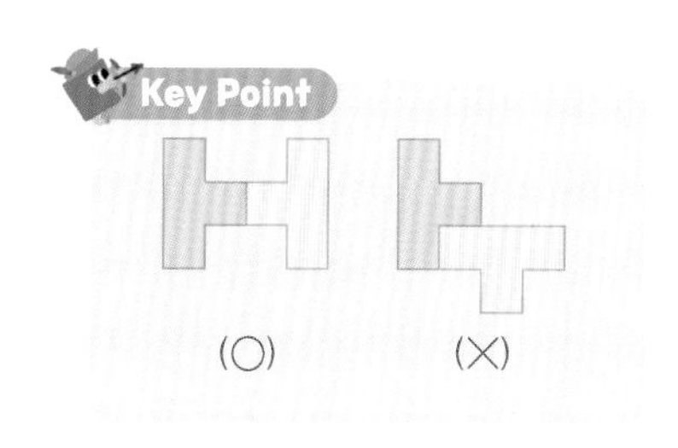

4. 폴리아몬드

대표 문제

주어진 도형을 붙여 만들 수 있는 서로 다른 모양은 몇 가지인지 구하시오. (단, 돌리거나 뒤집었을 때 겹쳐지는 모양은 한 가지로 봅니다.)

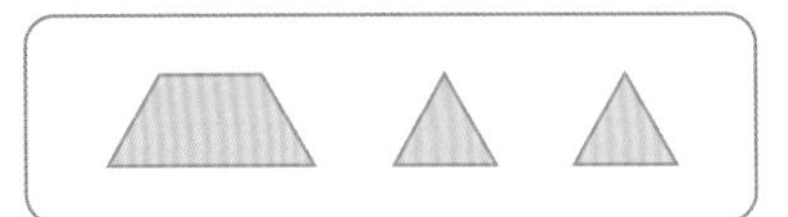

STEP 1 ①부터 ⑧까지의 위치에 차례대로 정삼각형을 1개 붙여 보시오.

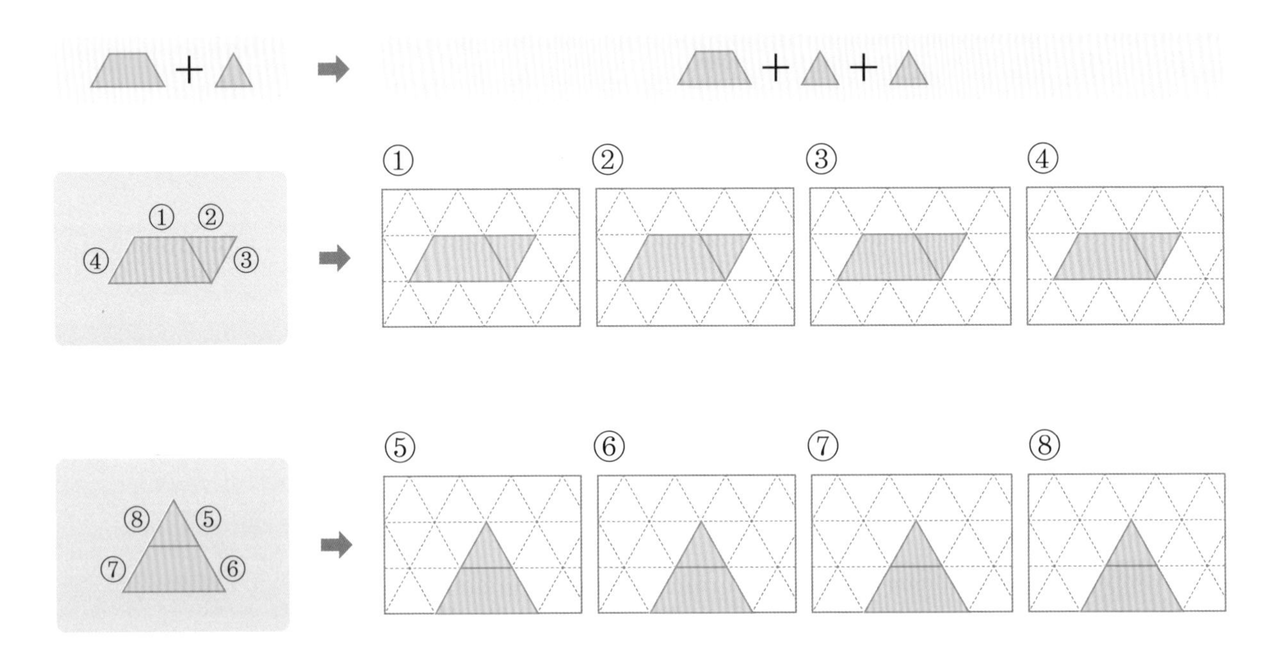

STEP 2 돌리거나 뒤집었을 때 겹쳐지는 같은 모양을 찾아 번호를 써 보시오.

STEP 3 주어진 도형을 붙여 만들 수 있는 서로 다른 모양은 몇 가지인지 구하시오.

정답과 풀이 19쪽

01 정삼각형 3개를 이어 붙여 만든 도형 2개를 길이가 같은 변끼리 이어 붙여 만들 수 있는 서로 다른 모양 5개를 그려 보시오. (단, 돌리거나 뒤집었을 때 겹쳐지는 모양은 한 가지로 봅니다.)

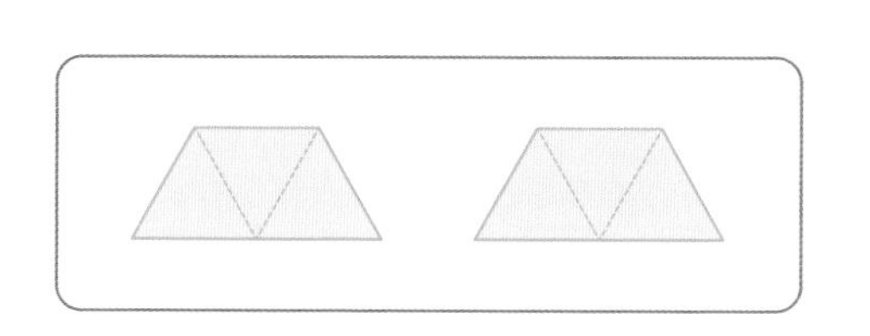

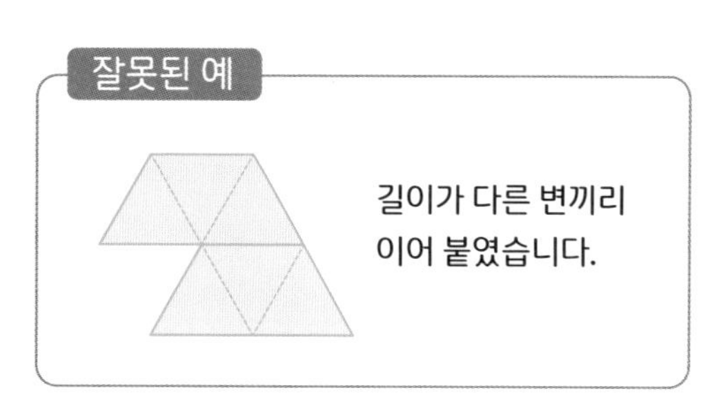

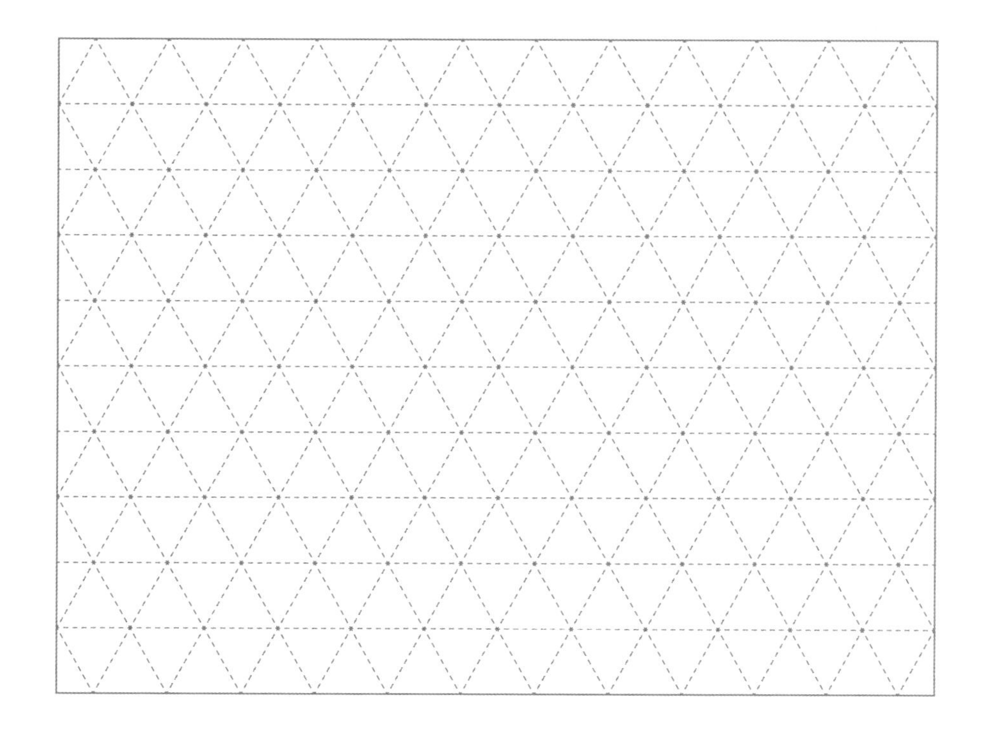

Lecture ··· 폴리아몬드

크기가 같은 정삼각형을 변끼리 여러 개 붙여서 만든 모양을 폴리아몬드(Polyamond)라고 합니다.

모니아몬드

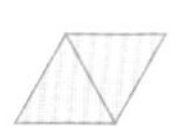
다이아몬드

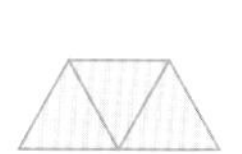
트리아몬드

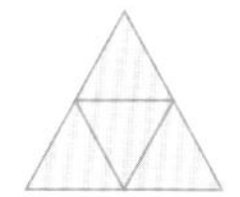
테트리아몬드

…

5. 찾을 수 있는 도형의 개수

대표 문제

성냥개비 12개로 만든 모양입니다. 성냥개비 3개를 옮겨서 크기가 같은 정사각형이 3개가 되도록 만들어 보시오.

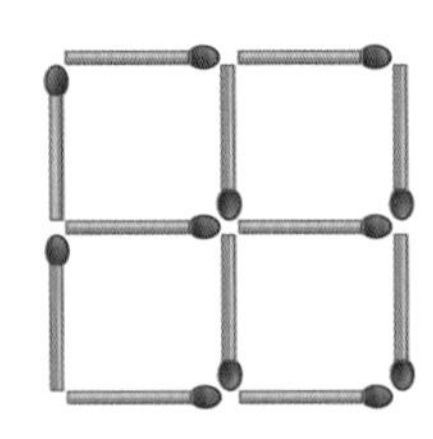

STEP 1 성냥개비 4개로 정사각형 1개를 만들 수 있습니다. 설명을 읽고 알맞은 말에 ○표 하시오.

> 성냥개비 12개를 모두 사용하여 크기가 같은 정사각형 3개를 만들려면 겹치는 변이 (1개 있어야 합니다 , 하나도 없어야 합니다).

STEP 2 STEP 1과 같은 방법으로 만들기 위해 옮겨야 하는 성냥개비 3개를 찾아 ○표 하시오.

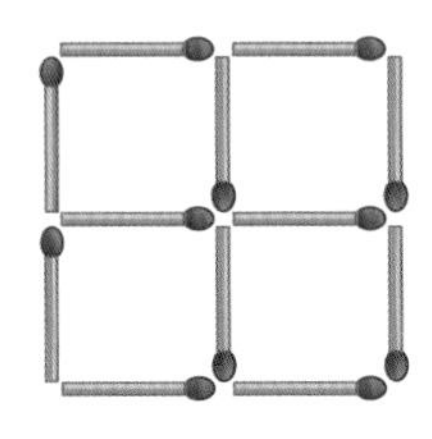

STEP 3 성냥개비 3개를 옮겨서 완성한 모양을 그려 보시오.

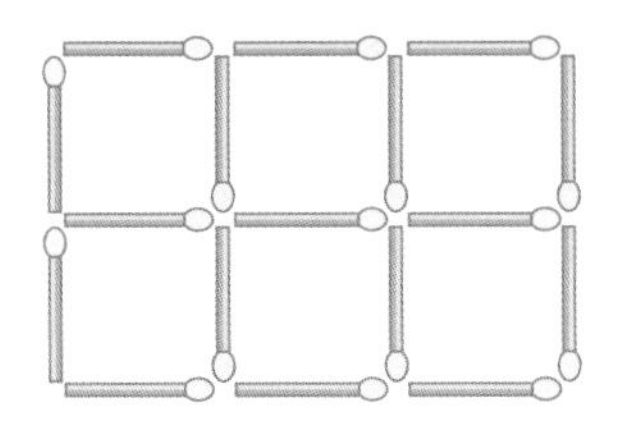

정답과 풀이 20쪽

01 성냥개비 3개를 빼서 크기가 같은 삼각형이 3개가 되도록 만들려고 합니다. 빼야 하는 성냥개비 3개를 찾아 ×표 하시오.

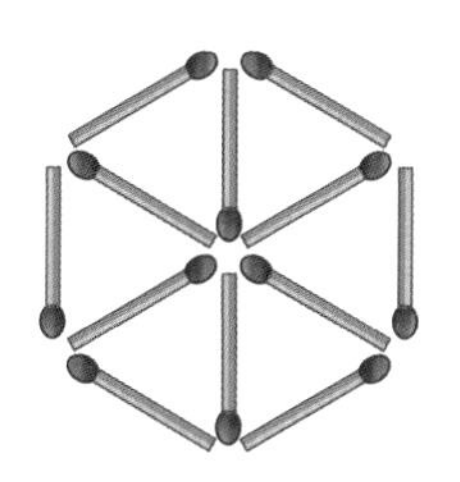

02 성냥개비를 2개 옮겨서 크고 작은 정삼각형이 3개가 되도록 만들어 보시오.

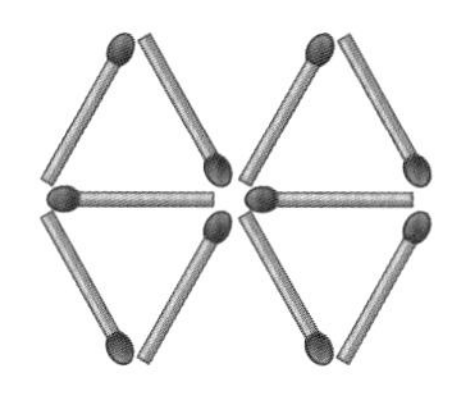

Lecture ··· 찾을 수 있는 도형의 개수

성냥개비를 놓는 방법에 따라 필요한 개수가 달라집니다. 성냥개비를 놓아 모양을 만들 때는 남는 성냥개비가 생기지 않도록 합니다.

성냥개비 8개로 정사각형 2개 만들기

남는 성냥개비

<옳은 예> <틀린 예>

6. 여러 가지 도형을 붙여 만든 모양

대표 문제

직각삼각형 3개를 길이가 같은 변끼리 이어 붙여 만들 수 있는 서로 다른 모양은 모두 몇 가지인지 구하시오. (단, 돌리거나 뒤집었을 때 겹쳐지는 모양은 한 가지로 봅니다.)

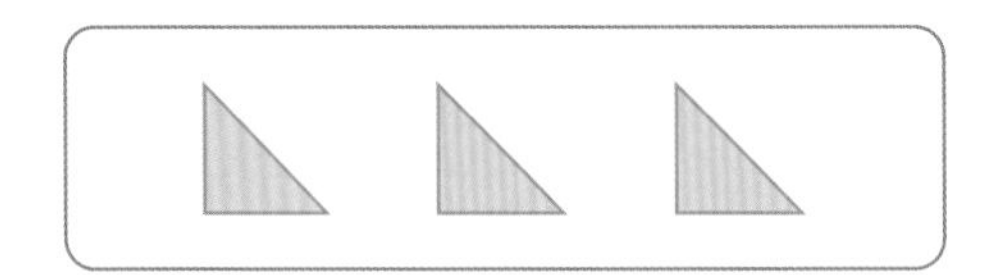

STEP 1 직각삼각형 2개로 만든 모양에 직각삼각형 1개를 붙여 만들 수 있는 서로 다른 모양을 그려 보시오.

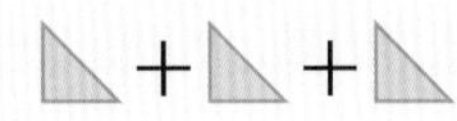

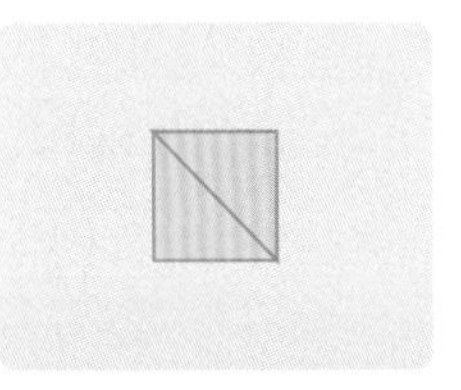

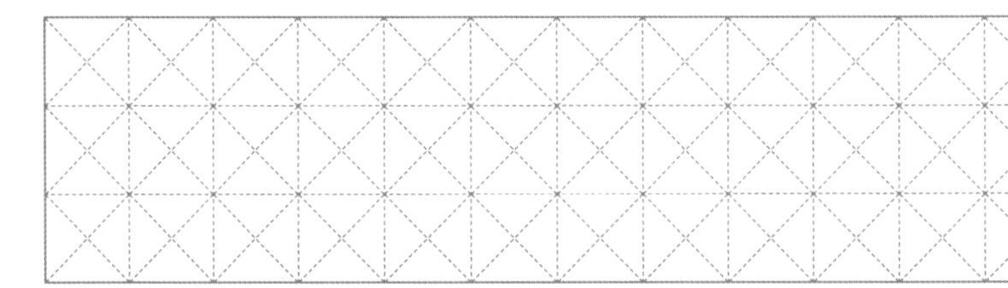

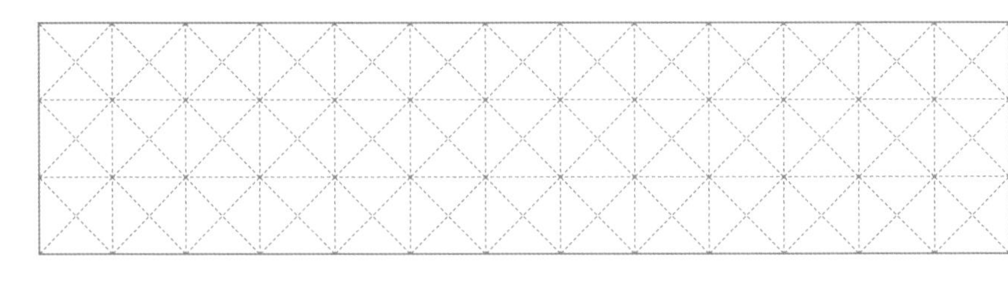

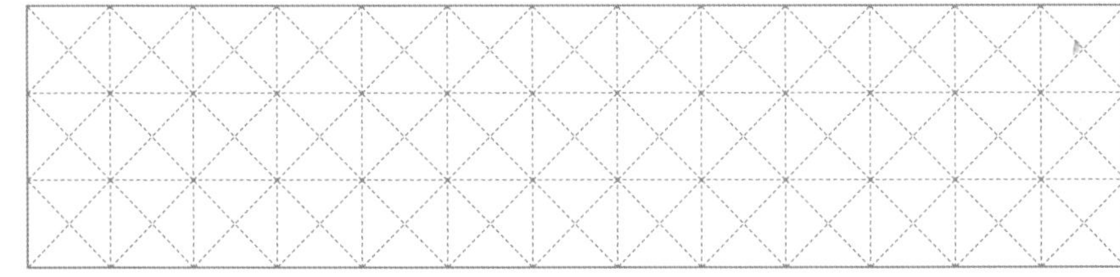

STEP 2 STEP 1에서 돌리거나 뒤집었을 때 겹쳐지는 같은 모양을 찾아보고, 서로 다른 모양은 모두 몇 가지인지 구하시오.

정답과 풀이 21쪽

01 직사각형 4개를 길이가 같은 변끼리 이어 붙여 만들 수 있는 서로 다른 모양을 5가지 그려 보시오. (단, 돌리거나 뒤집었을 때 겹쳐지는 모양은 한 가지로 봅니다.)

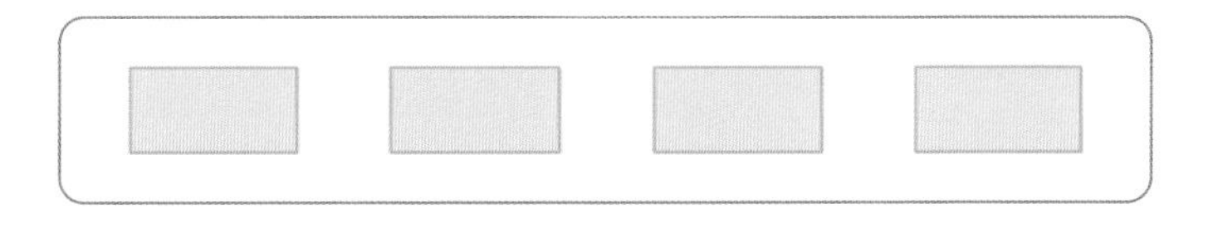

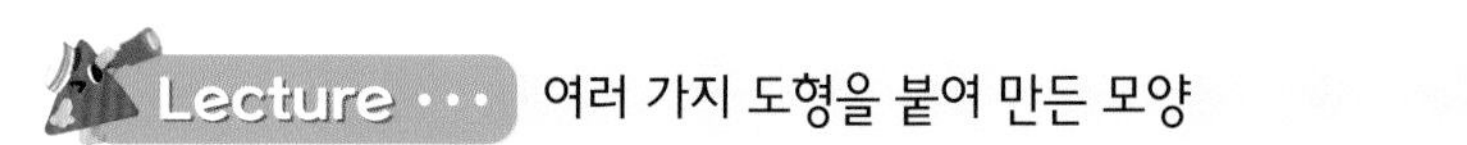

- 모양 붙이기를 할 때에는 길이가 같은 변끼리 이어 붙입니다.

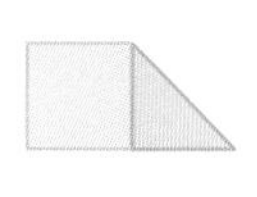

(○)

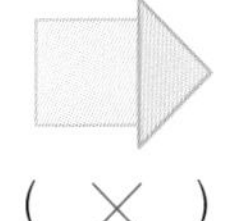

(×)

- 붙이는 방향에 따라 다른 모양이 만들어지는 것에 유의하여 모양을 만듭니다.

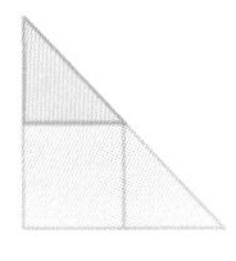

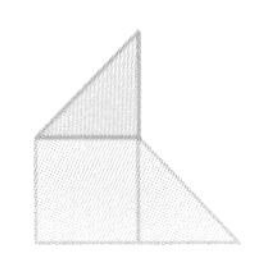

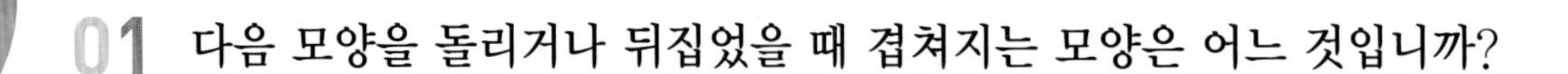

01 다음 모양을 돌리거나 뒤집었을 때 겹쳐지는 모양은 어느 것입니까?

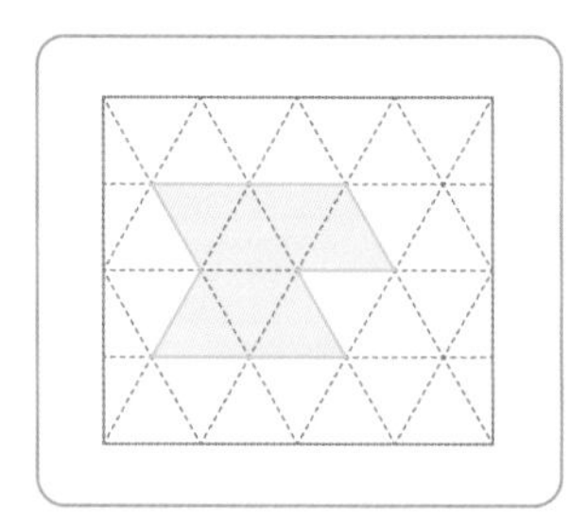

① 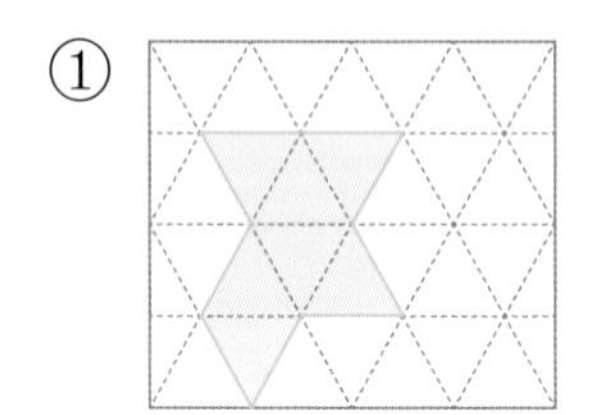
② 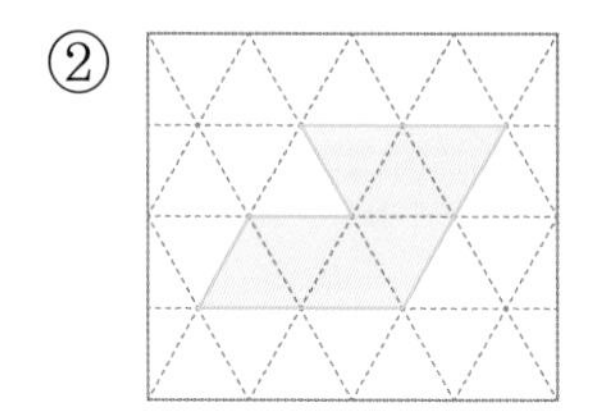
③ 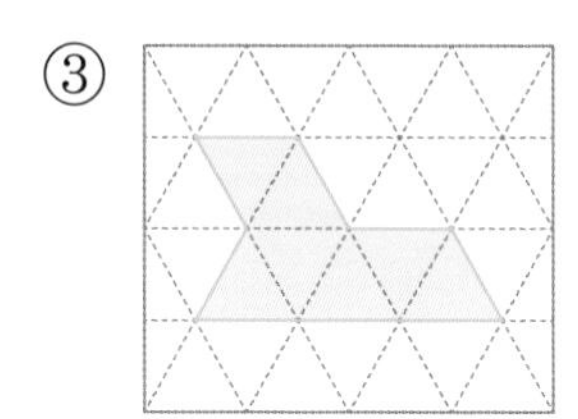
④ 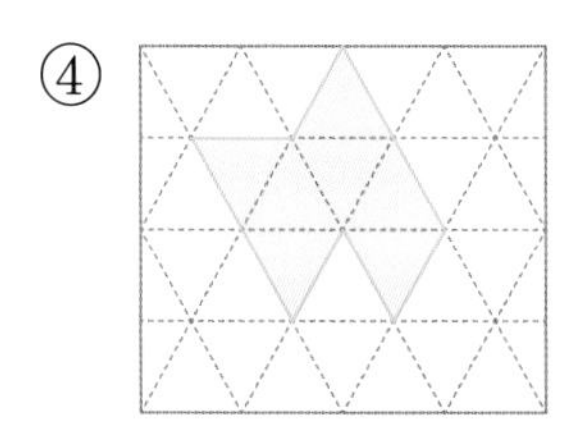
⑤ 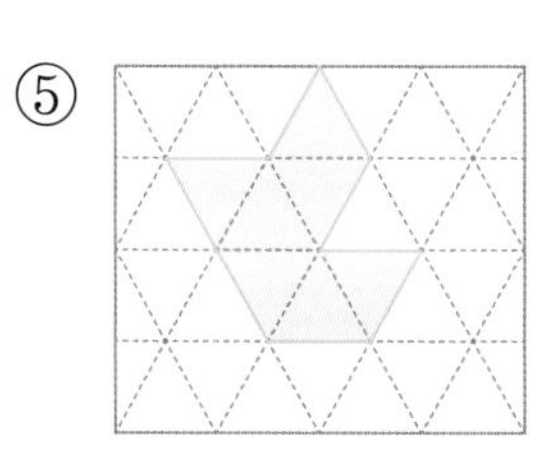

02 다음 모양에 성냥개비 2개를 더 그려 넣어 크기와 모양이 같은 2조각으로 나누어 보시오.

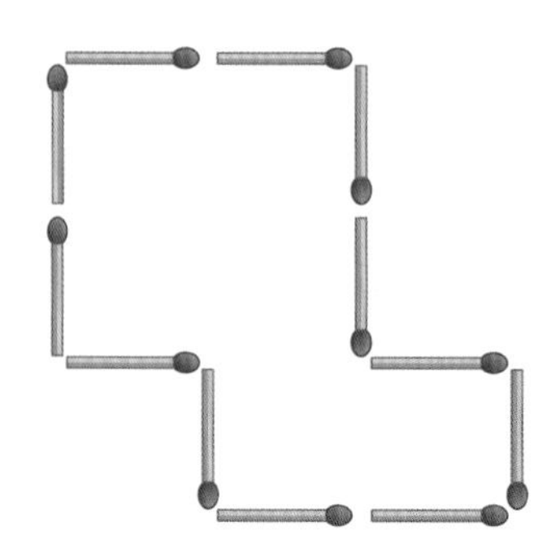

정답과 풀이 22쪽

03 다음 두 모양을 길이가 같은 변끼리 이어 붙여 만들 수 있는 서로 다른 모양을 모두 그려 보시오. (단, 돌리거나 뒤집었을 때 겹쳐지는 모양은 한 가지로 봅니다.)

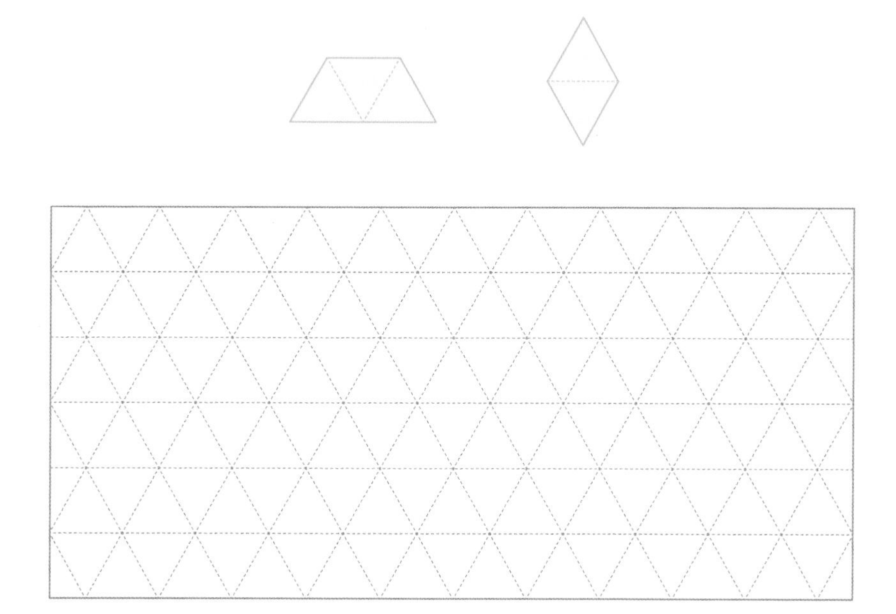

04 성냥개비 20개로 만든 모양입니다. 성냥개비 3개를 옮겨서 크기가 같은 정사각형이 5개가 되도록 만들어 보시오.

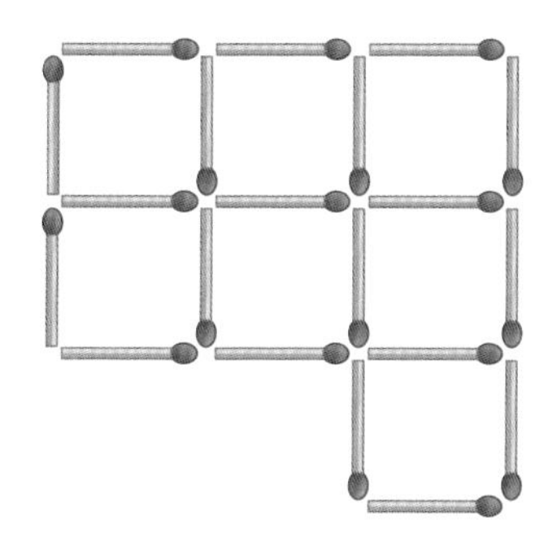

05 정사각형 1개와 직각삼각형 1개를 이어 붙여 만든 사각형이 2개 있습니다. 두 사각형을 뒤집지 않고 길이가 같은 변끼리 이어 붙여 만들 수 있는 서로 다른 모양은 몇 가지인지 구하시오. (단, 만든 모양을 돌리거나 뒤집었을 때 겹쳐지는 모양은 한 가지로 봅니다.)

06 주어진 모양을 남는 칸이 없게 나누어 다음의 헥시아몬드 3조각을 만들어 보시오.

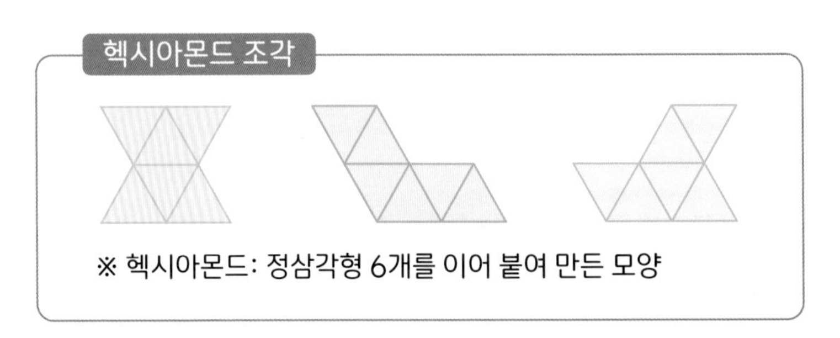

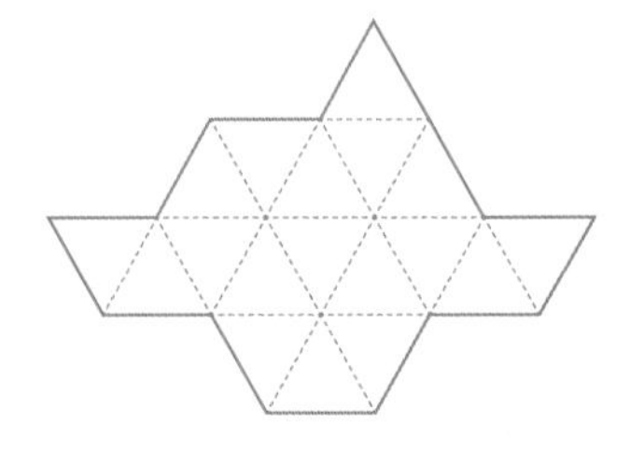

정답과 풀이 23쪽

07 보기 와 같이 정사각형을 크기와 모양이 같은 2조각으로 나누려고 합니다. 6가지 방법으로 나누어 보시오.

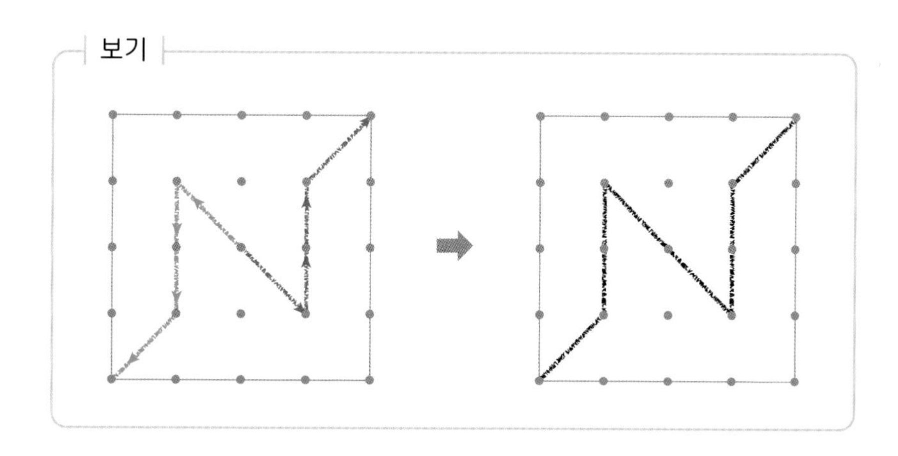

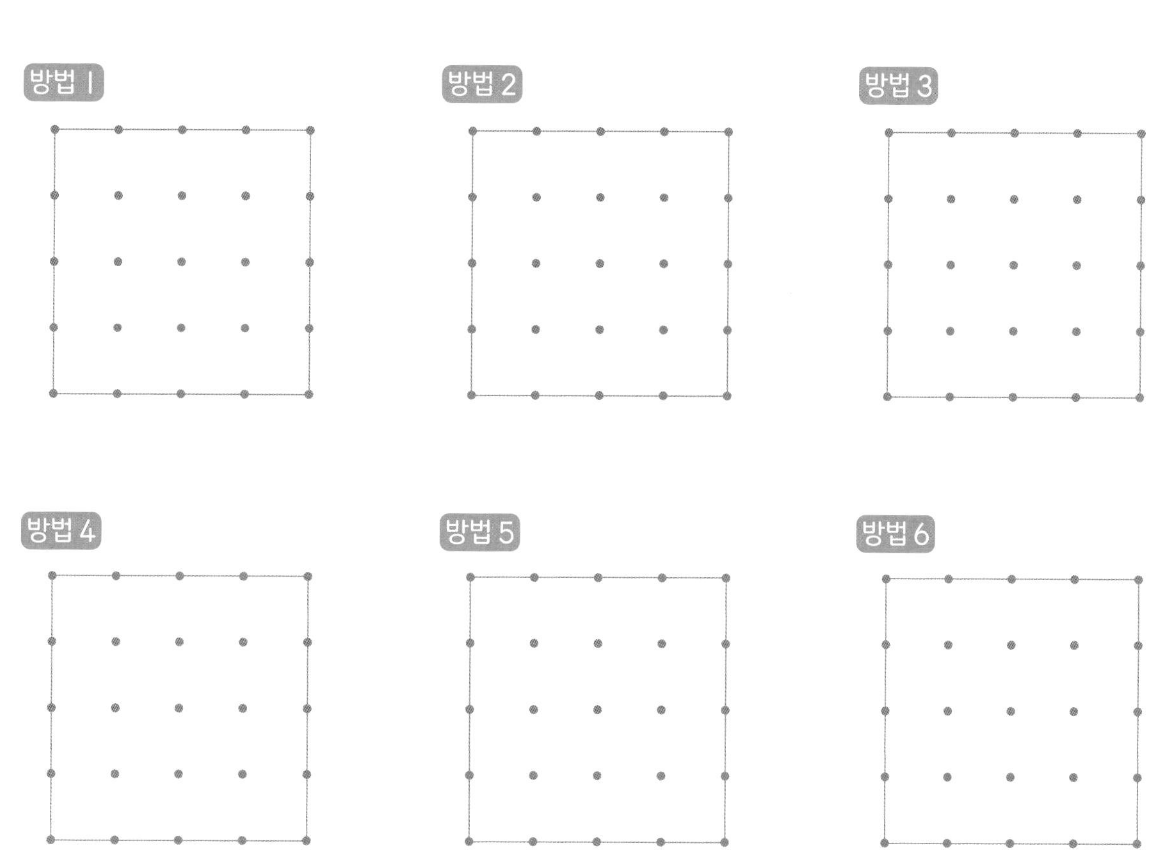

Perfect 경시대회

01 한가운데 구멍이 뚫린 정사각형 모양의 색종이가 있습니다. 이 색종이를 보기 와 같은 방법으로 크기와 모양이 같은 2조각으로 나누려고 합니다. 2가지 방법으로 나누어 보시오.

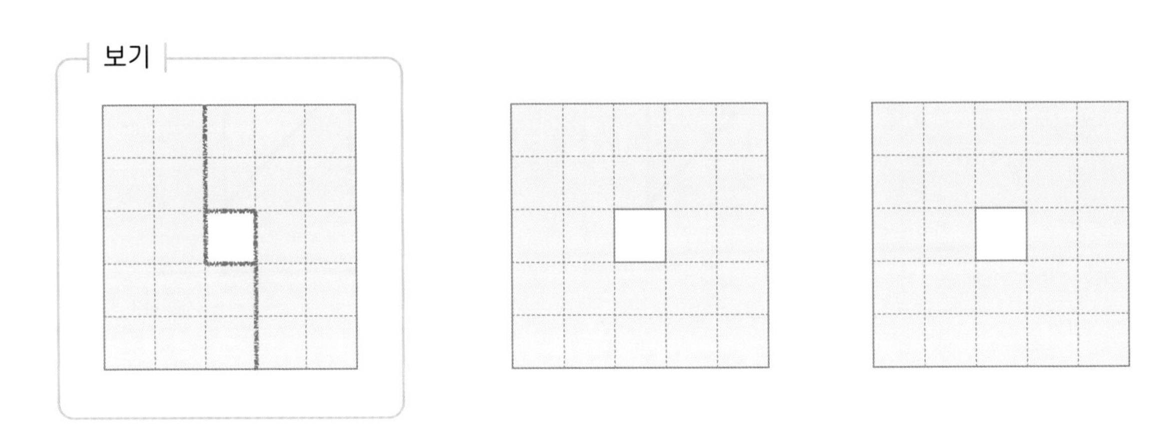

02 크기와 모양이 같은 직각삼각형 4개를 길이가 같은 변끼리 이어 붙여 만들 수 있는 서로 다른 사각형을 모두 만들어 보시오. (단, 돌리거나 뒤집었을 때 겹쳐지는 모양은 한 가지로 봅니다.)

03 다음과 같이 정사각형 1개와 직각삼각형 2개가 있습니다. 이 도형들을 길이가 같은 변끼리 이어 붙여 만들 수 있는 서로 다른 모양은 몇 가지인지 구하시오. (단, 돌리거나 뒤집었을 때 겹쳐지는 모양은 한 가지로 보고, 와 은 서로 다른 모양으로 봅니다.)

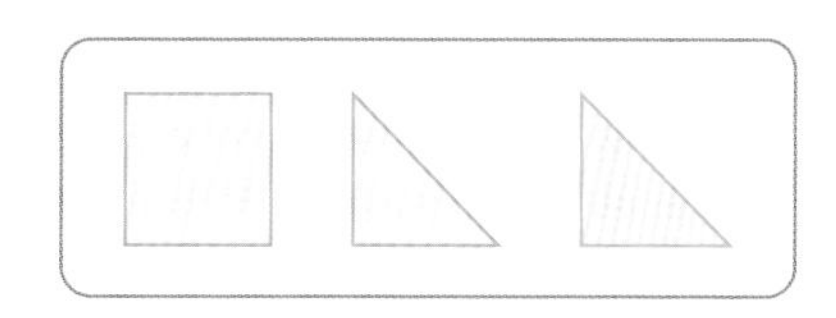

04 주어진 모양을 크기와 모양이 같은 2조각으로 나누려고 합니다. 서로 다른 4가지 방법으로 나누어 보시오. (단, 돌리거나 뒤집었을 때 겹쳐지는 방법은 한 가지로 봅니다.)

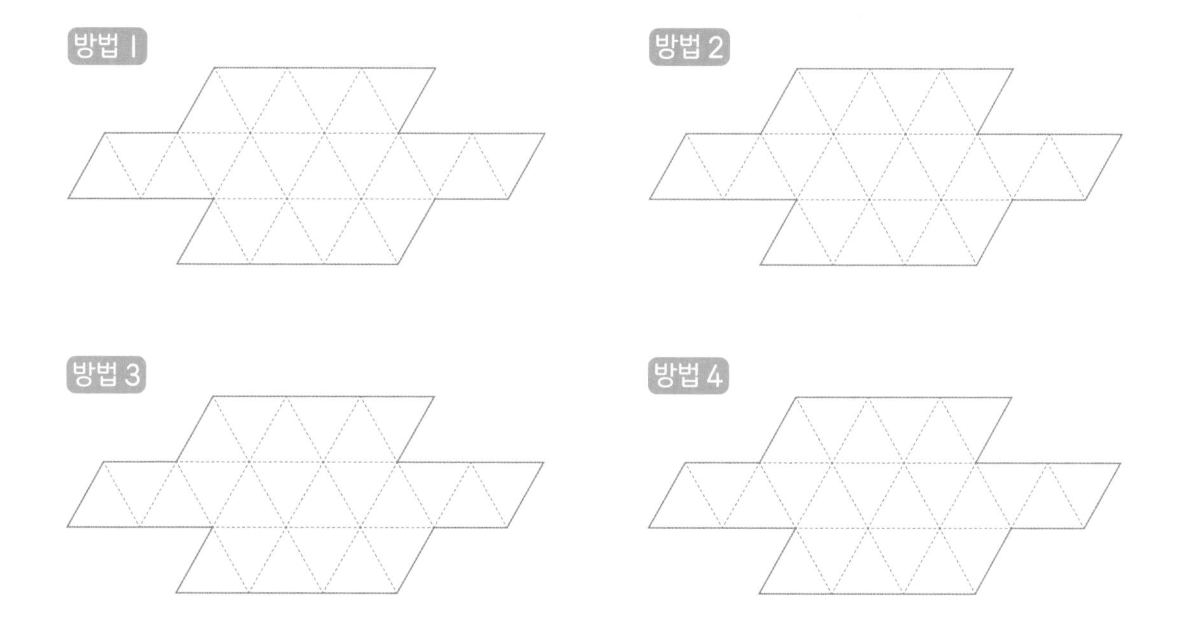

* Challenge 영재교육원 *

01 |보기|의 조각들을 사용하여 주어진 모양을 각 조건에 맞게 모두 채우려고 합니다. 모양을 채우고 조각의 모양을 선으로 표시해 보시오.

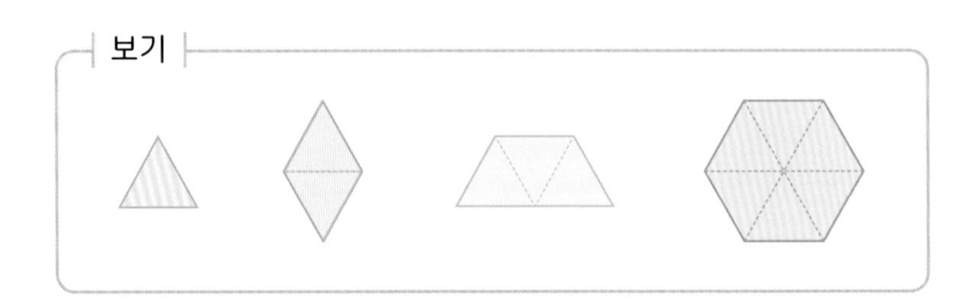

조건	조각의 개수가 가장 적게 채웁니다.

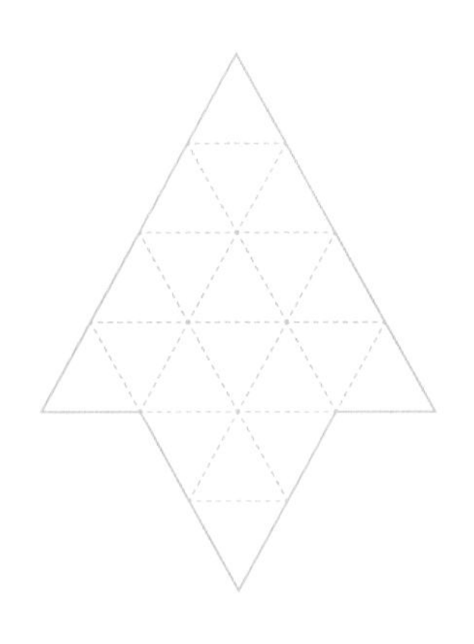

조건	조각의 개수가 11개입니다.

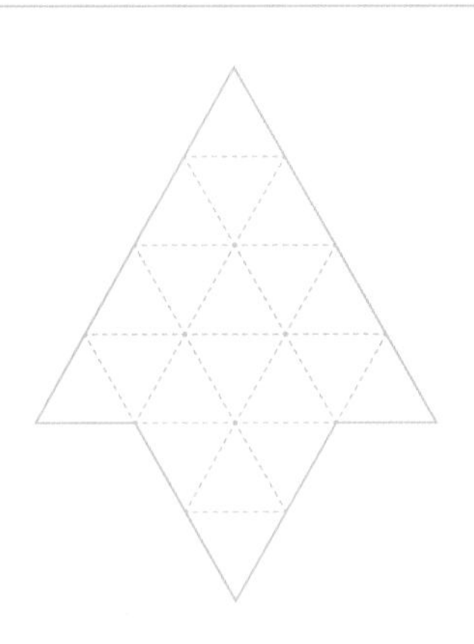

조건	사용한 조각 중 5개의 정육각형 모양 조각이 있습니다.

조건	① 사용한 조각의 개수가 14개입니다. ② 4종류의 조각을 모두 사용합니다.

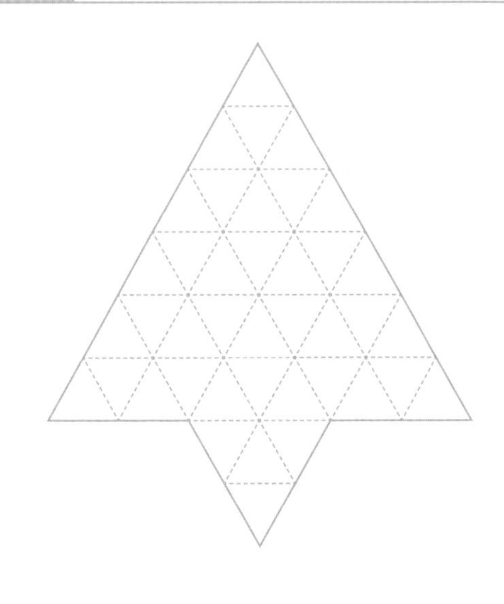

정답과 풀이 25쪽

02 다음 테트리아몬드 조각에 정삼각형 1개를 더 붙여 서로 다른 모양의 펜티아몬드를 모두 그려 보시오. (단, 돌리거나 뒤집었을 때 겹쳐지는 모양은 한 가지로 봅니다.)

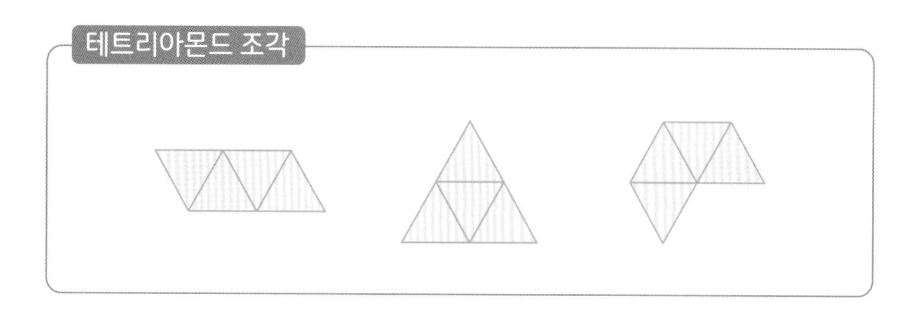

Ⅲ

문제해결력

계획한 대로 공부한 날은 🙂에, 공부하지 못한 날은 🙁에 ○표 하세요.

공부할 내용	공부할 날짜		확 인
1 부분과 전체의 차를 이용하여 해결하기	월	일	🙂 | 🙁
2 가로수 심기	월	일	🙂 | 🙁
3 그림 그려 해결하기	월	일	🙂 | 🙁
Creative 팩토	월	일	🙂 | 🙁
4 나누어 계산하기	월	일	🙂 | 🙁
5 주고 받기	월	일	🙂 | 🙁
6 예상하고 확인하기	월	일	🙂 | 🙁
Creative 팩토	월	일	🙂 | 🙁
Perfect 경시대회	월	일	🙂 | 🙁
Challenge 영재교육원	월	일	🙂 | 🙁

1. 부분과 전체의 차를 이용하여 해결하기

대표 문제

재영이는 900원짜리 쿠키 ●개를 살 돈만 가지고 과자점에 갔습니다. 그런데 세일을 하여 같은 쿠키를 600원씩 주고 ●개를 샀습니다. 쿠키를 사고 2400원이 남았다면 처음에 재영이가 가지고 간 돈은 얼마인지 구해 보시오. (단, ●는 같은 수입니다.)

STEP 1 재영이가 산 쿠키의 원래 가격과 세일을 한 가격의 차는 얼마인지 구해 보시오.

STEP 2 STEP 1에서 구한 값과 남은 돈인 2400원을 이용하여 재영이가 산 쿠키는 몇 개인지 구해 보시오.

STEP 3 STEP 2에서 구한 쿠키의 수를 이용하여 처음에 재영이가 가지고 간 돈은 얼마인지 구해 보시오.

정답과 풀이 26쪽

01 초콜릿이 몇 개 있습니다. 이 초콜릿은 25개씩 들어가는 상자 ■개에 남김없이 가득 담을 수 있습니다. 그런데 이 초콜릿을 32개씩 들어가는 상자 ■개에 가득 담으려면 84개가 부족합니다. 초콜릿은 몇 개 있는지 구해 보시오. (단, ■는 같은 수입니다.)

02 레몬 맛 사탕과 자두 맛 사탕이 같은 개수만큼 있습니다. 이것을 한 명당 레몬 맛 사탕을 9개, 자두 맛 사탕을 5개씩 주었더니 자두 맛 사탕만 52개 남았습니다. 처음에 가지고 있던 사탕은 모두 몇 개인지 구해 보시오.

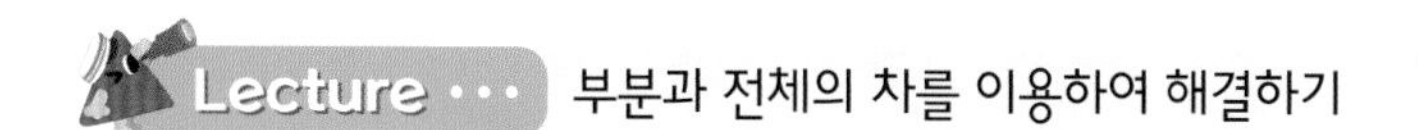
Lecture ··· 부분과 전체의 차를 이용하여 해결하기

200원짜리 물건을 ★개 사려다가
50원짜리 물건을 ★개 샀을 때 남는 금액

➡ (150×★)원 남음
↑ 200－50

2. 가로수 심기

길이가 20 m인 산책로가 시작되는 곳부터 끝나는 곳까지 길의 양쪽에 2 m 간격으로 가로수를 심으려고 합니다. 가로수는 모두 몇 그루가 필요한지 구해 보시오. (단, 가로수의 두께는 생각하지 않습니다.)

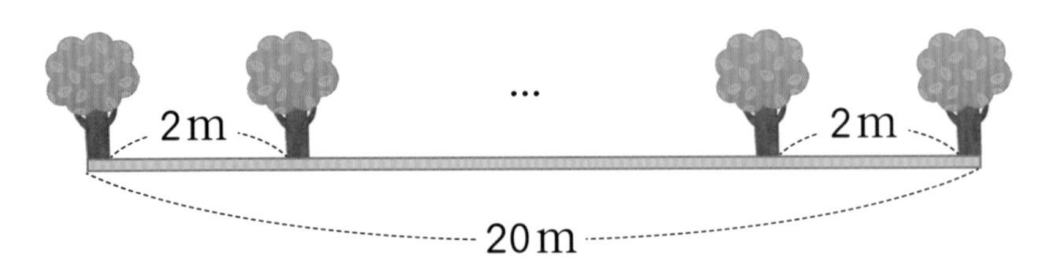

STEP 1 20 m인 길의 한쪽에 심어야 하는 가로수는 몇 그루인지 구해 보시오.

STEP 2 길의 양쪽에 심기 위해 필요한 가로수는 모두 몇 그루인지 구해 보시오.

정답과 풀이 27쪽

01 출발점과 도착점이 같은 15km 길이의 마라톤 코스가 있습니다. 출발점에서부터 3km 간격으로 물 마시는 곳을 설치한다고 할 때, 모두 몇 군데에서 물을 마실 수 있는지 구해 보시오. (단, 출발점에도 물 마시는 곳을 설치합니다.)

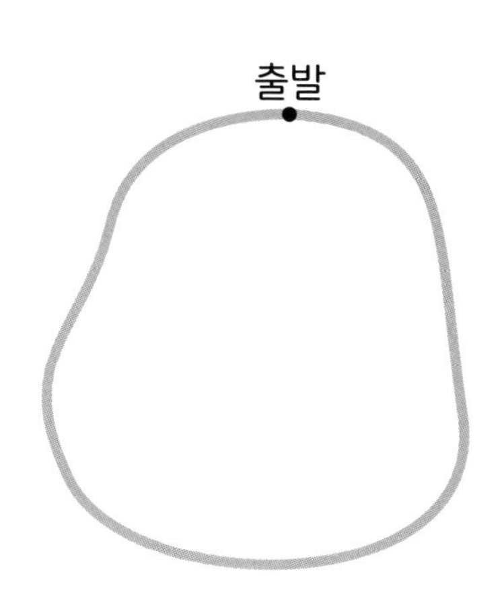

Lecture ··· 가로수 심기

직선인 길의 처음부터 끝까지 주어진 간격으로 나무를 심을 경우

전체 길이: 8m
나무 간격: 2m

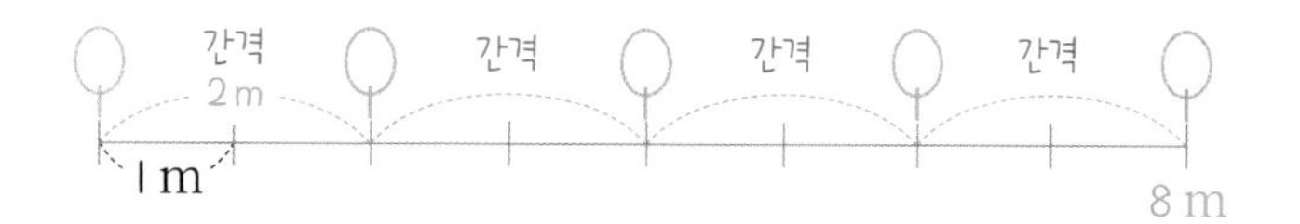

간격의 수: 4개, 나무의 수: 5그루
(4개 → $8 \div 2$)

- (간격의 수)=(전체 길이)÷(나무 사이의 간격)
- (나무의 수)=(간격의 수)+1

원 모양의 길 둘레에 주어진 간격으로 나무를 심을 경우

전체 둘레: 9m
나무 간격: 3m

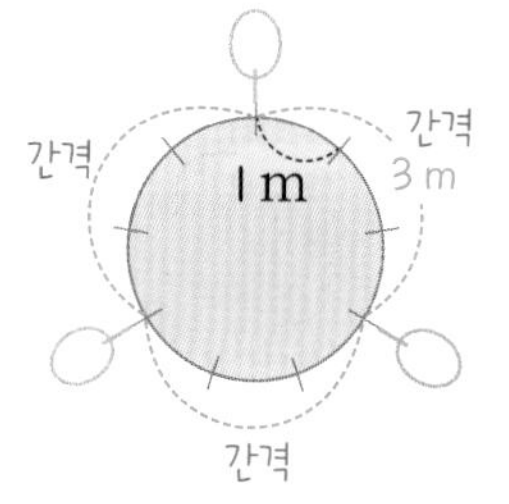

간격의 수: 3개, 나무의 수: 3그루
(3개 → $9 \div 3$)

- (간격의 수)=(전체 길이)÷(나무 사이의 간격)
- (나무의 수)=(간격의 수)

3. 그림 그려 해결하기

대표 문제

교실에 있는 에어컨은 1시간 동안 켜 놓으면 실내 온도가 2 ℃ 낮아지고, 1시간 동안 꺼 놓으면 실내 온도가 1 ℃ 높아집니다. 에어컨을 1시간마다 켜고 끄기를 반복할 때, 오전 11시에 25 ℃였던 교실의 온도가 처음으로 21 ℃가 되는 것은 몇 시인지 구해 보시오.

STEP 1 온도의 변화를 점과 선으로 나타내어 보시오.

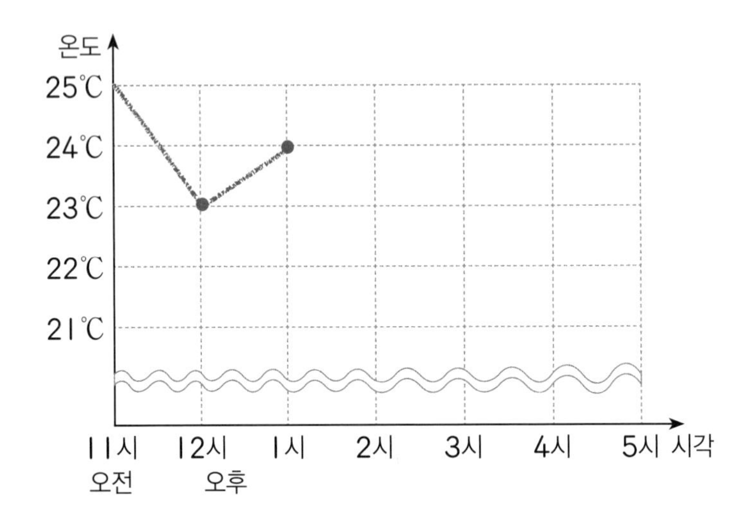

STEP 2 실내 온도가 처음으로 21 ℃가 되는 것은 몇 시인지 구해 보시오.

정답과 풀이 28쪽

01 모험가가 배를 타고 강의 상류까지 7 km만큼 거슬러 올라가려고 합니다. 모험가는 낮에는 노를 저어 3 km만큼 올라가고, 밤에는 잠을 자서 1 km만큼 다시 거꾸로 내려온다고 합니다. 모험가가 목적지에 도착하는 것은 출발한 지 며칠째인지 구해 보시오.

02 배 위에 있는 어떤 물건이든 1분에 2배의 무게로 부풀리는 신기한 배가 있습니다. 1 kg의 소금을 배 위에 실었더니 10분 후에 배가 가라앉기 시작했다면 처음에 2 kg의 소금을 실으면 몇 분 후에 배가 가라앉는지 구해 보시오.

그림 그려 해결하기

어느 연못의 개구리풀이 매일 2배씩 자란다고 할 때, 어느 날 그 연못을 가득 덮었다고 하면 그 연못의 절반을 덮은 것은 1일 전입니다.

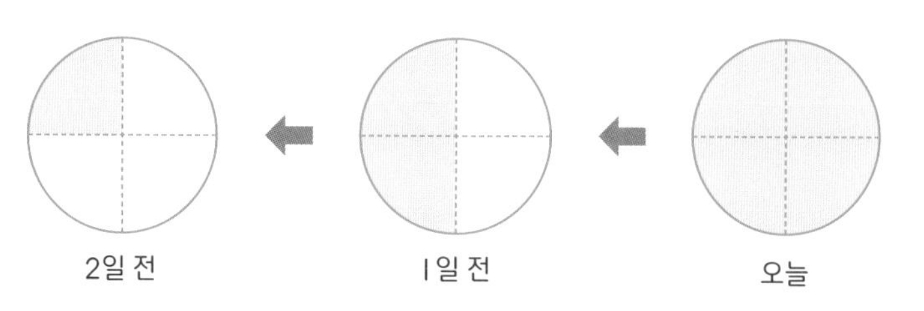

01 다음과 같은 100m 길이의 육상 트랙에 10m 간격으로 허들을 설치하려고 합니다. 출발점과 도착점에는 허들을 놓지 않을 때, 필요한 허들은 모두 몇 개인지 구해 보시오.

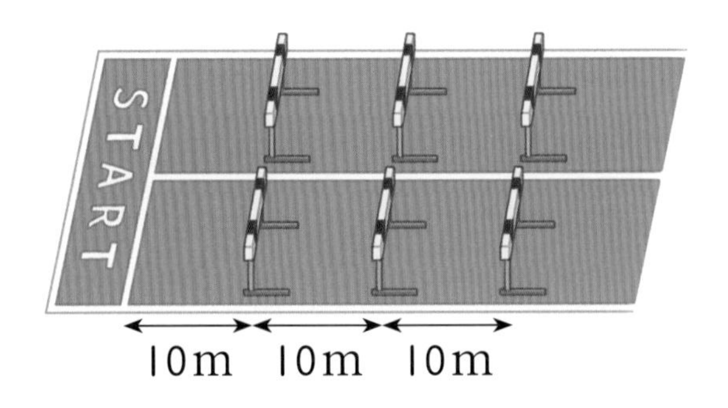

02 딸기 맛 사탕과 포도 맛 사탕이 같은 개수만큼 있습니다. 이것을 한 명당 딸기 맛 사탕 8개와 포도 맛 사탕 6개를 주었더니 포도 맛 사탕만 24개 남았습니다. 처음 가지고 있던 사탕은 몇 개인지 구해 보시오.

정답과 풀이 29쪽

03 폭의 길이가 10 m인 개울에 19개의 징검다리 돌을 놓으려고 합니다. 개울가와 징검다리 돌 사이의 간격과 징검다리 돌끼리의 간격이 모두 같도록 놓으려면 몇 cm 간격으로 돌을 놓아야 하는지 구해 보시오. (단, 돌의 두께는 생각하지 않습니다.)

19개의 징검다리 돌을 놓으면 간격이 몇 개가 생기는지 알아봅니다.

04 지구에서 멀리 떨어져 있는 어떤 별이 있습니다. 이 별은 1년에 2배씩 지구에서 멀어지고 8년 후에는 너무 멀어 보이지 않게 됩니다. 만약 이 별이 지금보다 2배 더 멀리 떨어져 있다면 이 별이 보이지 않게 되는 것은 몇 년 후인지 구해 보시오.

처음에 지구에서 별까지의 거리를 1이라고 할 때, 8년 후의 거리는 얼마인지 구해 봅니다.

05 두 팀으로 나누어 줄다리기를 하려고 합니다. 같은 편끼리의 간격은 1 m, 마주 보는 두 팀 사이의 거리는 2 m가 되도록 줄을 서야 합니다. 가장 멀리 떨어진 두 사람 사이의 거리가 10 m가 되려면 두 팀의 선수는 모두 몇 명 있어야 하는지 구해 보시오.

06 보아는 800원짜리 주스 ●병을 살 돈만 가지고 있었습니다. 이 돈으로 720원짜리 주스를 (● + 1)병 샀더니 240원이 남았습니다. 처음에 보아가 가지고 있던 돈은 얼마인지 구해 보시오. (단, ●는 같은 수입니다.)

정답과 풀이 30쪽

07 새끼곰이 높이가 10 m인 나무를 기어 올라가려고 합니다. 새끼곰은 10초 동안 4 m를 올라가고, 5초를 쉬는 동안 다시 2 m만큼 미끄러져 내려옵니다. 물음에 답해 보시오.

(1) 다음은 새끼곰이 시간에 따라 나무를 올라가는 높이를 그래프로 나타낸 것입니다. 그래프의 나머지 부분을 완성해 보시오.

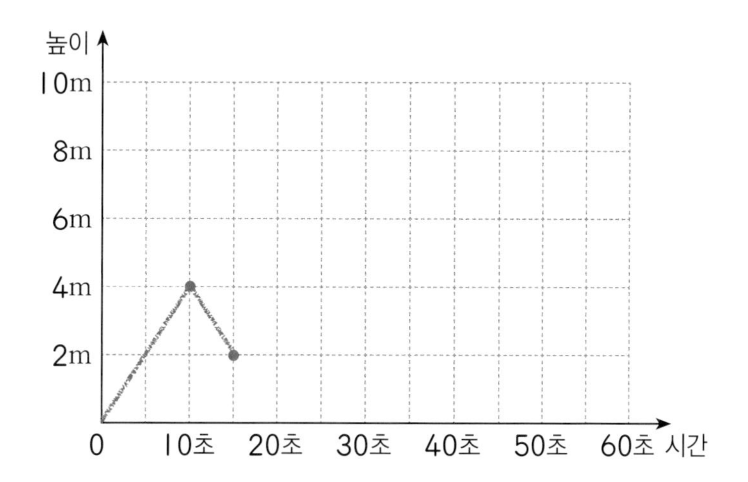

(2) 새끼곰이 나무를 다 오르는 데 걸리는 시간은 몇 초인지 구해 보시오.

대표 문제

초콜릿 84개를 누나는 정우의 2배, 동생은 정우의 4배가 되도록 나누려고 합니다. 동생은 누나보다 초콜릿 몇 개를 더 가지게 되는지 구해 보시오.

STEP 1 정우가 가지게 되는 초콜릿의 수를 □와 같이 나타낼 때, 누나와 동생이 가지게 되는 초콜릿의 수를 그림으로 나타내어 보시오.

누나는 정우의 2배, 동생은 정우의 4배

정우	□				
누나					
동생					

STEP 2 초콜릿이 모두 84개일 때, STEP 1의 □ 1칸은 초콜릿 몇 개를 나타냅니까?

STEP 3 정우, 누나, 동생은 초콜릿을 각각 몇 개씩 가지게 되는지 구해 보시오.

STEP 4 동생은 누나보다 초콜릿 몇 개를 더 가지게 되는지 구해 보시오.

정답과 풀이 31쪽

01 사탕 91개를 지유는 정후의 2배, 미소는 정후의 4배가 되도록 나누려고 합니다. 정후, 지유, 미소가 가지게 되는 사탕은 각각 몇 개인지 구해 보시오.

02 미주는 하늘이보다 공책이 5권 더 많고, 연우는 하늘이보다 공책이 3권 더 많습니다. 세 사람이 가진 공책을 합하면 29권일 때, 각각 공책을 몇 권씩 가지고 있는지 구해 보시오.

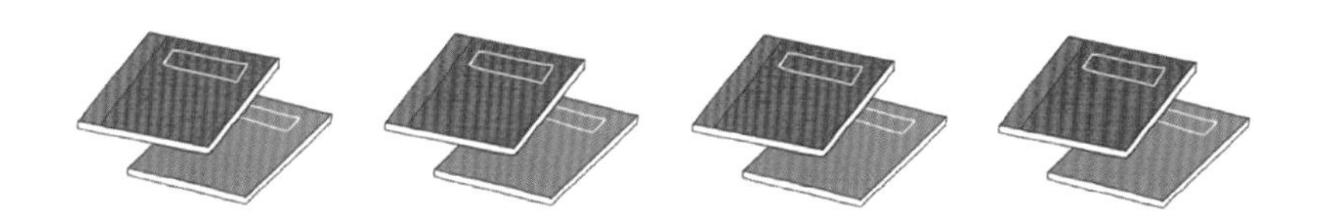

나누어 계산하기

구슬 16개를 언니는 연수의 3배가 되도록 나누려고 합니다. 연수와 언니는 각각 구슬을 몇 개씩 가지게 됩니까?

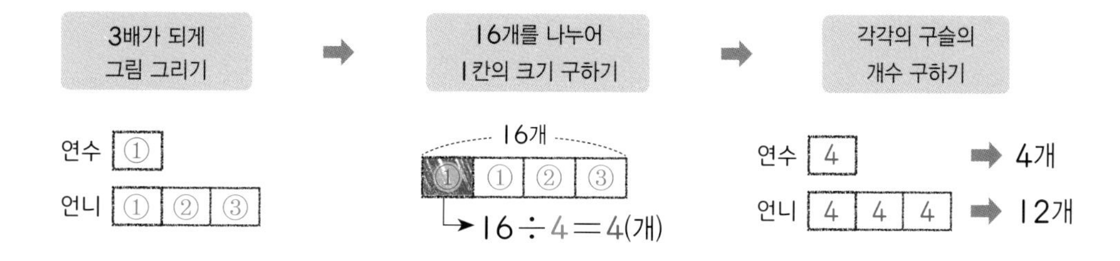

5. 주고 받기

대표 문제

수조 ㉮에서 ㉯로 1 L만큼 물을 옮기고, 수조 ㉰에서 ㉯로 2L만큼 물을 옮기면 3개의 수조에 들어 있는 물이 모두 5L로 같아집니다. 원래 3개의 수조에 들어 있던 물은 각각 몇 L인지 구해 보시오.

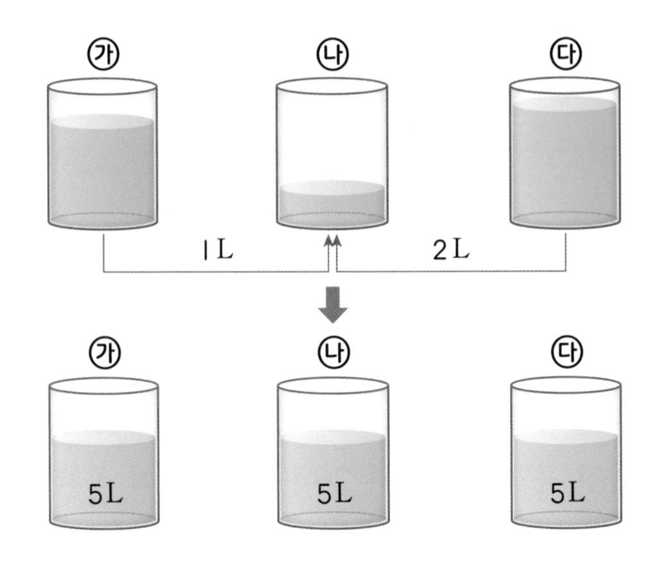

STEP 1 수조 ㉮와 ㉰에 들어 있던 물은 각각 몇 L씩 줄어들었습니까?

STEP 2 수조 ㉯에 들어 있던 물은 얼마만큼 늘어났는지 구해 보시오.

STEP 3 원래 3개의 수조에 들어 있던 물은 각각 몇 L인지 구해 보시오.

정답과 풀이 32쪽

01 준서와 희수가 연필을 나누어 가졌습니다. 준서가 희수에게 연필을 3자루 주었더니 둘이 가진 연필이 10자루로 같아졌습니다. 처음에 나누어 가진 연필은 각각 몇 자루인지 구해 보시오.

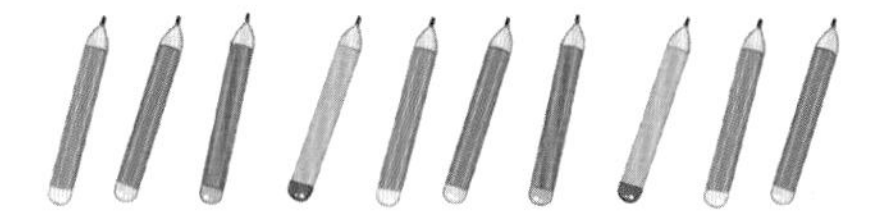

02 윤호, 창민, 나래가 합하여 600원의 돈을 가지고 있습니다. 윤호가 창민이에게 50원을 주고 창민이가 나래에게 100원을 주었더니 3명이 가진 돈이 모두 같아졌습니다. 3명이 처음에 가지고 있던 돈은 각각 얼마인지 구해 보시오.

주고 받기

☆만큼 주면 주는 쪽은 ☆만큼 줄어들고 받는 쪽은 ☆만큼 늘어나게 되므로, 결국 ☆의 2배만큼 차이가 나게 됩니다.

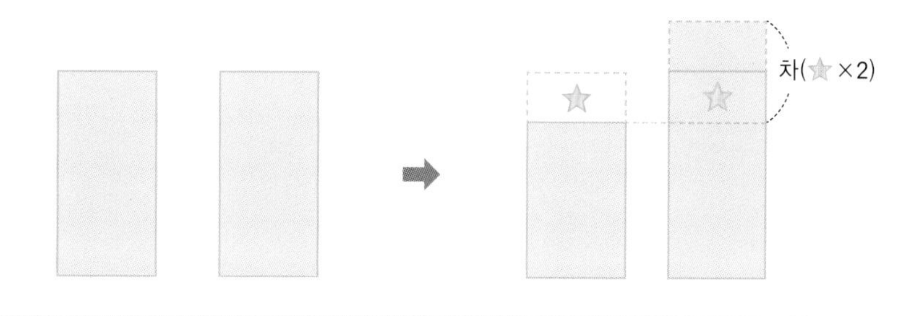

6. 예상하고 확인하기

대표 문제

지혜는 바퀴가 4개인 장난감 기차 칸과 바퀴가 2개인 장난감 기차 칸 여러 개로 바퀴가 14개인 5칸짜리 기차를 만들려고 합니다. 바퀴가 4개인 칸과 2개인 칸은 각각 몇 개씩 필요한지 구해 보시오.

STEP 1 5칸을 모두 바퀴가 2개인 장난감 기차 칸으로 만들었을 때, 바퀴는 모두 몇 개인지 구해 보시오.

STEP 2 5칸을 모두 바퀴가 2개인 기차 칸으로 만든 뒤, 기차 칸을 한 개씩 바퀴가 4개인 기차 칸으로 바꿀 때마다 전체 바퀴의 개수가 몇 개씩 늘어나는지 구해 보시오.

STEP 3 바퀴의 개수가 14개가 되려면 바퀴가 4개인 기차 칸이 몇 개 있어야 하는지 구하고, 바퀴가 2개인 기차 칸의 수도 구해 보시오.

정답과 풀이 33쪽

01 1 L들이 바가지와 2 L들이 바가지를 모두 8번 사용하여 13 L들이 수조에 물을 가득 채울 때, 각 바가지를 각각 몇 번씩 사용해야 하는지 구해 보시오.

02 개미의 다리는 6개이고, 거미의 다리는 8개입니다. 개미와 거미가 모두 10마리 있고 다리의 개수의 합이 68개일 때, 개미는 몇 마리인지 구해 보시오.

예상하고 확인하기

조건

학과 거북을 합하면 6마리이고, 다리는 모두 18개입니다.

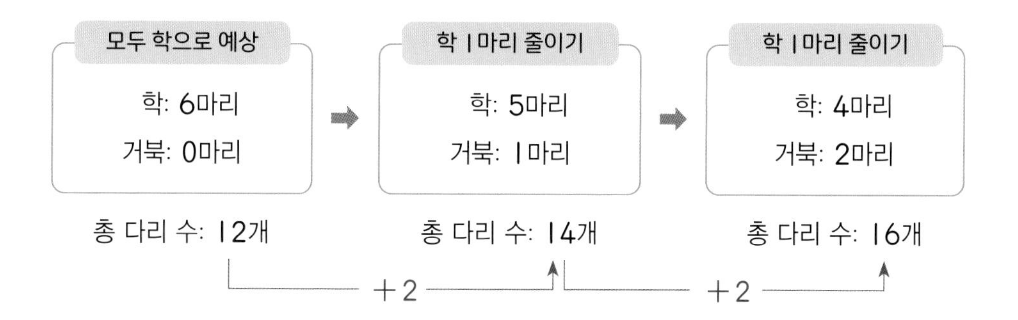

거북이 1마리씩 늘어날 때마다 다리의 개수는 2개씩 늘어나므로 학은 3마리, 거북은 3마리입니다.

01 ㉮ 통은 ㉯ 통보다 구슬이 5개 더 들어 있고, ㉰ 통은 ㉯ 통보다 구슬이 2개 더 적게 들어 있습니다. ㉮, ㉯, ㉰ 세 통에 들어 있는 구슬이 모두 45개일 때, ㉮, ㉯, ㉰ 세 통에 들어 있는 구슬은 각각 몇 개인지 구해 보시오.

02 미유, 윤주, 정우 3명이 9장의 스티커를 나누어 가졌습니다. 다음 |단서|를 보고 가장 많은 스티커를 가진 사람은 누구인지 구해 보시오.

|단서|

- 만약 미유가 가진 스티커를 모두 정우에게 주면 정우가 가진 스티커의 수는 윤주가 가진 스티커 수의 2배가 됩니다.
- 만약 윤주가 가진 스티커 중 1장을 미유에게 주면 윤주와 미유가 가진 스티커의 수가 같아집니다.

정답과 풀이 34쪽

03 동물원에 있는 거위의 수는 사슴의 수의 2배보다 3마리 더 많고, 원숭이의 수는 사슴의 수의 3배보다 3마리 더 많습니다. 동물원에 있는 거위, 사슴, 원숭이가 모두 60마리일 때, 거위, 사슴, 원숭이는 각각 몇 마리인지 구해 보시오.

04 인형을 상품으로 주는 퀴즈 대회에서 문제를 하나 맞히면 인형 2개를 받고, 하나 틀리면 인형 1개를 돌려주어야 합니다. 은우가 처음에 인형 10개를 가지고 퀴즈를 풀기 시작하여 10문제를 풀었더니 인형이 9개가 되었습니다. 은우가 맞힌 문제는 몇 개인지 구해 보시오.

05 20개의 구슬을 3개의 주머니에 나누어 넣은 후, ㉮ 주머니에 있는 구슬 1개를 ㉯ 주머니로 옮겼습니다. 물음에 답해 보시오.

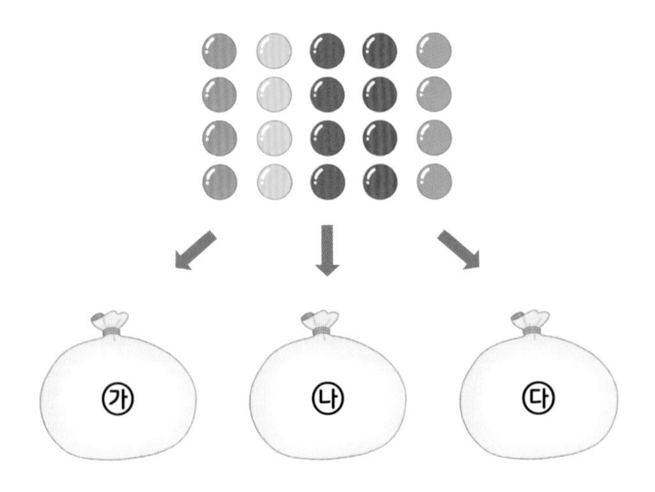

(1) ㉯에 들어 있는 구슬의 개수가 ㉮와 ㉰에 들어 있는 구슬의 개수의 합과 같아졌습니다. 처음 ㉯에 넣었던 구슬은 몇 개인지 구해 보시오.

(2) ㉮와 ㉰에 들어 있는 구슬의 개수가 같아졌습니다. 처음 ㉮와 ㉰에 넣었던 구슬은 각각 몇 개인지 구해 보시오.

정답과 풀이 35쪽

06 새미가 간식 상자를 열어 초콜릿과 사탕의 수를 세어 보았습니다. 새미의 말을 읽고 상자 안에 들어 있는 초콜릿과 사탕은 각각 몇 개인지 구해 보시오.

초콜릿과 사탕은 모두 26개이고,
초콜릿과 사탕의 수를 곱하면 144예요.
그리고 초콜릿이 사탕보다 더 많아요.

(1) 표의 빈칸에 알맞은 수를 써넣으시오.

초콜릿의 수(개)	13	14	15			
사탕의 수(개)	13					

(2) 초콜릿과 사탕의 수를 곱해 보고, 두 수의 곱이 144가 되는 초콜릿의 수와 사탕의 수를 각각 구해 보시오.

* Perfect 경시대회 *

01 길이가 108m인 도로 양쪽에 처음부터 끝까지 똑같은 간격으로 가로등 20개를 설치했습니다. 가로등과 가로등 사이의 간격은 몇 m인지 구해 보시오.

(단, 가로등의 두께는 생각하지 않습니다.)

02 은서는 한 개에 700원인 복숭아와 500원인 키위를 합하여 10개 사려고 5000원을 냈더니 400원이 모자란다고 합니다. 은서는 복숭아를 몇 개 사려고 했는지 구해 보시오.

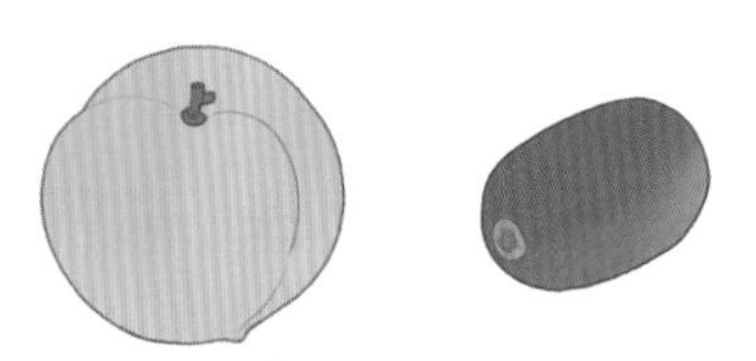

정답과 풀이 36쪽

03 24m 길이의 화단에 해바라기씨를 4m 간격으로, 민들레씨를 6m 간격으로 나란히 1개씩 심었습니다. 그런데 해바라기씨와 민들레씨를 같이 심은 곳에서는 해바라기 밖에 나지 않았습니다. 해바라기와 민들레는 각각 몇 뿌리씩 자라는지 구해 보시오. (단, 화단의 처음과 끝에는 해바라기씨와 민들레씨가 함께 심어져 있습니다.)

04 보은이가 10m 길이의 눈이 쌓인 산책로를 똑같은 간격의 걸음으로 걸어 모두 11개의 발자국을 찍었습니다. 같은 걸음걸이로 30m 거리를 걸어간다면 몇 개의 발자국이 찍히는지 구해 보시오.

* Challenge 영재교육원 *

01 1원짜리 동전 하나의 무게는 2g, 5원짜리 동전 하나의 무게는 3g입니다. 1원짜리 동전과 5원짜리 동전이 모두 15개 있습니다. 물음에 답해 보시오.

2g

3g

(1) 동전의 무게가 모두 40g일 때, 금액의 합은 얼마인지 구해 보시오.

(2) 금액의 합이 35원일 때, 동전의 무게의 합은 몇 g인지 구해 보시오.

정답과 풀이 37쪽

02 별사탕을 | 규칙 | 에 따라 두 번씩 옮겨 3개의 상자 속에 들어 있는 별사탕의 개수가 같게 만들어 보시오. (단, 옮기는 별사탕에 ○표 하시오.)

| 규칙 |

2개의 상자에서 같은 개수의 별사탕을 꺼내 나머지 상자로 옮깁니다.

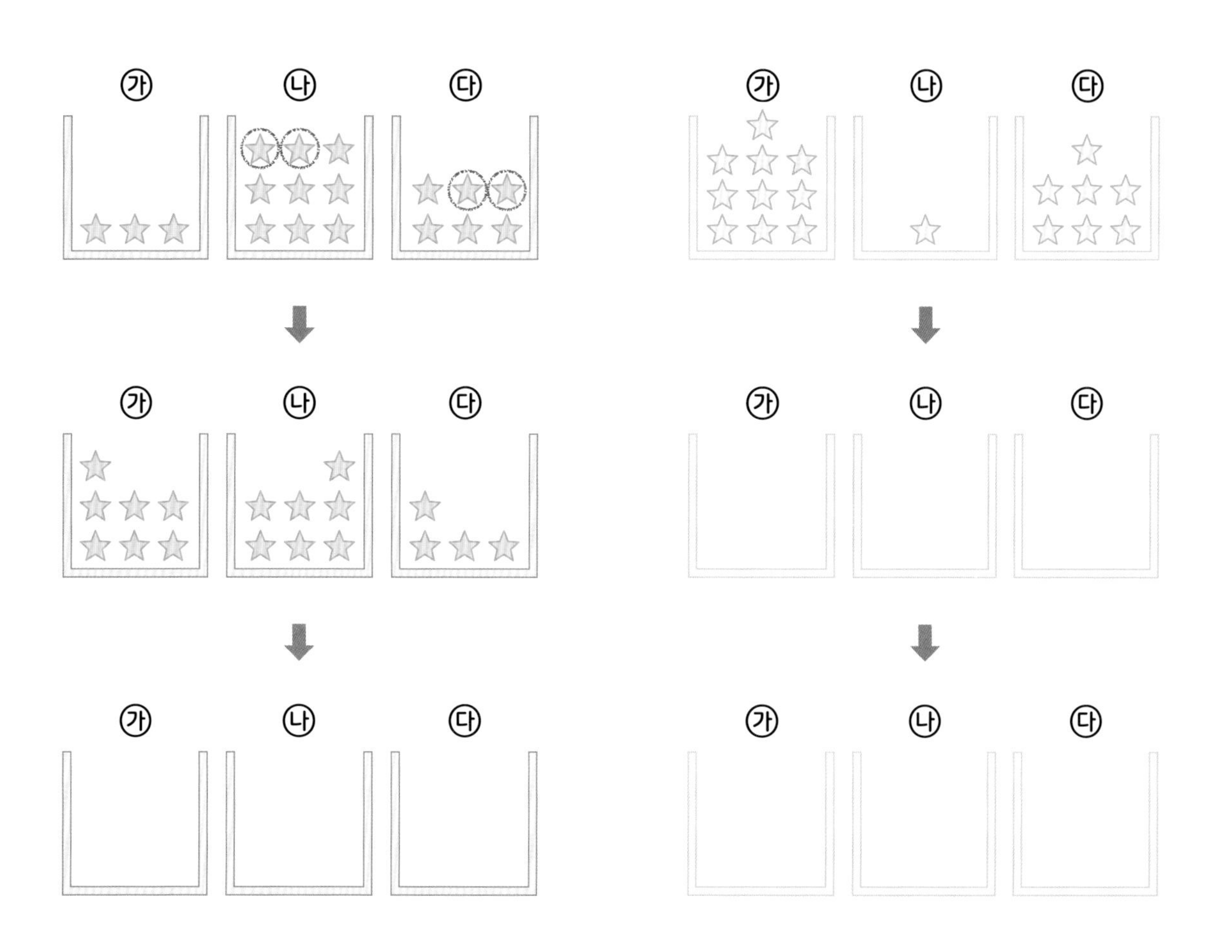

MEMO

영재학급, 영재교육원,
경시대회 준비를 위한

창의사고력 초등수학
팩토

형성 평가
총괄 평가

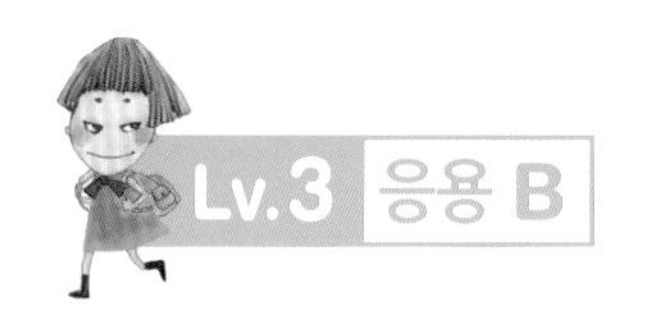

형성평가

시험일시	년 월 일
이 름	

권장 시험 시간 30분

- 총 문항 수(10문항)를 확인해 주세요.
- 권장 시험 시간(30분) 안에 문제를 풀어 주세요.
- 문제를 정확히 읽고 답을 바르게 쓰세요.
- 잘 풀리지 않는 문제가 있으면 쉬운 문제부터 해결한 후 다시 도전해 보세요.

채점 결과를 매스티안 홈페이지(https://www.mathtian.com)에 방문하여 양식에 맞게 입력해 보세요.
「형성평가 결과지」를 직접 받아보실 수 있습니다.

01 규칙에 따라 모양을 늘어놓을 때, 18째 번에 올 그림을 찾아 기호를 써 보시오.

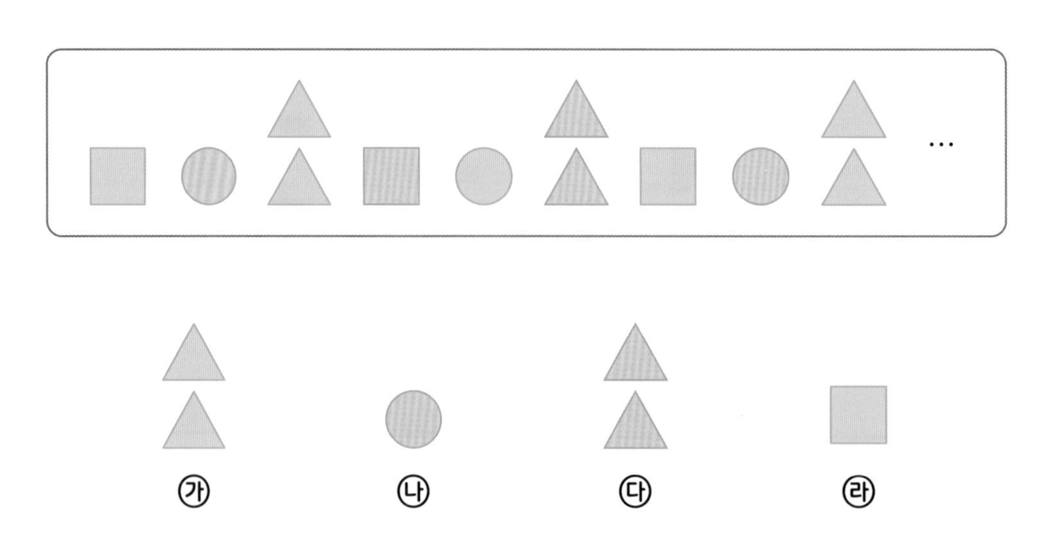

02 일정한 규칙으로 성냥개비를 늘어놓았습니다. 14째 번에 놓일 성냥개비는 몇 개인지 구해 보시오.

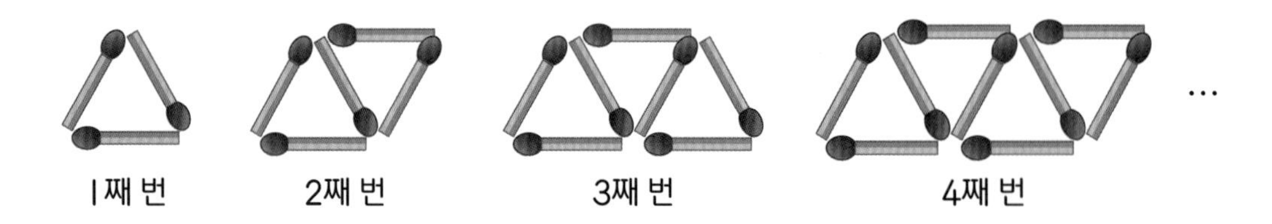

03 다음 수 배열표에서 규칙을 찾아 5행 6열의 수를 구해 보시오.

	1열	2열	3열	4열	5열
1행	1	4	9	16	⋯
2행	2	3	8	15	⋯
3행	5	6	7	14	⋯
4행	10	11	12	13	⋯
⋮	⋮	⋮	⋮	⋮	⋱

04 그림과 같이 규칙에 따라 바둑돌을 늘어놓을 때, 8째 번에 놓일 바둑돌은 몇 개인지 구해 보시오.

05 규칙에 따라 20째 번에 올 마카롱을 찾아 ○표 하시오.

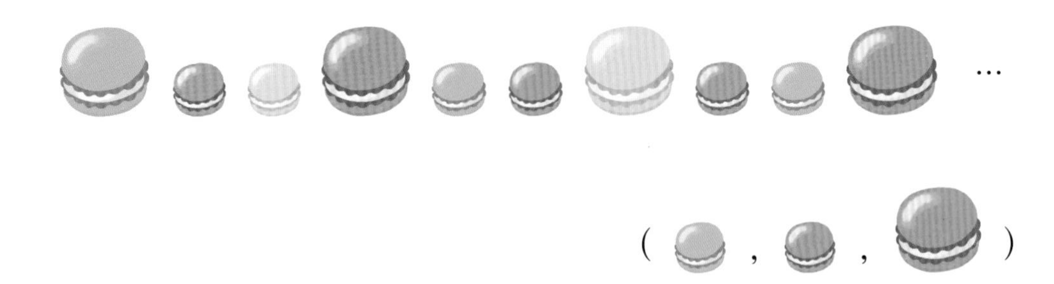

06 규칙을 찾아 빈칸에 알맞은 수를 써넣으시오.

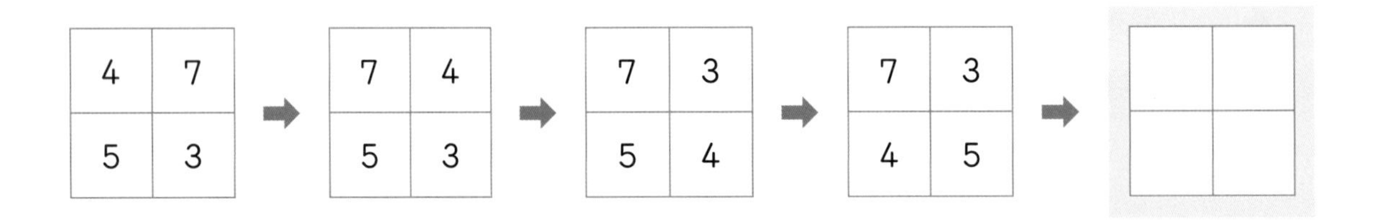

07 일정한 규칙으로 ●를 그렸습니다. 15째 번 그림에 있는 ●는 몇 개인지 구해 보시오.

08 다음과 같이 도화지를 3등분으로 계속 자르려고 합니다. 도화지를 자른 조각이 81개가 되는 것은 몇째 번인지 구해 보시오.

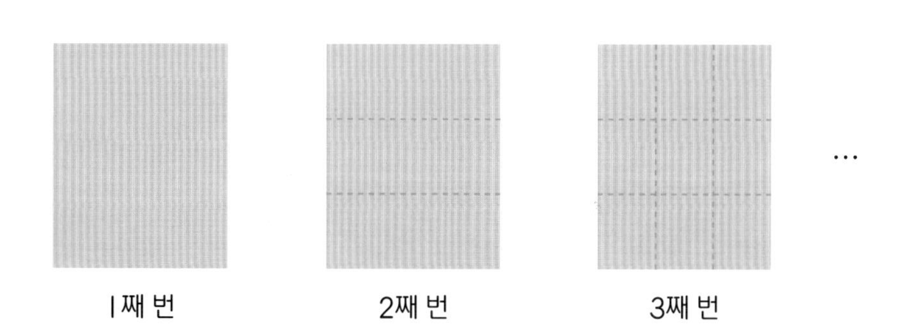

09 다음은 일정한 규칙에 따라 수를 쓴 것입니다. 61은 몇째 줄에 있는지 구해 보시오.

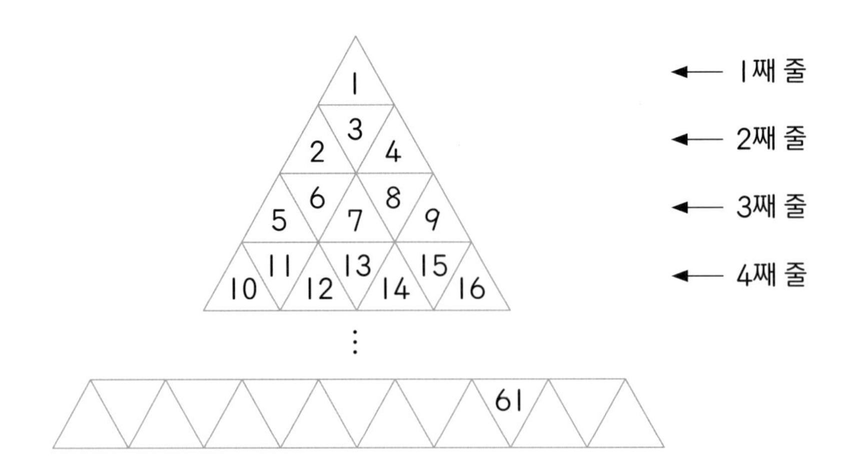

10 그림과 같이 규칙에 따라 바둑돌을 늘어놓을 때, 7째 번 모양에서 흰색 바둑돌과 검은색 바둑돌 중 무슨 색 바둑돌이 몇 개 더 많은지 구해 보시오.

정답과 풀이 38쪽

형성평가

시험일시	년 월 일
이 름	

권장 시험 시간 **30분**

- ✔ 총 문항 수(10문항)를 확인해 주세요.
- ✔ 권장 시험 시간(30분) 안에 문제를 풀어 주세요.
- ✔ 문제를 정확히 읽고 답을 바르게 쓰세요.
- ✔ 잘 풀리지 않는 문제가 있으면 쉬운 문제부터 해결한 후 다시 도전해 보세요.

채점 결과를 매스티안 홈페이지(https://www.mathtian.com)에 방문하여 양식에 맞게 입력해 보세요. 「형성평가 결과지」를 직접 받아보실 수 있습니다.

01 성냥개비로 만든 다음 모양은 사각형 1개와 정육각형 1개로 이루어져 있습니다. 성냥개비 3개를 옮겨 정육각형 1개와 사각형 3개를 찾을 수 있는 모양으로 만들어 보시오.

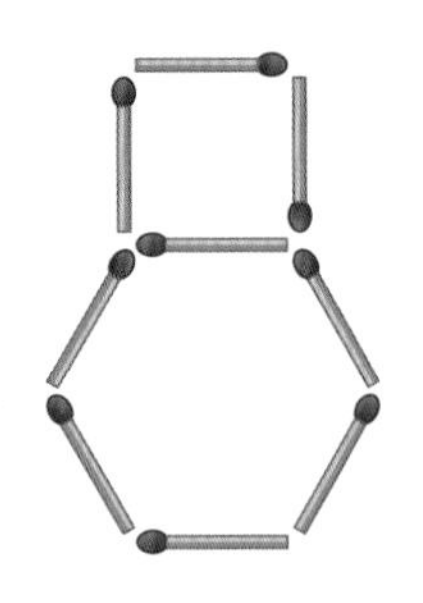

02 정삼각형 4개를 이어 붙여 만들 수 있는 서로 다른 모양을 모두 그려 보시오.

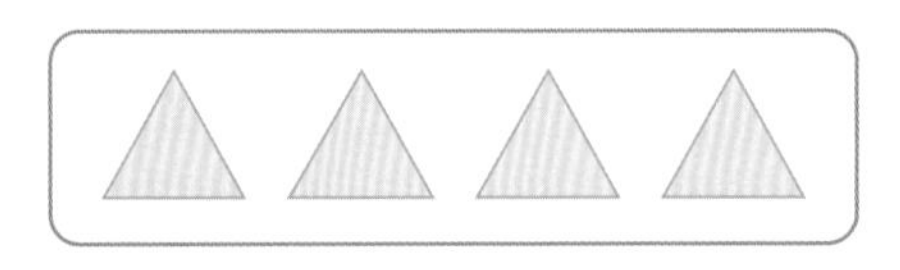

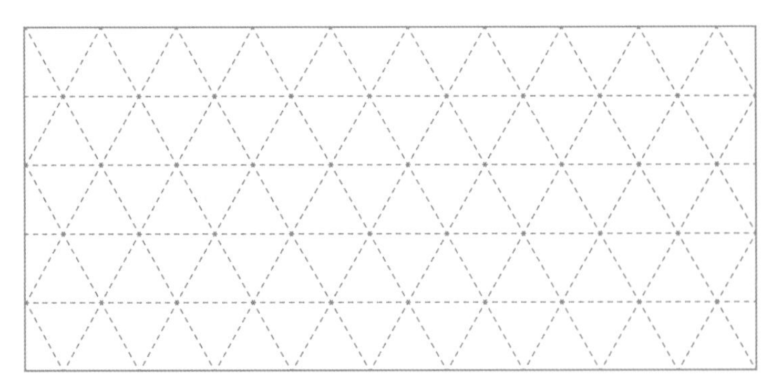

03 다음 모양을 크기와 모양이 같게 선을 따라 4조각으로 나누어 보시오.

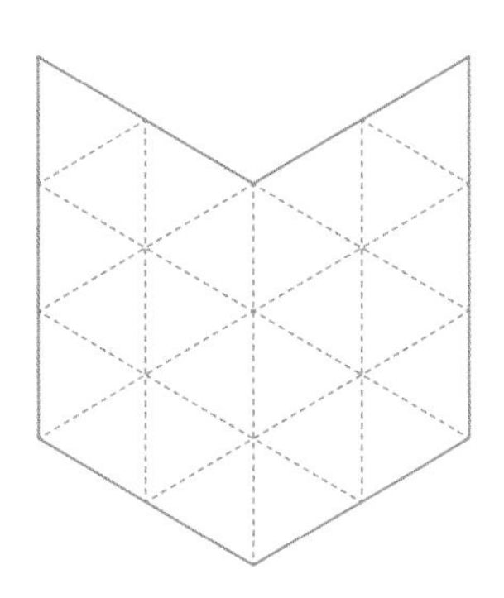

04 다음 모양을 조건 에 맞게 사각형으로 나누고, ?에 알맞은 수를 찾아 써 보시오.

조건

- 주어진 수는 사각형을 이루는 칸의 개수입니다.

	5					4
1			?			
						3
3	2			2	3	
				4		

05 성냥개비를 4개 더해서 크고 작은 정삼각형 13개가 되도록 만들어 보시오.

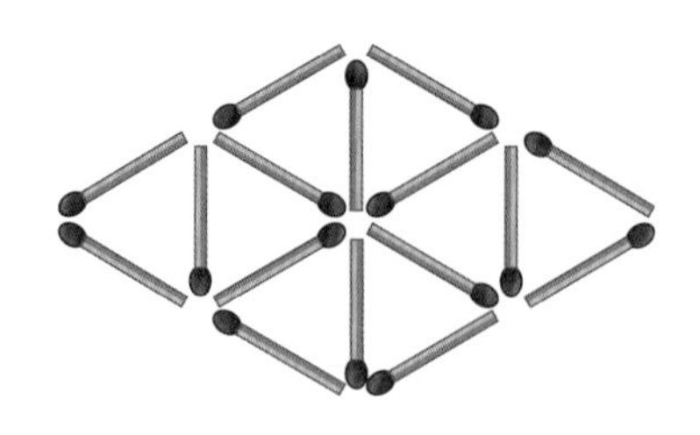

06 다음 모양은 81개의 작은 정사각형으로 이루어져 있습니다. 이 모양을 크고 작은 10개의 정사각형으로 나누어 보시오.

07 정사각형 4개를 붙여 만든 도형을 테트로미노라고 합니다. 다음 모양을 알파벳이 하나씩 들어 있는 서로 다른 테트로미노 5조각으로 나누어 보시오.

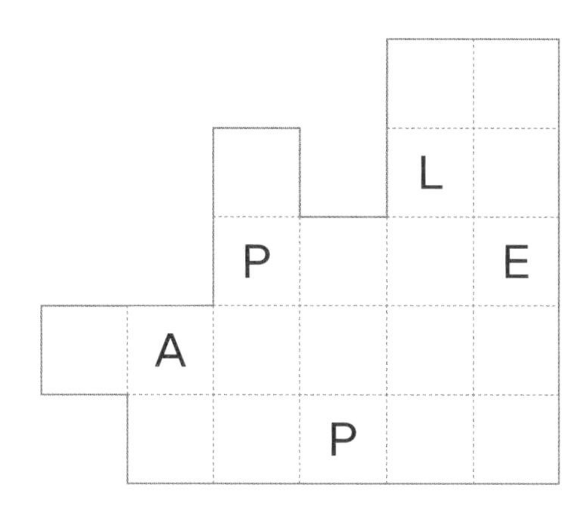

08 다음과 같은 모양의 정사각형 2개가 있습니다. 2개의 정사각형을 이어 붙여 만들 수 있는 서로 다른 모양은 모두 몇 가지인지 구해 보시오. (단, 돌리거나 뒤집었을 때 색칠된 부분까지 같은 모양은 한 가지로 봅니다.)

09 다음 모양을 크기와 모양이 같게 선을 따라 4조각으로 나누어 보시오.

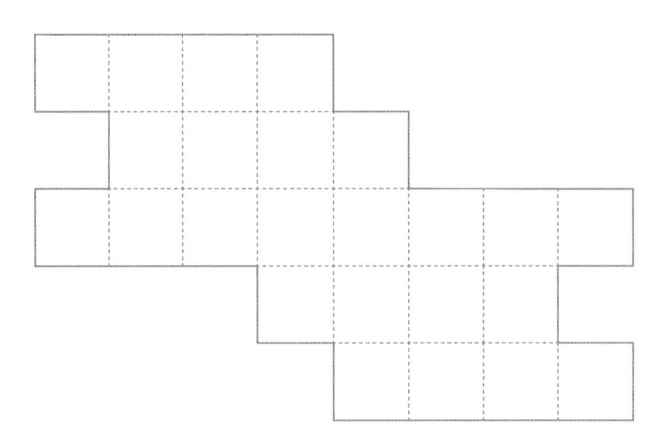

10 다음과 같이 크기가 같은 정사각형 3개가 있고, 이 중 1개는 색칠되어 있습니다. 이 도형들을 이어 붙여 모양을 만들려고 합니다. 만든 모양은 같아도 색칠된 모양의 위치가 다르면 서로 다른 모양이라고 할 때, 만들 수 있는 모양은 모두 몇 가지인지 구해 보시오. (단, 돌리거나 뒤집었을 때 겹쳐지는 모양은 한 가지로 봅니다.)

수고하셨습니다!

정답과 풀이 41쪽

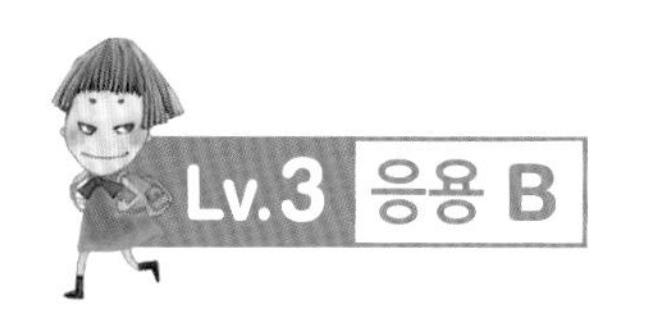

형성평가

문제해결력 영역

시험일시	년 월 일
이 름	

권장 시험 시간 30분

- 총 문항 수(10문항)를 확인해 주세요.
- 권장 시험 시간(30분) 안에 문제를 풀어 주세요.
- 문제를 정확히 읽고 답을 바르게 쓰세요.
- 잘 풀리지 않는 문제가 있으면 쉬운 문제부터 해결한 후 다시 도전해 보세요.

채점 결과를 매스티안 홈페이지(https://www.mathtian.com)에 방문하여 양식에 맞게 입력해 보세요.
「형성평가 결과지」를 직접 받아보실 수 있습니다.

01 수지가 한 권에 450원짜리 공책을 몇 권 살 돈만 가지고 문구점에 갔는데 한 권에 400원짜리 공책을 같은 권수만큼 샀더니 450원이 남았습니다. 수지가 산 공책은 몇 권인지 구해 보시오.

02 원 모양의 호수가 있습니다. 호수의 둘레가 80 m일 때, 4 m 간격으로 나무를 심으려면 필요한 나무는 몇 그루인지 구해 보시오. (단, 나무의 두께는 생각하지 않습니다.)

03 나무늘보가 나무를 기어오르는데 1시간 동안 70 cm 기어올랐다가 그다음 1시간 동안은 50 cm 미끄러져 내려온다고 합니다. 이 나무늘보가 1 m 50 cm의 나무 꼭대기까지 기어오르는데 걸리는 시간은 몇 시간인지 그림을 그려 구해 보시오.

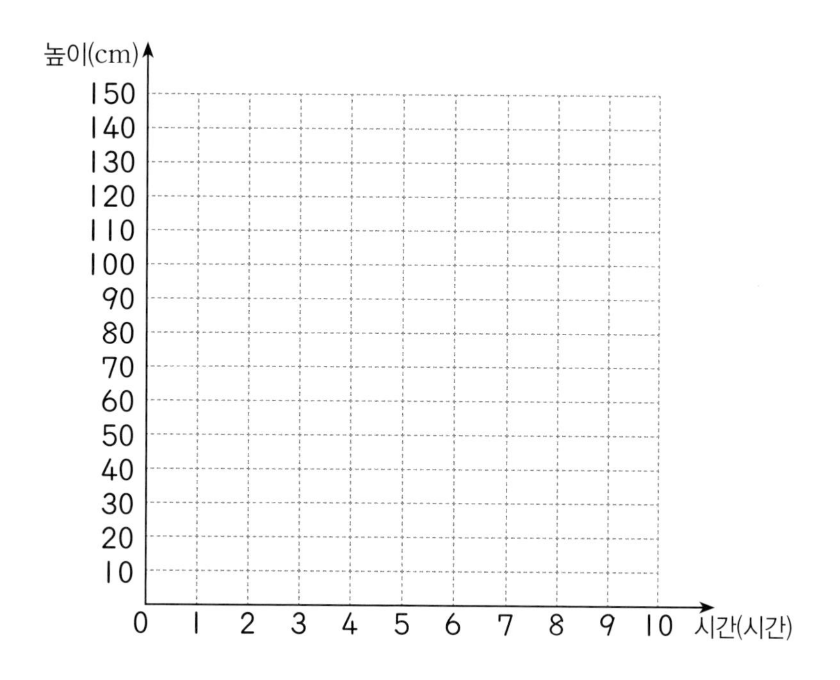

04 블록을 재우는 세희보다 3개 더 많이 가지고 있고, 주아는 세희의 2배만큼 가지고 있습니다. 세 사람이 가지고 있는 블록이 모두 59개일 때 세 사람이 가지고 있는 블록은 각각 몇 개인지 구해 보시오.

05 서준이와 지민이는 젤리를 나누어 가졌습니다. 서준이가 지민이에게 젤리를 5개 주었더니 둘이 가진 젤리가 11개로 같아졌습니다. 처음에 나누어 가진 젤리는 각각 몇 개인지 구해 보시오.

06 방에서 보일러를 1시간 동안 켜 놓으면 실내 온도가 4℃ 높아지고, 1시간 동안 꺼 놓으면 3℃ 낮아집니다. 보일러를 1시간마다 켜고 끄기를 반복할 때, 오전 10시에 17℃였던 방의 온도가 처음으로 23℃가 되는 것은 몇 시인지 구해 보시오.

07 어느 수학 시험에 4점짜리 문제와 3점짜리 문제가 섞여 있습니다. 지호가 수학 시험에서 15문제를 맞히고 54점을 받았습니다. 지호가 맞힌 4점짜리와 3점짜리 문제는 각각 몇 개인지 구해 보시오.

08 도윤, 수아, 선우가 합하여 1200원의 돈을 가지고 있었습니다. 수아가 도윤이에게 200원을 주고 도윤이가 선우에게 150원을 주었더니 3명이 가진 돈이 모두 같아 졌습니다. 3명이 처음에 가지고 있던 돈은 각각 얼마인지 구해 보시오.

09 과일 바구니에 들어 있는 사과의 수는 복숭아의 수의 3배보다 1개 더 많고, 귤의 수는 복숭아의 수의 2배만큼 있습니다. 과일 바구니에 들어 있는 사과, 복숭아, 귤은 모두 55개일 때, 사과는 귤보다 몇 개 더 많이 들어 있는지 구해 보시오.

10 가인이가 900원짜리 과자를 ●개 살 돈만 가지고 마트에 갔는데 마침 할인을 해서 810원씩 주고 (● + 1)개를 샀더니 90원이 남았습니다. 처음에 가인이가 마트에 가지고 간 돈은 얼마인지 구해 보시오. (단, ●는 같은 수입니다.)

수고하셨습니다!

정답과 풀이 44쪽

총괄평가

권장 시험 시간	30분

시험일시	년 월 일
이 름	

✓ 총 문항 수(10문항)를 확인해 주세요.
✓ 권장 시험 시간(30분) 안에 문제를 풀어 주세요.
✓ 문제를 정확히 읽고 답을 바르게 쓰세요.
✓ 잘 풀리지 않는 문제가 있으면 쉬운 문제부터 해결한 후 다시 도전해 보세요.

채점 결과를 매스티안 홈페이지(https://www.mathtian.com)에 방문하여 양식에 맞게 입력해 보세요.
「총괄평가 결과지」를 직접 받아보실 수 있습니다.

01 규칙을 찾아 빈칸에 알맞은 수를 써넣으시오.

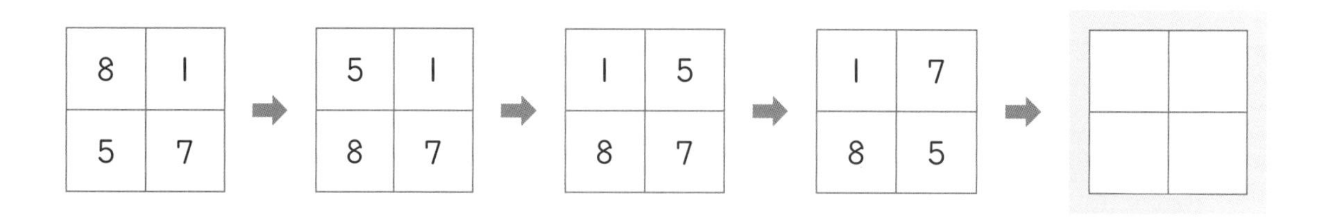

02 규칙을 찾아 ☐ 안에 알맞은 수를 써넣으시오.

2, 1, 4, 2, 6, 4, 8, 7, 10, ☐, 12, 16, ☐

03 규칙을 찾아 색칠된 칸에 들어갈 수를 구해 보시오.

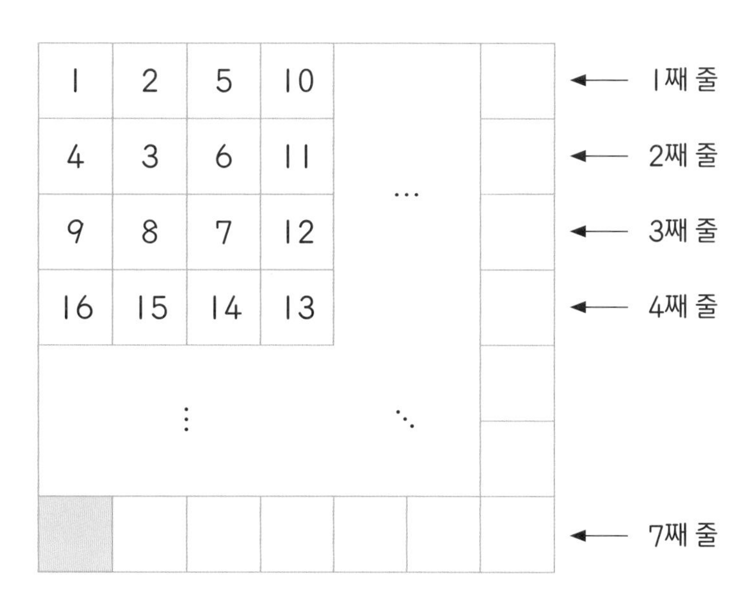

04 주어진 모양을 크기와 모양이 같은 2조각으로 나누려고 합니다. 서로 다른 3가지 방법으로 나누어 보시오. (단, 돌리거나 뒤집었을 때 겹쳐지는 모양은 한 가지로 봅니다.)

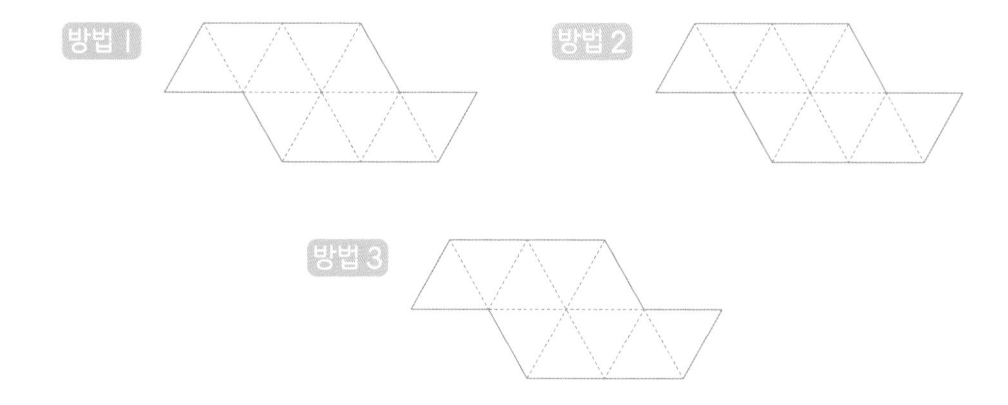

05 성냥개비로 만든 다음 모양에서 찾을 수 있는 크고 작은 정삼각형은 모두 몇 개인지 구해 보시오.

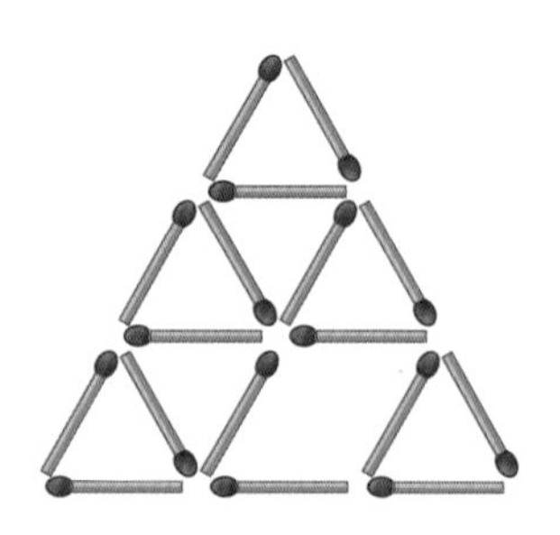

06 정삼각형 5개를 이어 붙여 만들 수 있는 서로 다른 모양을 모두 그려 보시오.
(단, 돌리거나 뒤집어서 겹쳐지는 모양은 한 가지로 봅니다.)

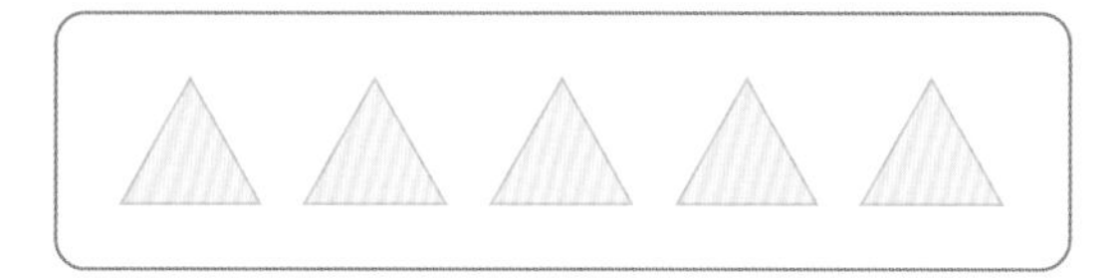

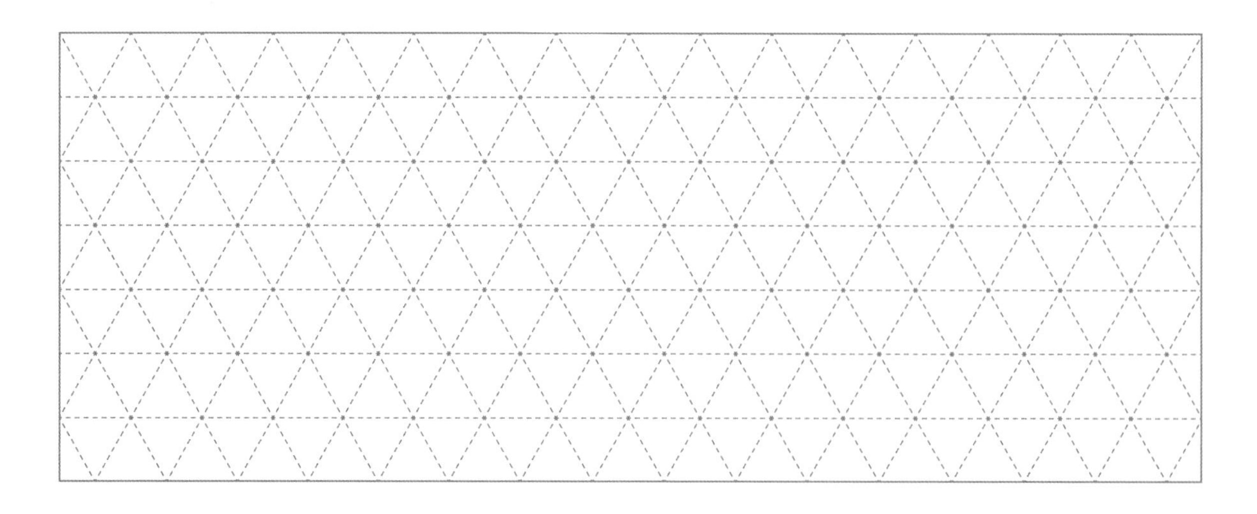

07 길이가 40m인 산책로가 시작되는 곳부터 끝나는 곳까지 길의 양쪽에 8m 간격으로 가로등을 설치하려고 합니다. 가로등은 모두 몇 개 필요한지 구해 보시오. (단, 가로등의 두께는 생각하지 않습니다.)

08 새끼 곰이 높이가 10m인 나무를 기어 올라가려고 합니다. 새끼 곰은 10분 동안 6m를 올라가고, 5분 쉬는 동안 다시 4m만큼 미끄러져 내려옵니다. 새끼 곰이 나무 꼭대기까지 오르는데 걸리는 시간은 몇 분인지 그림을 그려 구해 보시오.

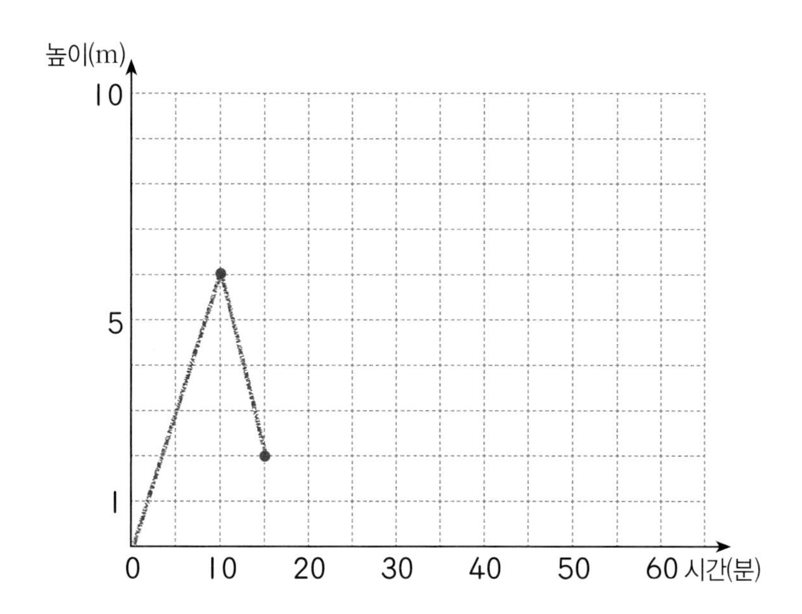

09 서아, 이서, 지희가 합하여 900원의 돈을 가지고 있습니다. 서아가 이서에게 150원을 주고 이서가 지희에게 50원을 주었더니 3명의 가진 돈이 모두 같아졌습니다. 세 사람이 처음에 가지고 있던 돈은 각각 얼마인지 구해 보시오.

10 10원짜리 동전 1개의 무게는 5g, 50원짜리 동전 1개의 무게는 9g입니다. 10원짜리 동전과 50원짜리 동전이 모두 12개 있습니다. 두 동전의 금액의 합이 400원일 때, 동전의 무게의 합은 몇 g인지 구해 보시오.

수고하셨습니다!

정답과 풀이 47쪽

창의사고력
초등수학

팩토

팩토는 자유롭게 자신감있게 창의적으로
생각하는 주·니·어·수·학·자입니다.

Free Active Creative Thinking O. Junior mathtian

영재학급, 영재교육원,
경시대회 준비를 위한

창의사고력 초등수학 팩토

명확한 답
친절한 풀이

영재학급, 영재교육원,
경시대회 준비를 위한

창의사고력
초등수학

팩토

명확한 답
친절한 풀이

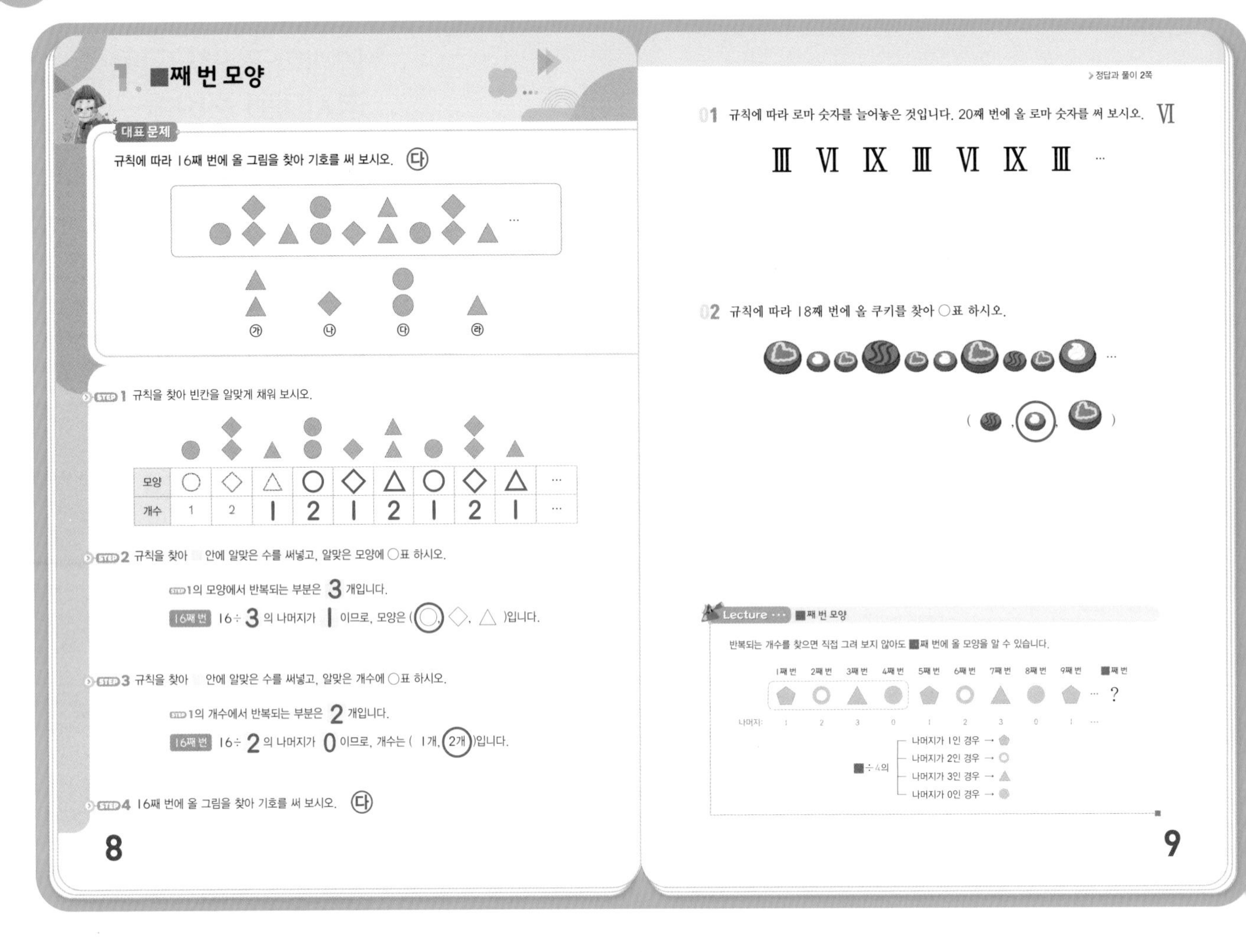
1. ■째 번 모양

대표 문제

규칙에 따라 16째 번에 올 그림을 찾아 기호를 써 보시오. ㉰

㉮ ㉯ ㉰ ㉱

STEP 1 규칙을 찾아 빈칸을 알맞게 채워 보시오.

모양	○	◇	△	○	◇	△	○	◇	△	…
개수	1	2	1	2	1	2	1	2	1	…

STEP 2 규칙을 찾아 □ 안에 알맞은 수를 써넣고, 알맞은 모양에 ○표 하시오.

STEP 1의 모양에서 반복되는 부분은 3 개입니다.

16째 번 16÷3 의 나머지가 1 이므로, 모양은 (○, ◇, △)입니다.

STEP 3 규칙을 찾아 □ 안에 알맞은 수를 써넣고, 알맞은 개수에 ○표 하시오.

STEP 1의 개수에서 반복되는 부분은 2 개입니다.

16째 번 16÷2 의 나머지가 0 이므로, 개수는 (1개, 2개)입니다.

STEP 4 16째 번에 올 그림을 찾아 기호를 써 보시오. ㉰

8

정답과 풀이 2쪽

01 규칙에 따라 로마 숫자를 늘어놓은 것입니다. 20째 번에 올 로마 숫자를 써 보시오. Ⅵ

Ⅲ Ⅵ Ⅸ Ⅲ Ⅵ Ⅸ Ⅲ …

02 규칙에 따라 18째 번에 올 쿠키를 찾아 ○표 하시오.

Lecture … ■째 번 모양

반복되는 개수를 찾으면 직접 그려 보지 않아도 ■째 번에 올 모양을 알 수 있습니다.

1째 번 2째 번 3째 번 4째 번 5째 번 6째 번 7째 번 8째 번 9째 번 ■째 번

나머지: 1 2 3 0 1 2 3 0 1 …

■÷4의 나머지가 1인 경우 → ⬟, 나머지가 2인 경우 → ○, 나머지가 3인 경우 → ▲, 나머지가 0인 경우 → ●

9

대표문제

STEP 1 모양은 '○, ◇, △'이 반복되고, 개수는 '1개, 2개'가 반복됩니다.

STEP 2 3개의 모양이 반복되므로 16째 번 모양을 찾기 위해 3으로 나눕니다.
$16\div3=5\cdots1$에서 나머지가 1이므로 1째 번 모양인 ○입니다.

STEP 3 2개의 개수가 반복되므로 16째 번 개수를 찾기 위해 2로 나눕니다.
$16\div2=8$에서 나머지가 0이므로 2째 번 개수인 2개입니다.

STEP 4 16째 번에 올 그림의 모양은 ○, 개수는 2개이므로 ㉰입니다.

01 로마 숫자는 'Ⅲ, Ⅵ, Ⅸ'이 반복됩니다.
20째 번에 올 로마 숫자는 $20\div3=6\cdots2$에서 나머지가 2이므로 2째 번 숫자인 Ⅵ입니다.

02 쿠키의 모양은 ' , , , '이 반복되고, 크기는 '크다, 작다, 작다'가 반복됩니다.
- 18째 번에 올 모양은 $18\div4=4\cdots2$에서 나머지가 2이므로 2째 번 모양인 입니다.
- 18째 번에 올 크기는 $18\div3=6$에서 나머지가 0이므로 3째 번 크기인 '작다'입니다.

따라서 18째 번에 올 쿠키의 모양은 이고, 크기는 작습니다.

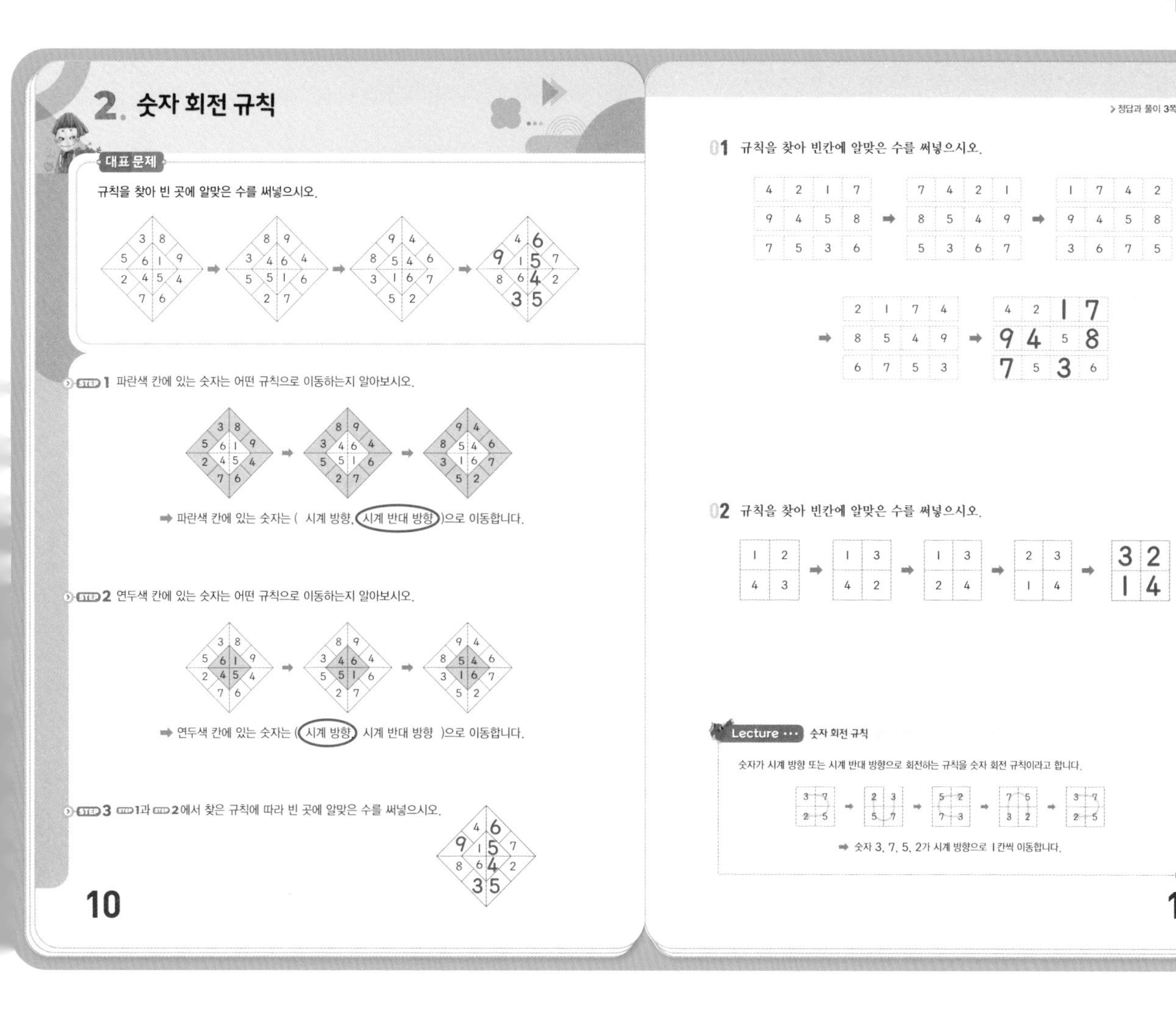
2. 숫자 회전 규칙

대표 문제

규칙을 찾아 빈 곳에 알맞은 수를 써넣으시오.

STEP 1 파란색 칸에 있는 숫자는 어떤 규칙으로 이동하는지 알아보시오.

➡ 파란색 칸에 있는 숫자는 (시계 방향, 시계 반대 방향)으로 이동합니다.

STEP 2 연두색 칸에 있는 숫자는 어떤 규칙으로 이동하는지 알아보시오.

➡ 연두색 칸에 있는 숫자는 (시계 방향, 시계 반대 방향)으로 이동합니다.

STEP 3 STEP 1과 STEP 2에서 찾은 규칙에 따라 빈 곳에 알맞은 수를 써넣으시오.

10

> 정답과 풀이 3쪽

01 규칙을 찾아 빈칸에 알맞은 수를 써넣으시오.

4	2	1	7
9	4	5	8
7	5	3	6

➡

7	4	2	1
8	5	4	9
5	3	6	7

➡

1	7	4	2
9	4	5	8
3	6	7	5

➡

2	1	7	4
8	5	4	9
6	7	5	3

➡

4	2	1	7
9	4	5	8
7	5	3	6

02 규칙을 찾아 빈칸에 알맞은 수를 써넣으시오.

Lecture ··· 숫자 회전 규칙

숫자가 시계 방향 또는 시계 반대 방향으로 회전하는 규칙을 숫자 회전 규칙이라고 합니다.

➡ 숫자 3, 7, 5, 2가 시계 방향으로 1칸씩 이동합니다.

11

대표 문제

STEP 1 파란색 칸에 있는 숫자는 시계 반대 방향으로 1칸씩 이동합니다.

STEP 2 연두색 칸에 있는 숫자는 시계 방향으로 1칸씩 이동합니다.

STEP 3 STEP 1과 STEP 2에서 찾은 규칙에 맞게 빈 곳에 알맞은 수를 써넣습니다.

01 • 맨 윗줄은 오른쪽으로 한 칸씩 이동합니다.

4 2 1 7 ➡ 7 4 2 1 ➡ 1 7 4 2

2 1 7 4 ➡ 4 2 1 7

• 가운뎃줄은 양쪽 끝수끼리, 가운데 수끼리 자리를 바꾸는 규칙입니다.

9 4 5 8 ➡ 8 5 4 9 ➡ ··· ➡ 9 4 5 8

• 맨 아랫줄은 왼쪽으로 한 칸씩 이동합니다.

7 5 3 6 ➡ 5 3 6 7 ➡ 3 6 7 5

6 7 5 3 ➡ 7 5 3 6

02 다음과 같이 오른쪽 두 수, 아래쪽 두 수, 왼쪽 두 수가 서로 자리를 바꾸는 규칙입니다.

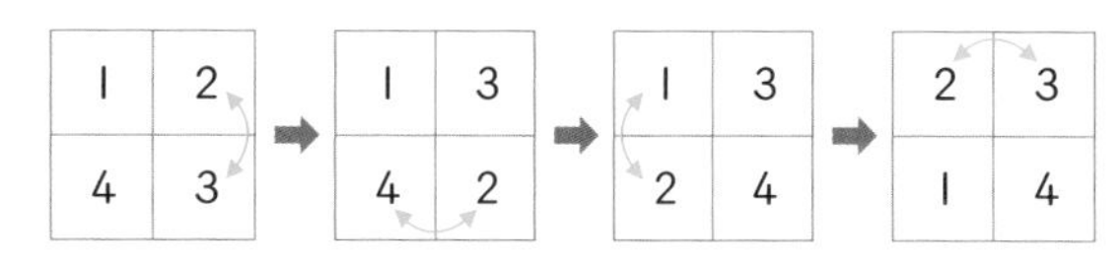

따라서 마지막에는 윗줄의 2와 3의 자리를 서로 바꿉니다.

➡

3	2
1	4

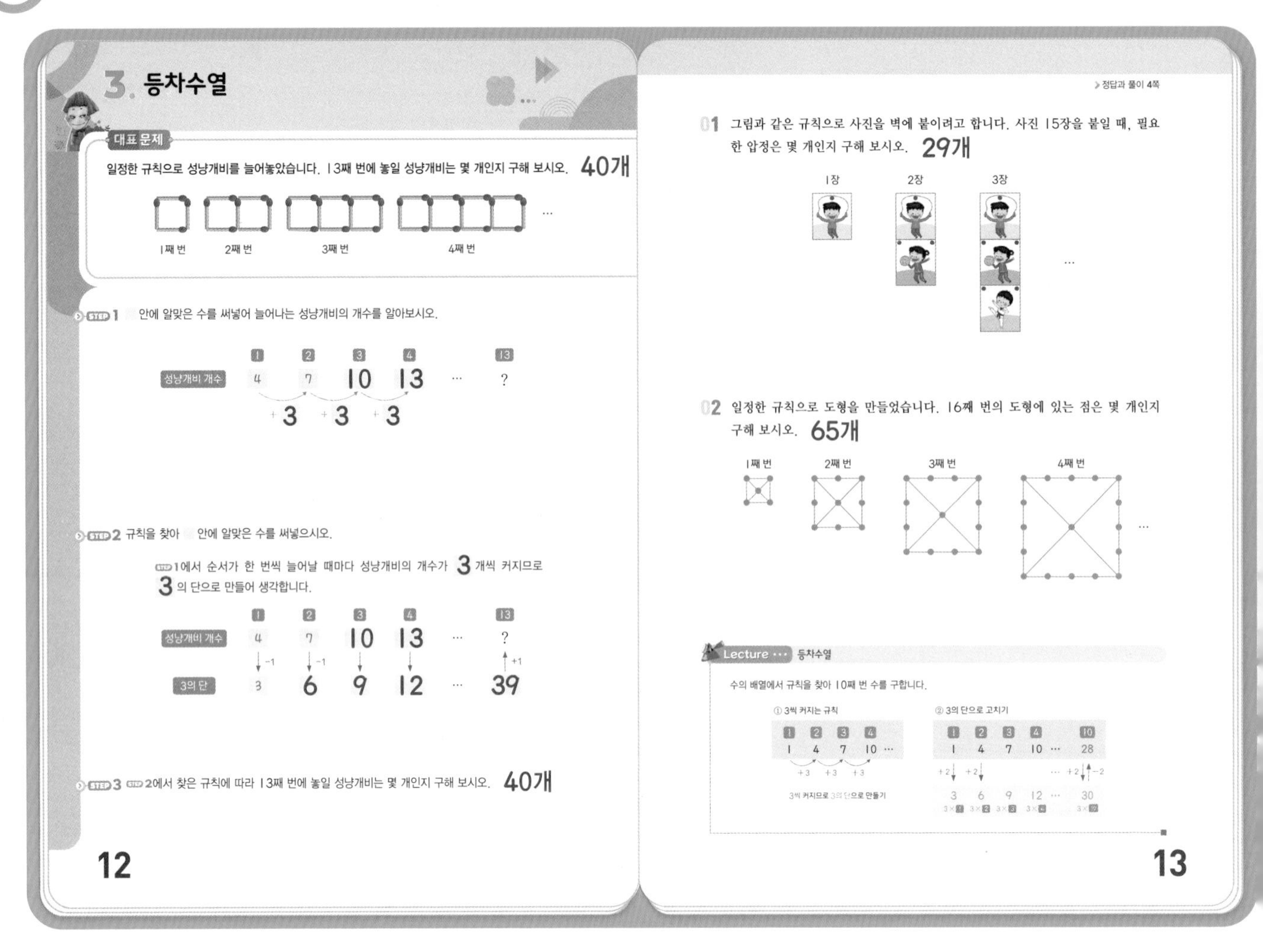
3. 등차수열

대표 문제

일정한 규칙으로 성냥개비를 늘어놓았습니다. 13째 번에 놓일 성냥개비는 몇 개인지 구해 보시오. 40개

1째 번 2째 번 3째 번 4째 번 …

STEP 1 안에 알맞은 수를 써넣어 늘어나는 성냥개비의 개수를 알아보시오.

	1	2	3	4	…	13
성냥개비 개수	4	7	10	13	…	?

+3 +3 +3

STEP 2 규칙을 찾아 안에 알맞은 수를 써넣으시오.

STEP 1에서 순서가 한 번씩 늘어날 때마다 성냥개비의 개수가 3 개씩 커지므로 3 의 단으로 만들어 생각합니다.

	1	2	3	4	…	13
성냥개비 개수	4	7	10	13	…	?
	↓−1	↓−1	↓	↓		↑+1
3의 단	3	6	9	12	…	39

STEP 3 STEP 2에서 찾은 규칙에 따라 13째 번에 놓일 성냥개비는 몇 개인지 구해 보시오. 40개

12

정답과 풀이 4쪽

01 그림과 같은 규칙으로 사진을 벽에 붙이려고 합니다. 사진 15장을 붙일 때, 필요한 압정은 몇 개인지 구해 보시오. 29개

1장 2장 3장 …

02 일정한 규칙으로 도형을 만들었습니다. 16째 번의 도형에 있는 점은 몇 개인지 구해 보시오. 65개

1째 번 2째 번 3째 번 4째 번 …

Lecture ··· 등차수열

수의 배열에서 규칙을 찾아 10째 번 수를 구합니다.

① 3씩 커지는 규칙

1	2	3	4	
1	4	7	10	…

+3 +3 +3

3씩 커지므로 3의 단으로 만들기

② 3의 단으로 고치기

1	2	3	4		10
1	4	7	10	…	28
+2↓	+2↓			…	+2↓↑−2
3	6	9	12	…	30
3×1	3×2	3×3	3×4		3×10

13

대표 문제

STEP 1 성냥개비의 개수는 3개씩 늘어나므로 3째 번의 성냥개비는 10개, 4째 번의 성냥개비는 13개입니다.

STEP 2 성냥개비의 개수가 3개씩 커지므로 3의 단으로 만들어 봅니다. 3의 단으로 만든 수열에서 13째 번 수는 $3\times13=39$입니다.

STEP 3 3의 단으로 만든 수열은 성냥개비 개수의 수열보다 1씩 작은 수열입니다.
따라서 13째 번에 놓일 성냥개비의 개수는 $39+1=40$(개)입니다.

01 압정의 개수는 1부터 시작하여 2씩 커지는 규칙입니다. 압정의 개수가 2개씩 많아지므로 2의 단을 만들어 봅니다.

사진 장수	1장	2장	3장	4장		15장
압정 개수	1	3	5	7	…	
+1	↓	↓	↓	↓		↑ −1
2의 단	2	4	6	8	…	30

2의 단을 만든 수열에서 15째 번 수는 $2\times15=30$이므로, 원래 수열의 15째 번 수는 $30-1=29$입니다.
따라서 사진 15장을 붙일 때 필요한 압정은 29개입니다.

02 점의 개수는 5부터 시작하여 4씩 커지는 규칙입니다. 점의 개수가 4개씩 커지므로 4의 단을 만들어 봅니다.

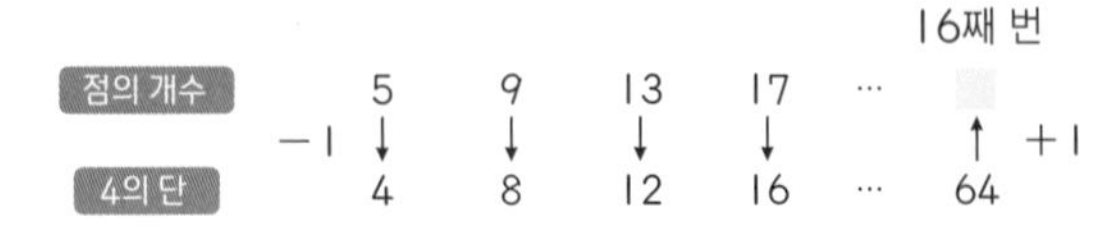

					16째 번
점의 개수	5	9	13	17	…	
−1	↓	↓	↓	↓		↑ +1
4의 단	4	8	12	16	…	64

4의 단을 만든 수열에서 16째 번 수는 $4\times16=64$이므로, 원래 수열의 16째 번 수는 $64+1=65$입니다. 따라서 16째 번의 도형에 있는 점은 65개입니다.

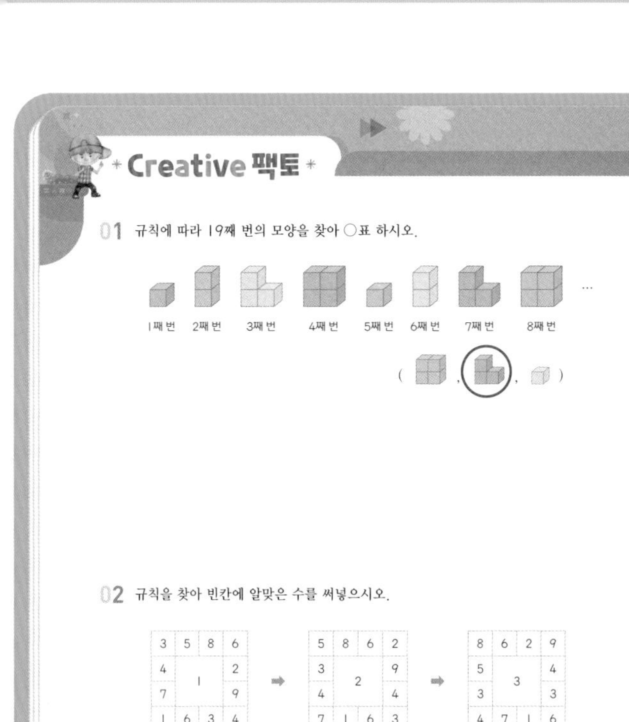

Creative 팩토

01 규칙에 따라 19째 번의 모양을 찾아 ○표 하시오.

1째 번 2째 번 3째 번 4째 번 5째 번 6째 번 7째 번 8째 번 …

02 규칙을 찾아 빈칸에 알맞은 수를 써넣으시오.

3	5	8	6
4			2
7		1	9
1	6	3	4

➡

5	8	6	2
3			9
4		2	4
7	1	6	3

➡

8	6	2	9
5			4
3		3	3
4	7	1	6

➡

6	2	9	4
8			3
5		4	6
3	4	7	1

➡

2	9	4	3
6			6
8		5	1
5	3	4	7

14

> 정답과 풀이 5쪽

03 일정한 규칙으로 ■을 그렸습니다. 24째 번 그림에 있는 ■은 몇 개인지 구해 보시오. **73개**

1째 번 2째 번 3째 번 4째 번

04 다음 그림은 일정한 규칙이 있습니다. 1째 번부터 11째 번 모양 중 15째 번 모양과 같은 것은 몇째 번과 몇째 번 모양인지 구해 보시오. **5째 번과 10째 번**

1째 번 2째 번 3째 번 4째 번 5째 번 6째 번

7째 번 8째 번 9째 번 10째 번 11째 번 …

15

01 블록의 개수는 '1개, 2개, 3개, 4개'가 반복되고, 색깔은 '파란색, 연두색, 노란색'으로 3개의 색깔이 반복됩니다.
따라서 19째 번에 올 블록의 개수는 $19 \div 4 = 4 \cdots 3$에서 나머지가 3이므로 3째 번 개수인 3개이고, 19째 번에 올 색깔은 $19 \div 3 = 6 \cdots 1$에서 나머지가 1이므로 1째 번 색깔인 파란색입니다.

02 가운데 칸에 있는 숫자는 1, 2, 3, 4…로 1씩 커지고, 바깥쪽 테두리에 있는 숫자는 시계 반대 방향으로 1칸씩 이동합니다.

03 ■의 개수는 4부터 시작하여 3씩 커지는 규칙입니다. ■의 개수가 3개씩 커지므로 3의 단을 만들어 봅니다.

						24째 번	
■의 개수		4	7	10	13	…	★
	−1	↓	↓	↓	↓		↑ +1
3의 단		3	6	9	12	…	72

3의 단을 만든 수열에서 24째 번 수는 $3 \times 24 = 72$이므로, 원래 수열의 24째 번 수인 ★은 $72 + 1 = 73$입니다.
따라서 24째 번의 그림에 있는 ■는 73개입니다.

04 1째 번에서 5째 번까지 5개 모양이 반복되는 규칙입니다.
따라서 15째 번의 모양과 같은 것은 5째 번과 10째 번 모양입니다.

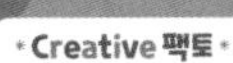

정답과 풀이 6쪽

05 규칙을 찾아 빈칸에 알맞은 수를 써넣으시오.

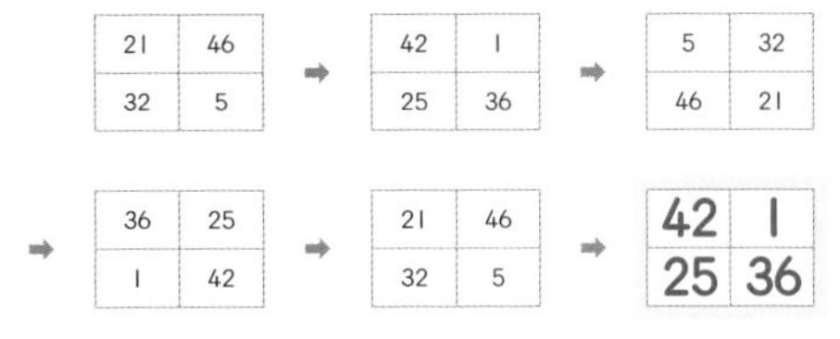

06 일정한 규칙으로 성냥개비를 늘어놓았습니다. 성냥개비 19개로 만들 수 있는 정삼각형은 모두 몇 개인지 구해 보시오. **9개**

07 규칙에 따라 23째 번 그림을 찾아 기호를 써 보시오. **㉮**

08 그림과 같이 짧은 모서리에 1명, 긴 모서리에 2명씩 앉을 수 있는 탁자를 한 줄로 붙여서 의자를 놓으려고 합니다. 12개의 탁자를 붙일 때, 필요한 의자는 모두 몇 개인지 구해 보시오. **50개**

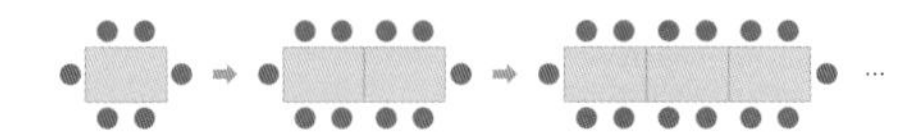

16

17

05 십의 자리 숫자는 시계 반대 방향으로 1칸씩 움직이고, 일의 자리 숫자는 시계 방향으로 1칸씩 움직이고 있습니다.

06 정삼각형이 1개씩 늘어날 때마다 성냥개비의 수는 3개, 5개, 7개···로 2개씩 늘어납니다.

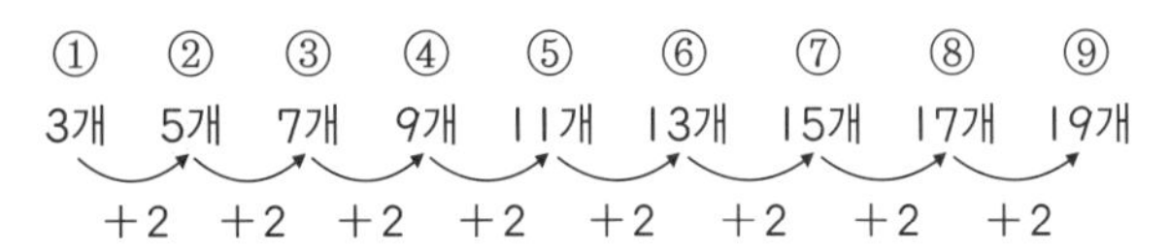

따라서 성냥개비 19개로 만들 수 있는 정삼각형은 모두 9개입니다.

07 얼굴 모양은 3개가 반복되고 팔 모양은 4개가 반복됩니다.
얼굴 모양은 $23 \div 3 = 7 \cdots 2$에서 나머지가 2이므로 2째 번 얼굴인 (얼굴 그림) 이고, 팔 모양은 $23 \div 4 = 5 \cdots 3$에서 나머지가 3이므로 3째 번 팔 모양인 (팔 그림) 입니다.
따라서 23째 번 그림은 ㉮입니다.

08 의자의 개수는 6부터 시작하여 4씩 늘어나는 규칙입니다.
의자의 개수가 4개씩 많아지므로 4의 단을 만들어 봅니다.

	탁자 1개	탁자 2개	탁자 3개	···	탁자 12개
의자의 개수	6	10	14	···	
(−2 ↓ / ↑ +2)	↓	↓	↓		↑
4의 단	4	8	12	···	48

4의 단을 만든 수열에서 12째 번 수는 $4 \times 12 = 48$이므로 원래 수열의 12째 번 수는 $48 + 2 = 50$입니다.
따라서 12개의 탁자를 붙일 때, 필요한 의자의 개수는 50개입니다.

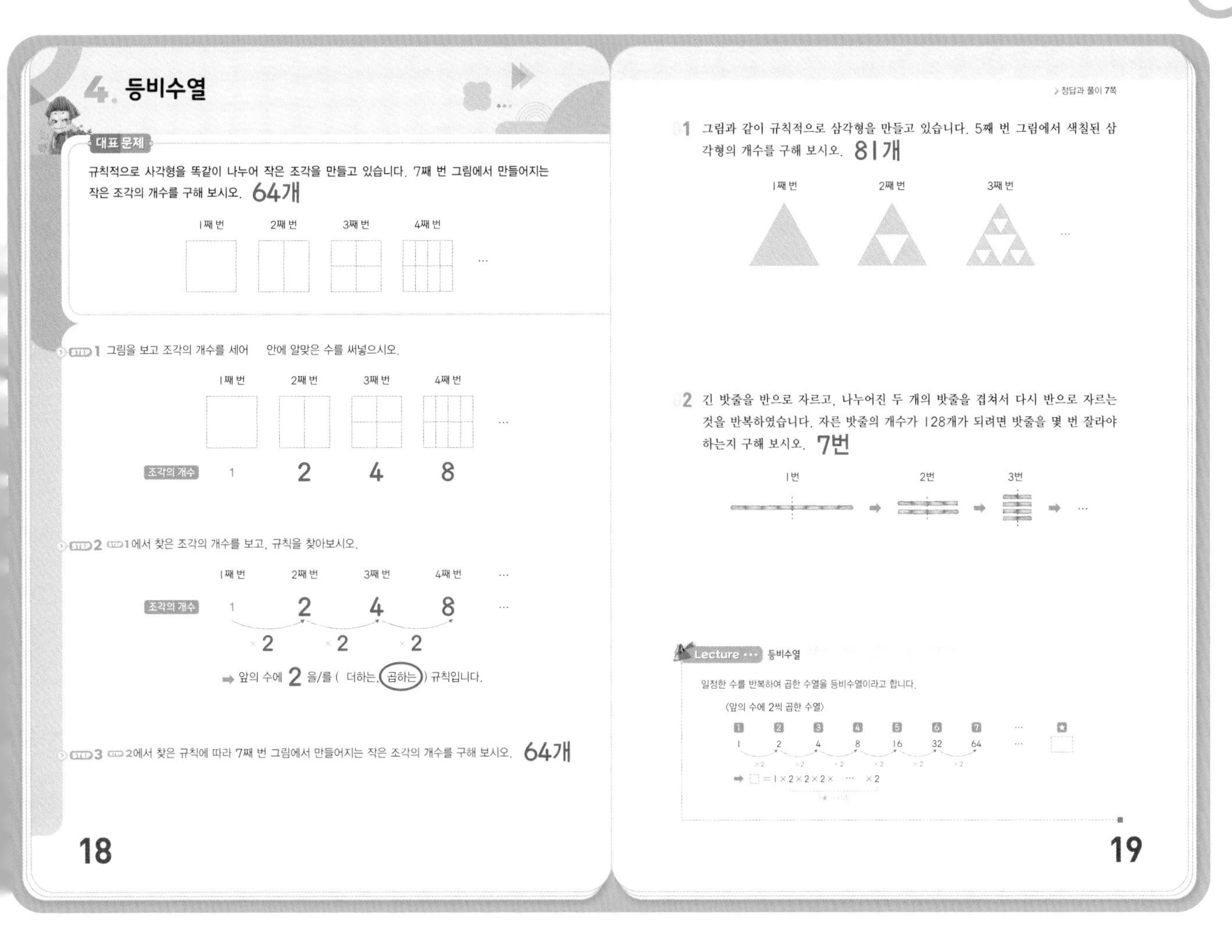

4. 등비수열

대표 문제

규칙적으로 사각형을 똑같이 나누어 작은 조각을 만들고 있습니다. 7째 번 그림에서 만들어지는 작은 조각의 개수를 구해 보시오. 64개

1째 번 2째 번 3째 번 4째 번 …

STEP 1 그림을 보고 조각의 개수를 세어 안에 알맞은 수를 써넣으시오.

	1째 번	2째 번	3째 번	4째 번
조각의 개수	1	2	4	8

STEP 2 STEP 1에서 찾은 조각의 개수를 보고, 규칙을 찾아보시오.

	1째 번	2째 번	3째 번	4째 번	…
조각의 개수	1	2	4	8	…

×2 ×2 ×2

➡ 앞의 수에 2 을/를 (더하는, 곱하는) 규칙입니다.

STEP 3 STEP 2에서 찾은 규칙에 따라 7째 번 그림에서 만들어지는 작은 조각의 개수를 구해 보시오. 64개

18

> 정답과 풀이 7쪽

01 그림과 같이 규칙적으로 삼각형을 만들고 있습니다. 5째 번 그림에서 색칠된 삼각형의 개수를 구해 보시오. 81개

1째 번 2째 번 3째 번 …

02 긴 밧줄을 반으로 자르고, 나누어진 두 개의 밧줄을 겹쳐서 다시 반으로 자르는 것을 반복하였습니다. 자른 밧줄의 개수가 128개가 되려면 밧줄을 몇 번 잘라야 하는지 구해 보시오. 7번

1번 2번 3번 …

Lecture ••• 등비수열

일정한 수를 반복하여 곱한 수열을 등비수열이라고 합니다.

(앞의 수에 2씩 곱한 수열)

1 2 3 4 5 6 7 … ★

1 2 4 8 16 32 64 … □

➡ □ = 1×2×2×2× … ×2

19

대표 문제

STEP 1 조각의 개수를 세어 보면 순서대로 1개, 2개, 4개, 8개입니다.

STEP 2 조각의 개수는 1부터 시작하여 2씩 곱해지는 규칙입니다.

STEP 3 7째 번 그림에서 만들어지는 작은 조각의 개수는 64개입니다.

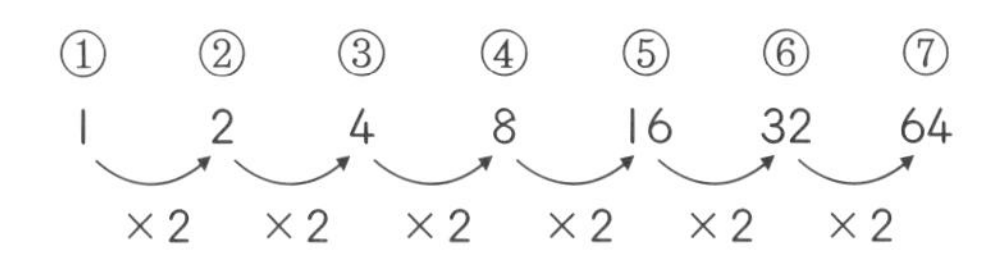

01 색칠된 삼각형의 개수를 나열하면, 1, 3, 9…이므로 1부터 시작하여 3씩 곱해지는 규칙입니다.

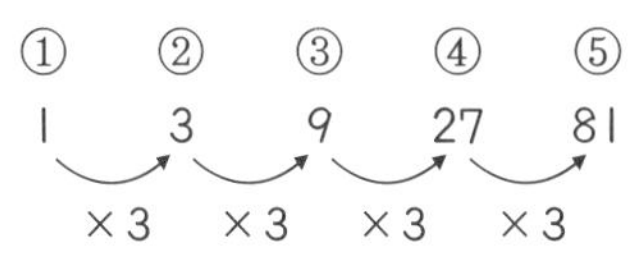

따라서 5째 번 그림에서 색칠된 삼각형의 개수는 81개입니다.

02 자른 밧줄의 개수를 나열하면 2, 4, 8…이므로 2부터 시작하여 2씩 곱하는 규칙입니다.

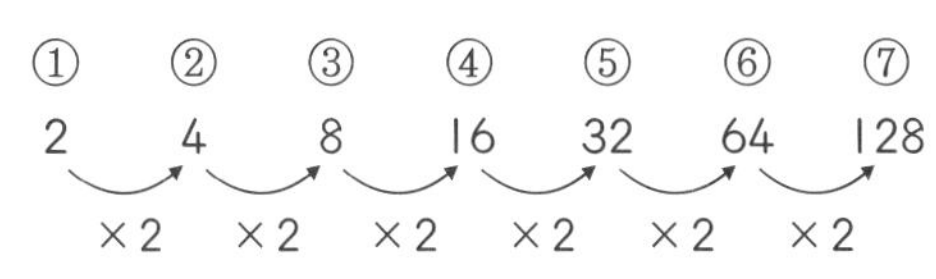

따라서 자른 밧줄의 개수가 128개가 되려면 밧줄을 7번 잘라야 합니다.

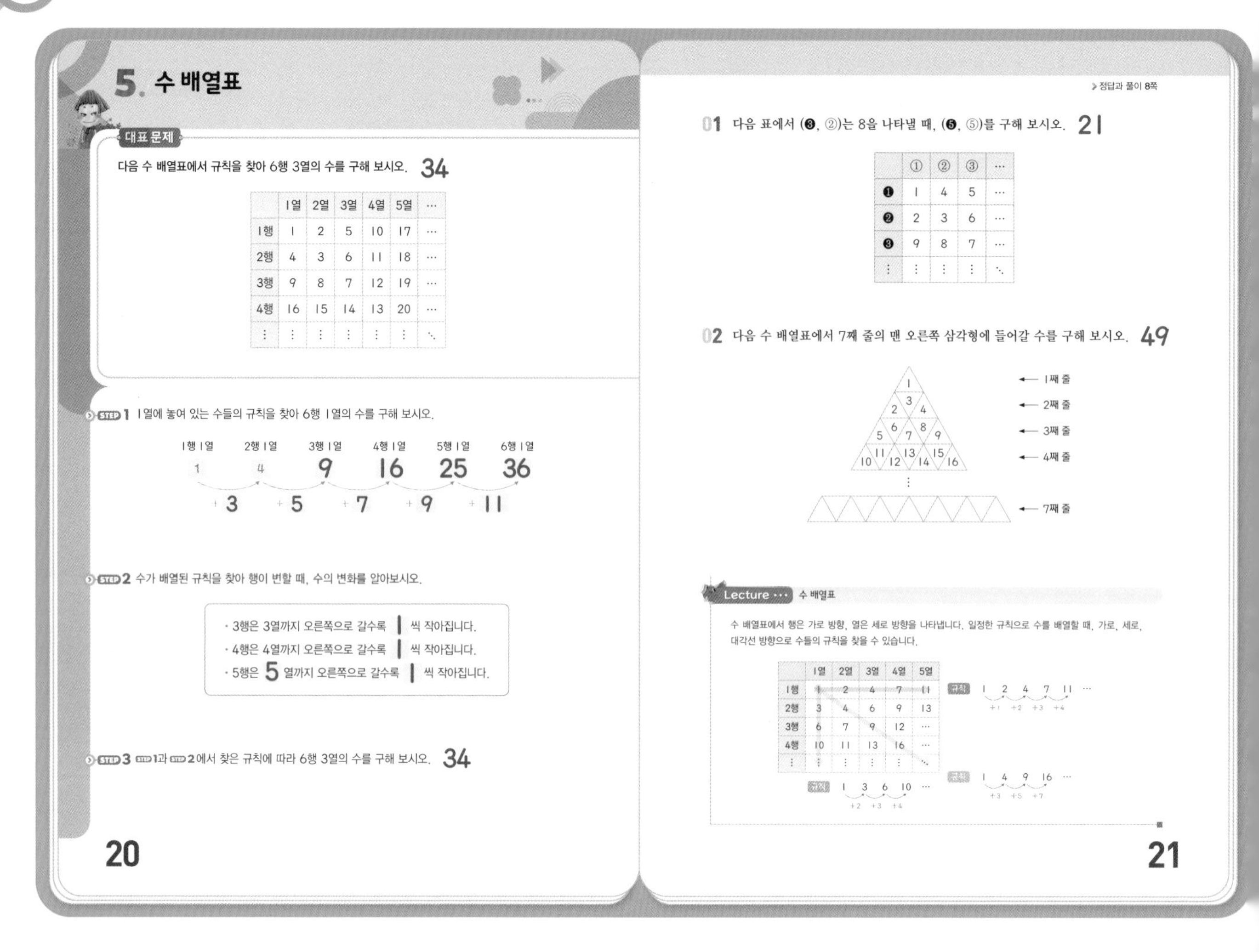

5. 수 배열표

대표 문제

다음 수 배열표에서 규칙을 찾아 6행 3열의 수를 구해 보시오. 34

	1열	2열	3열	4열	5열	…
1행	1	2	5	10	17	…
2행	4	3	6	11	18	…
3행	9	8	7	12	19	…
4행	16	15	14	13	20	…
⋮	⋮	⋮	⋮	⋮	⋮	⋱

STEP 1 1열에 놓여 있는 수들의 규칙을 찾아 6행 1열의 수를 구해 보시오.

1행 1열 1, 2행 1열 4, 3행 1열 9, 4행 1열 16, 5행 1열 25, 6행 1열 36

+3 +5 +7 +9 +11

STEP 2 수가 배열된 규칙을 찾아 행이 변할 때, 수의 변화를 알아보시오.

- 3행은 3열까지 오른쪽으로 갈수록 1 씩 작아집니다.
- 4행은 4열까지 오른쪽으로 갈수록 1 씩 작아집니다.
- 5행은 5 열까지 오른쪽으로 갈수록 1 씩 작아집니다.

STEP 3 STEP 1과 STEP 2에서 찾은 규칙에 따라 6행 3열의 수를 구해 보시오. 34

20

정답과 풀이 8쪽

01 다음 표에서 (❸, ②)는 8을 나타낼 때, (❺, ⑤)를 구해 보시오. 21

	①	②	③	…
❶	1	4	5	…
❷	2	3	6	…
❸	9	8	7	…
⋮	⋮	⋮	⋮	⋱

02 다음 수 배열표에서 7째 줄의 맨 오른쪽 삼각형에 들어갈 수를 구해 보시오. 49

1째 줄: 1
2째 줄: 2 3 4
3째 줄: 5 6 7 8 9
4째 줄: 10 11 12 13 14 15 16
⋮
7째 줄

Lecture … 수 배열표

수 배열표에서 행은 가로 방향, 열은 세로 방향을 나타냅니다. 일정한 규칙으로 수를 배열할 때, 가로, 세로, 대각선 방향으로 수들의 규칙을 찾을 수 있습니다.

	1열	2열	3열	4열	5열
1행	1	2	4	7	11
2행	3	4	6	9	13
3행	6	7	9	12	…
4행	10	11	13	16	…
⋮	⋮	⋮	⋮	⋮	⋱

규칙 1 2 4 7 11 … (+1 +2 +3 +4)

규칙 1 3 6 10 … (+2 +3 +4)

규칙 1 4 9 16 … (+3 +5 +7)

21

대표 문제

STEP 1 1열은 1부터 시작하여 3, 5, 7…로 늘어나는 수가 2씩 커집니다.
따라서 6행 1열의 수는 36입니다.

STEP 2 3행은 3열까지, 4행은 4열까지 오른쪽으로 갈수록 1씩 작아지므로 5행은 5열까지 오른쪽으로 갈수록 1씩 작아집니다.

STEP 3 6행은 6열까지 오른쪽으로 갈수록 1씩 작아집니다.
따라서 6행 1열은 36이므로 6행 2열은 35, 6행 3열은 34입니다.

01 주어진 수 배열표의 수는 다음과 같은 순서로 배열되어 있습니다. (❺, ⑤)는 1행 1열부터 대각선 방향에 있는 수입니다.

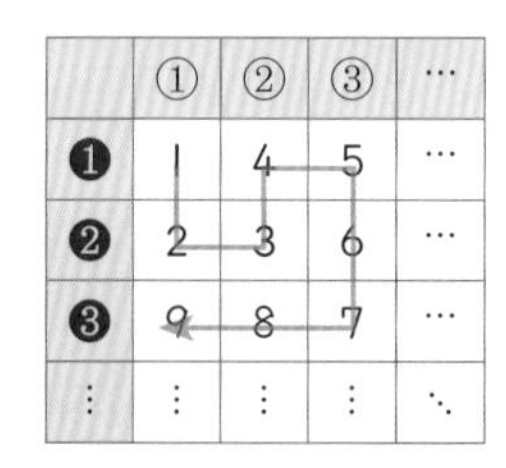

	①	②	③	…
❶	1	4	5	…
❷	2	3	6	…
❸	9	8	7	…
⋮	⋮	⋮	⋮	⋱

대각선 방향에 있는 수는 1부터 시작하여 2, 4, 6…으로 늘어나는 수가 2씩 커집니다.

1 3 7 13 21

+2 +4 +6 +8

따라서 (❺, ⑤)=21입니다.

02 각 줄의 가장 오른쪽 수를 나열하여 규칙을 찾습니다. 가장 오른쪽 수는 1, 4, 9, 16…이므로
$1=1\times1$, $4=2\times2$, $9=3\times3$, $16=4\times4$…로 각 순서의 수를 두 번 곱한 수열입니다.
따라서 7째 줄의 맨 오른쪽 삼각형에 들어갈 수는
$7\times7=49$입니다.

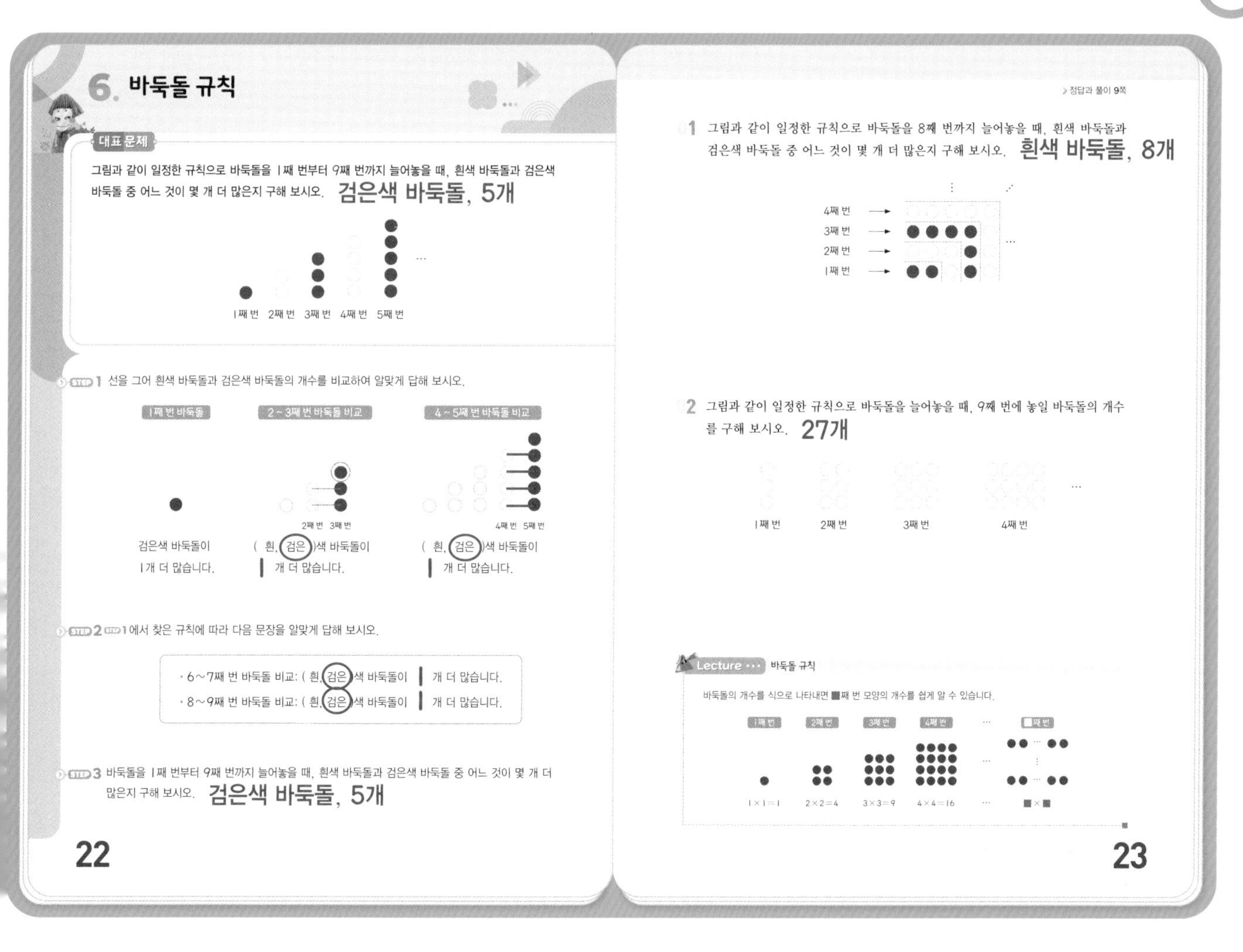
6. 바둑돌 규칙

대표 문제

그림과 같이 일정한 규칙으로 바둑돌을 1째 번부터 9째 번까지 늘어놓을 때, 흰색 바둑돌과 검은색 바둑돌 중 어느 것이 몇 개 더 많은지 구해 보시오. 검은색 바둑돌, 5개

1째 번 2째 번 3째 번 4째 번 5째 번 …

STEP 1 선을 그어 흰색 바둑돌과 검은색 바둑돌의 개수를 비교하여 알맞게 답해 보시오.

1째 번 바둑돌 | 2~3째 번 바둑돌 비교 | 4~5째 번 바둑돌 비교

검은색 바둑돌이 1개 더 많습니다. | (흰, 검은)색 바둑돌이 1 개 더 많습니다. | (흰, 검은)색 바둑돌이 1 개 더 많습니다.

STEP 2 STEP 1에서 찾은 규칙에 따라 다음 문장을 알맞게 답해 보시오.

- 6~7째 번 바둑돌 비교: (흰, 검은)색 바둑돌이 1 개 더 많습니다.
- 8~9째 번 바둑돌 비교: (흰, 검은)색 바둑돌이 1 개 더 많습니다.

STEP 3 바둑돌을 1째 번부터 9째 번까지 늘어놓을 때, 흰색 바둑돌과 검은색 바둑돌 중 어느 것이 몇 개 더 많은지 구해 보시오. 검은색 바둑돌, 5개

22

정답과 풀이 9쪽

01 그림과 같이 일정한 규칙으로 바둑돌을 8째 번까지 늘어놓을 때, 흰색 바둑돌과 검은색 바둑돌 중 어느 것이 몇 개 더 많은지 구해 보시오. 흰색 바둑돌, 8개

4째 번, 3째 번, 2째 번, 1째 번

02 그림과 같이 일정한 규칙으로 바둑돌을 늘어놓을 때, 9째 번에 놓일 바둑돌의 개수를 구해 보시오. 27개

1째 번 2째 번 3째 번 4째 번 …

Lecture … 바둑돌 규칙

바둑돌의 개수를 식으로 나타내면 ■째 번 모양의 개수를 쉽게 알 수 있습니다.

1째 번 | 2째 번 | 3째 번 | 4째 번 | … | ■째 번
$1\times1=1$ | $2\times2=4$ | $3\times3=9$ | $4\times4=16$ | … | ■×■

23

대표 문제

STEP 1 2 ~ 3째 번 바둑돌과 4 ~ 5째 번 바둑돌에 선을 그어 바둑돌의 개수를 비교하면 각각의 그림에서 검은색 바둑돌이 1개 더 많습니다.

STEP 2 STEP 1에서 찾은 규칙에 따라 6 ~ 7째 번, 8 ~ 9째 번 각각의 그림에도 검은색 바둑돌이 1개 더 많습니다.

STEP 3 1째 번: 검은색 바둑돌 1개
2 ~ 3째 번 바둑돌: 검은색 바둑돌 1개 많음
4 ~ 5째 번 바둑돌: 검은색 바둑돌 1개 많음
6 ~ 7째 번 바둑돌: 검은색 바둑돌 1개 많음
8 ~ 9째 번 바둑돌: 검은색 바둑돌 1개 많음
따라서 바둑돌을 1째 번부터 9째 번까지 늘어놓을 때, 검은색 바둑돌이 5개 더 많습니다.

01 1째 번부터 8째 번까지 바둑돌을 늘어놓을 때, 홀수째 번은 검은색 바둑돌, 짝수째 번은 흰색 바둑돌이 놓여 있습니다.
1 ~ 2째 번 바둑돌: 흰색 바둑돌 2개 많음
3 ~ 4째 번 바둑돌: 흰색 바둑돌 2개 많음
5 ~ 6째 번 바둑돌: 흰색 바둑돌 2개 많음
7 ~ 8째 번 바둑돌: 흰색 바둑돌 2개 많음
따라서 바둑돌을 1째 번부터 8째 번까지 늘어놓을 때, 흰색 바둑돌이 8개 더 많습니다.

02 바둑돌의 개수는 (세로줄의 수)×(가로줄의 수)로 구할 수 있습니다.
1째 번: $1\times3=3$(개)
2째 번: $2\times3=6$(개)
3째 번: $3\times3=9$(개)
4째 번: $4\times3=12$(개)
⋮
9째 번: $9\times3=27$(개)

정답과 풀이 10쪽

01 일정한 규칙으로 수를 나열한 것입니다. 안에 알맞은 수를 써넣으시오.

1, 1, 2, 3, 4, 9, 8, 27, 16, 81

Key Point
홀수째 번 수와 짝수째 번 수로 나누어 생각합니다.

02 다음 수 배열표에서 규칙을 찾아 6행 4열의 수를 구해 보시오. 33

	1열	2열	3열	4열	…
1행	1	2	9	10	…
2행	4	3	8	11	…
3행	5	6	7	12	…
4행	16	15	14	13	…
⋮	⋮	⋮	⋮	⋮	⋱

03 일정한 규칙으로 바둑돌을 늘어놓았습니다. 바둑돌을 23개 놓았을 때, 검은색 바둑돌과 흰색 바둑돌은 각각 몇 개인지 구해 보시오.

○●●○○○●●●●○○○○○…

검은색 바둑돌: 12개
흰색 바둑돌: 11개

04 다음 수 배열표에서 100은 어떤 알파벳 아래에 쓰이는지 구해 보시오. D

A	B	C	D	E	F
1	2	3	4	5	6
12	11	10	9	8	7
13	14	15	16	17	18
24	23	22	21	20	19
⋮	⋮	⋮	⋮	⋮	⋮

01 홀수째 번 수와 짝수째 번 수 각각의 규칙이 있습니다. 홀수째 번 수는 1부터 시작하여 2씩 곱하는 규칙이고, 짝수째 번 수는 1부터 시작하여 3씩 곱하는 규칙입니다.

02 1행 1열부터 대각선 방향에 있는 수는 1부터 시작하여 2, 4, 6…으로 늘어나는 수가 2씩 커집니다.

6행 6열

1 → 3 → 7 → 13 → 21 → 31

+2, +4, +6, +8, +10

따라서 6행 6열은 31이고, 6행 6열부터 6행 4열까지 1씩 커지므로 6행 4열의 수는 33입니다.

TIP 수 배열은 일정한 규칙에 따라 수를 배열한 것이므로, 수의 순서에 맞게 선을 그어 보며 규칙을 찾도록 지도합니다.

03 흰색 바둑돌 1개, 검은색 바둑돌 2개, 흰색 바둑돌 3개, 검은색 바둑돌 4개, 흰색 바둑돌 5개가 놓여져 있습니다. 즉, 색깔이 번갈아 놓여지고 개수는 1개씩 늘어납니다. 규칙에 따라 바둑돌을 23개 놓았을 때,

$1+2+3+4+5+6+2=23$

흰 검 흰 검 흰 검 흰

따라서 흰색 바둑돌은 $1+3+5+2=11$(개), 검은색 바둑돌은 $2+4+6=12$(개)입니다.

04 수 배열은 일정한 규칙에 따라 수를 배열한 것이므로 수의 순서에 맞게 선을 그어 보면 다음과 같습니다.

A	B	C	D	E	F
1	2	3	4	5	6
12	11	10	9	8	7
13	14	15	16	17	18
24	23	22	21	20	19
⋮	⋮	⋮	⋮	⋮	⋮

1부터 12씩 곱해지는 수는 A줄에 쓰여지므로 96(=12×8)은 A, 97은 A, 98은 B, 99는 C, 100은 D에 쓰여집니다.

A	B	C	D	E	F
⋮	⋮	⋮	⋮	⋮	⋮
96	95	94	93	92	91
97	98	99	100		

정답과 풀이 11쪽

05 일정한 규칙으로 노란색 블록과 연두색 블록을 쌓았습니다. 맨 아랫줄의 블록이 7개일 때, 노란색 블록과 연두색 블록 중 무슨 색 블록이 몇 개 더 많은지 구해 보시오. **노란색 블록, 4개**

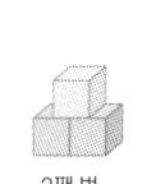

06 일정한 규칙으로 원을 똑같이 나누어 작은 조각을 만들고 있습니다. 작은 조각이 256개 만들어지는 것은 몇째 번인지 구해 보시오. **9째 번**

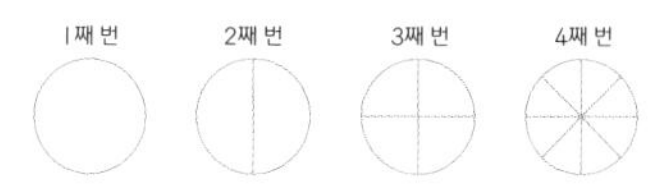

07 다음 수 배열표에서 3행 4열을 20이라고 할 때, 70은 몇 행 몇 열의 수인지 구해 보시오. **9행 6열**

	1열	2열	3열	4열	5열	6열	7열	8열
1행	1	2	3	4	5	6	7	8
2행	9	10	11	12	13	14	15	16
3행	17	18	19	20	21	22	23	24
4행	25	26	27	28	29	30	31	32
⋮	⋮	⋮	⋮	⋮	⋮	⋮	⋮	⋮

08 일정한 규칙으로 바둑돌을 늘어놓았습니다. 흰색 바둑돌이 검은색 바둑돌보다 많아지는 것은 몇째 번부터인지 구해 보시오. **6째 번**

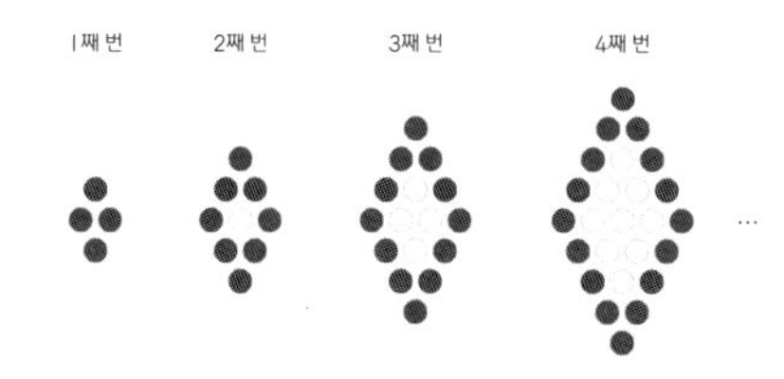

05 윗줄부터 노란색 블록 1개, 연두색 블록 2개, 노란색 블록 3개, 연두색 블록 4개가 번갈아 놓여지고 개수는 1개씩 늘어납니다.
1 ~ 2째 줄: 연두색 블록이 1개 많음
3 ~ 4째 줄: 연두색 블록이 1개 많음
5 ~ 6째 줄: 연두색 블록이 1개 많음
7째 줄: 노란색 블록 7개
따라서 맨 아랫줄 블록이 7개일 때, 노란색 블록이 7－3＝4(개) 더 많습니다.

06 나누어진 작은 조각의 개수를 나열하면 1, 2, 4, 8⋯이므로 1부터 시작하여 2씩 곱해지는 규칙입니다.
작은 조각이 256개 만들어지는 것은 9째 번입니다.

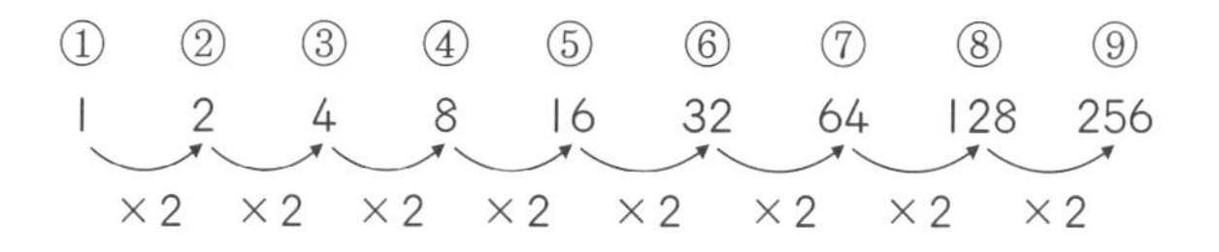

07 수 배열표는 다음과 같은 규칙으로 놓여지므로 8열은 8부터 시작하여 8씩 커지는 수입니다. 1행 8열 → 8＝1×8, 2행 8열 → 16＝2×8, 3행 8열 → 24＝3×8이므로 72＝9×8로 9행 8열입니다. 행에서는 왼쪽으로 갈수록 1씩 작아지므로 70은 9행 6열입니다.

	1열	2열	3열	4열	5열	6열	7열	8열
1행	1	2	3	4	5	6	7	8
2행	9	10	11	12	13	14	15	16
3행	17	18	19	20	21	22	23	24
4행	25	26	27	28	29	30	31	32
⋮	⋮	⋮	⋮	⋮	⋮	⋮	⋮	⋮

08 검은색 바둑돌은 모양의 테두리에 놓여지고 4, 8, 12, 16⋯으로 4부터 시작하여 4씩 커지는 규칙입니다. 흰색 바둑돌은 가운데에 놓여지고 2째 번부터 1, 4, 9⋯로 1×1, 2×2, 3×3으로 같은 수를 두 번 곱하는 규칙입니다.

	①	②	③	④	⑤	⑥
검은색 바둑돌	4	8	12	16	20	24
흰색 바둑돌		1	4	9	16	25

따라서 흰색 바둑돌이 검은색 바둑돌보다 많아지는 것은 6째 번입니다.

Perfect 경시대회

정답과 풀이 12쪽

01 다음과 같이 일정한 규칙으로 나열한 수를 묶을 때, 8째 번 묶음을 구해 보시오.

(2, 4), (6, 8, 10), (12, 14), (16, 18, 20), (22, 24) ⋯

(36, 38, 40)

02 그림에서 1째 번으로 꺾이는 부분의 수는 2, 2째 번으로 꺾이는 부분의 수는 3, 3째 번으로 꺾이는 부분의 수는 5입니다. 9째 번으로 꺾이는 부분의 수를 구해 보시오. 26

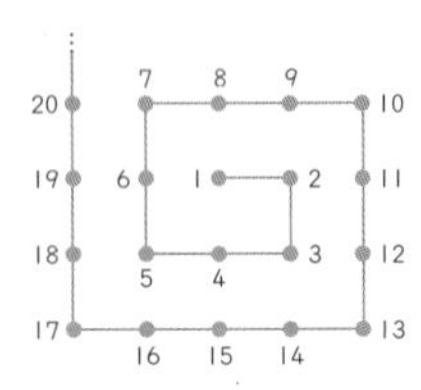

03 한 변의 길이가 3 cm인 정사각형을 다음과 같이 겹치지 않게 붙였습니다. 9째 번에 만들어지는 직사각형의 네 변의 길이의 합은 몇 cm인지 구해 보시오.

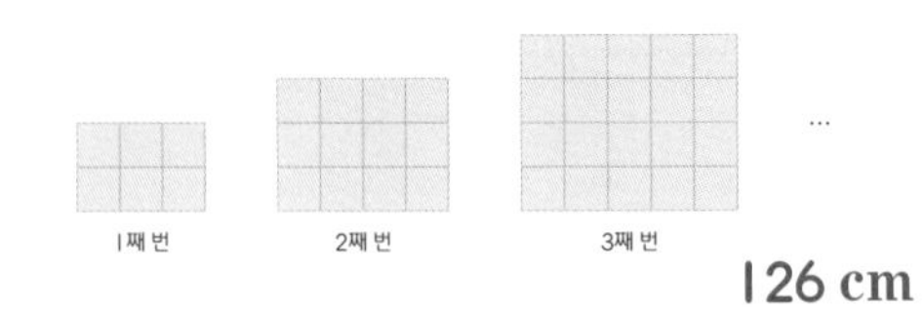

126 cm

04 다음과 같은 순서로 피아노 건반을 치려고 합니다. 77째 번에 치게 되는 건반의 음을 구해 보시오. 시

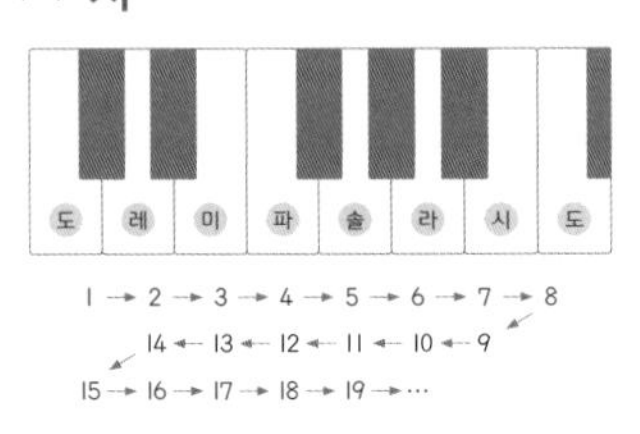

01 2씩 커지는 수를 2개, 3개로 반복하며 묶었습니다.
7째 번 묶음까지 수의 개수는
$2+3+2+3+2+3+2=17$(개)입니다.
8째 번 묶음의 3개 짝수 중 1째 번 수는 2부터 시작하여 18째 번 짝수입니다.
따라서 $2\times18=36$이므로 연속하는 3개의 짝수로 이루어진 8째 번 묶음은 (36, 38, 40)입니다.

02 시작점부터 꺾이는 부분의 수를 나열하면

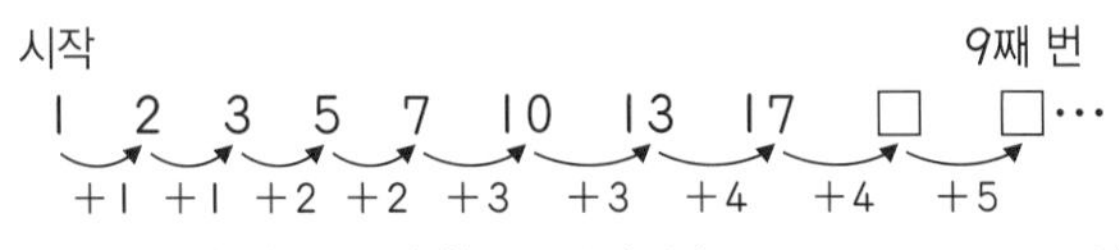

따라서 9째 번으로 꺾이는 부분의 수는 $17+4+5=26$입니다.

03 각 순서마다 직사각형의 한 변의 길이가 작은 정사각형으로 몇 개인지 알아보면,
1째 번의 세로줄과 가로줄은 2개, 3개이고 2째 번은 3개, 4개이고 3째 번은 4개, 5개이므로 9째 번은 10개, 11개입니다.
작은 정사각형 한 변의 길이는 3cm이므로 가로의 길이는 $11\times3=33$(cm), 세로의 길이는 $10\times3=30$(cm)입니다.

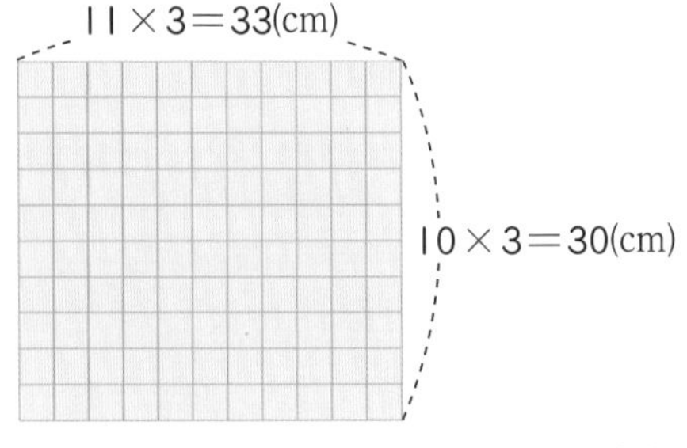

따라서 9째 번에 만들어지는 직사각형의 네 변의 길이의 합은 $33+30+33+30=126$(cm)입니다.

04 도, 레, 미, 파, 솔, 라, 시, 도, 시, 라, 솔, 파, 미, 레가 반복되므로 14개의 음이 반복됩니다.
따라서 77째 번에 치게 되는 건반의 음은 $77\div14=5\cdots7$에서 나머지가 7이므로 7째 번인 '시'입니다.

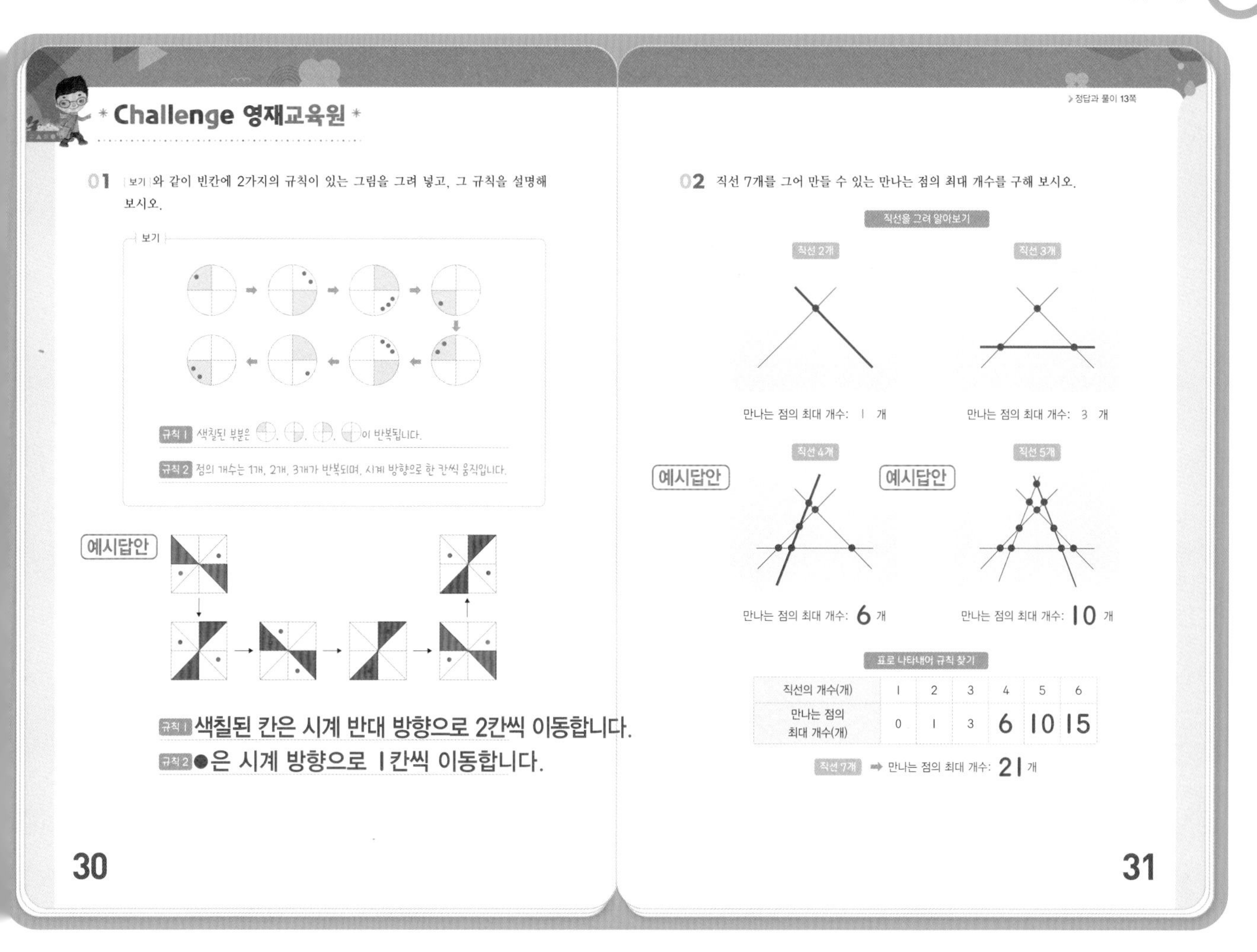

* Challenge 영재교육원 *

01 보기 와 같이 빈칸에 2가지의 규칙이 있는 그림을 그려 넣고, 그 규칙을 설명해 보시오.

보기

규칙 1 색칠된 부분은 ◔, ◑, ◕, ○이 반복됩니다.

규칙 2 점의 개수는 1개, 2개, 3개가 반복되며, 시계 방향으로 한 칸씩 움직입니다.

예시답안

규칙 1 색칠된 칸은 시계 반대 방향으로 2칸씩 이동합니다.

규칙 2 ●은 시계 방향으로 1칸씩 이동합니다.

30

> 정답과 풀이 13쪽

02 직선 7개를 그어 만들 수 있는 만나는 점의 최대 개수를 구해 보시오.

직선을 그려 알아보기

직선 2개 — 만나는 점의 최대 개수: 1 개

직선 3개 — 만나는 점의 최대 개수: 3 개

예시답안 직선 4개 — 만나는 점의 최대 개수: 6 개

예시답안 직선 5개 — 만나는 점의 최대 개수: 10 개

표로 나타내어 규칙 찾기

직선의 개수(개)	1	2	3	4	5	6
만나는 점의 최대 개수(개)	0	1	3	6	10	15

직선 7개 ➡ 만나는 점의 최대 개수: 21 개

31

01 TIP 모양, 색깔, 개수, 크기 등 여러 가지 속성으로 반복되는 패턴이 있는 그림을 그릴 수 있도록 지도합니다.

02 직선의 개수가 1개씩 늘어날 때 만나는 점의 최대 개수는 1개, 2개, 3개…로 늘어나는 수가 1씩 커집니다.

따라서 직선 7개를 그어 만들 수 있는 만나는 점의 최대 개수는 $15+6=21$(개)입니다.

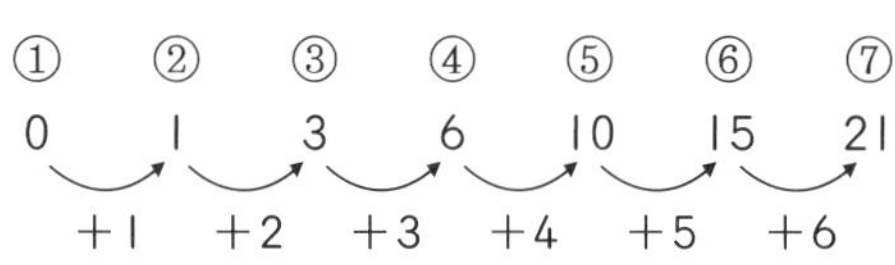

TIP 만나는 점의 최대 개수를 구하기 위해 직선을 1개씩 그려 나갈 때, 그려져 있는 직선을 모두 지나도록 그려야 합니다.

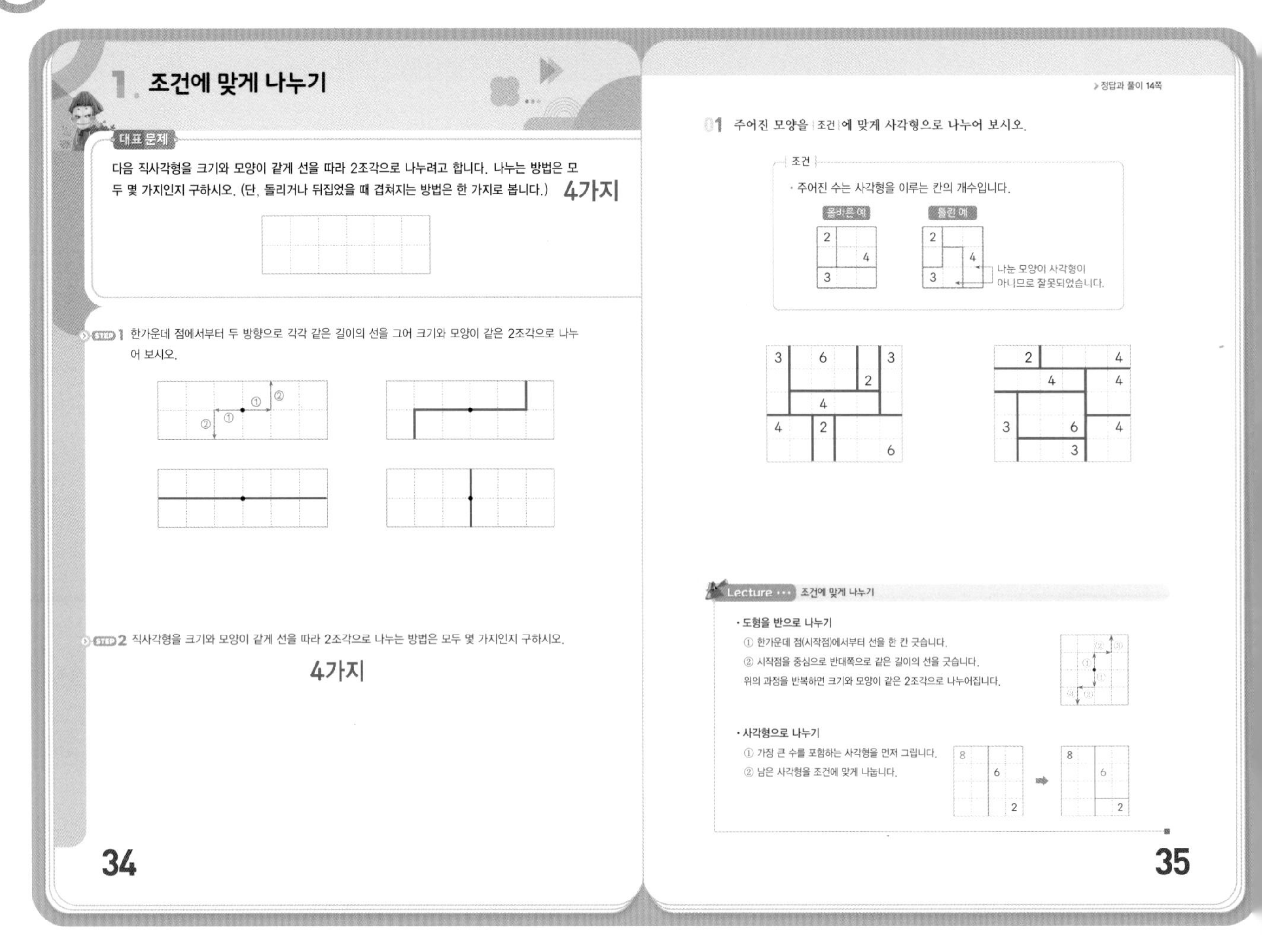

1. 조건에 맞게 나누기

대표 문제

다음 직사각형을 크기와 모양이 같게 선을 따라 2조각으로 나누려고 합니다. 나누는 방법은 모두 몇 가지인지 구하시오. (단, 돌리거나 뒤집었을 때 겹쳐지는 방법은 한 가지로 봅니다.) 4가지

STEP 1 한가운데 점에서부터 두 방향으로 각각 같은 길이의 선을 그어 크기와 모양이 같은 2조각으로 나누어 보시오.

STEP 2 직사각형을 크기와 모양이 같게 선을 따라 2조각으로 나누는 방법은 모두 몇 가지인지 구하시오.

4가지

34

▶ 정답과 풀이 14쪽

01 주어진 모양을 조건에 맞게 사각형으로 나누어 보시오.

조건
• 주어진 수는 사각형을 이루는 칸의 개수입니다.

올바른 예 / 틀린 예

나눈 모양이 사각형이 아니므로 잘못되었습니다.

Lecture ··· 조건에 맞게 나누기

• 도형을 반으로 나누기
① 한가운데 점(시작점)에서부터 선을 한 칸 긋습니다.
② 시작점을 중심으로 반대쪽으로 같은 길이의 선을 긋습니다.
위의 과정을 반복하면 크기와 모양이 같은 2조각으로 나누어집니다.

• 사각형으로 나누기
① 가장 큰 수를 포함하는 사각형을 먼저 그립니다.
② 남은 사각형을 조건에 맞게 나눕니다.

35

대표 문제

STEP 1 한가운데 점에서부터 반대 방향으로 한 칸씩 선을 그어 가며 크기와 모양이 같은 2조각으로 나누어 봅니다.

STEP 2 TIP 다음과 같은 경우는 뒤집으면 같은 모양이 되므로 한 가지로 봅니다.

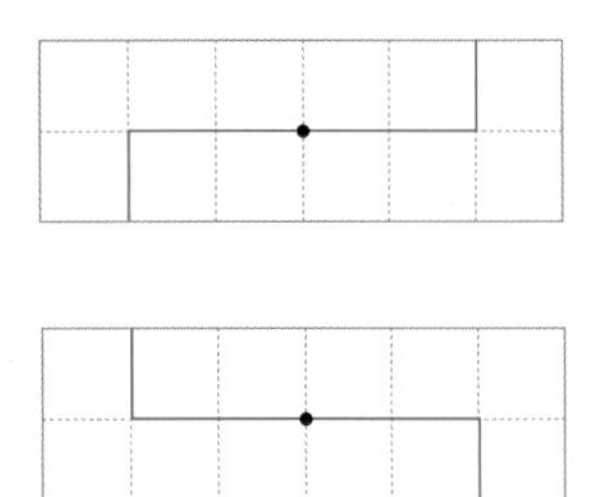

01 가장 큰 수 6을 포함하는 직사각형을 먼저 그린 후 옆에 있는 사각형부터 차례대로 조건에 맞게 나누어 봅니다.

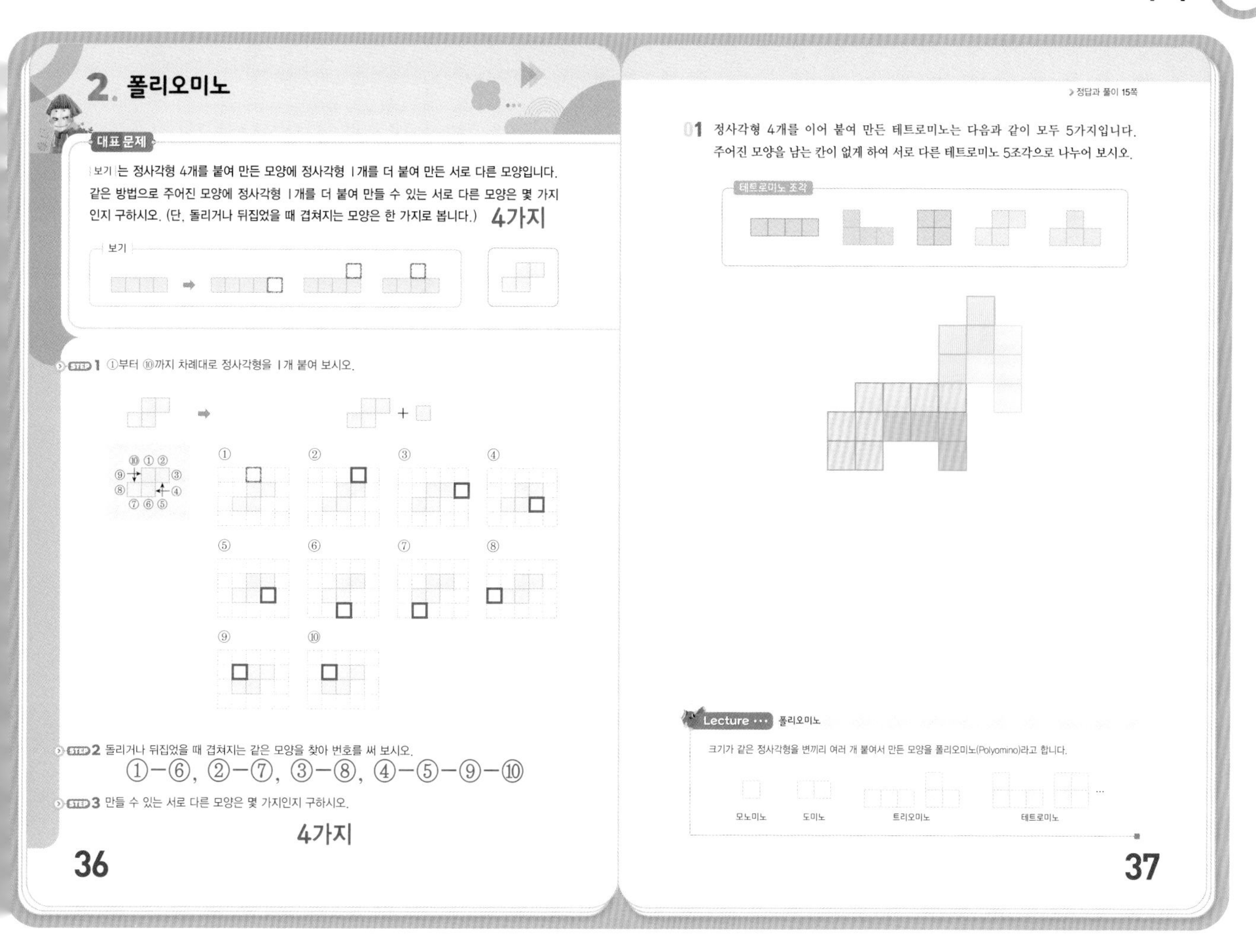

2. 폴리오미노

대표문제

보기 는 정사각형 4개를 붙여 만든 모양에 정사각형 1개를 더 붙여 만든 서로 다른 모양입니다. 같은 방법으로 주어진 모양에 정사각형 1개를 더 붙여 만들 수 있는 서로 다른 모양은 몇 가지인지 구하시오. (단, 돌리거나 뒤집었을 때 겹쳐지는 모양은 한 가지로 봅니다.) 4가지

보기

STEP 1 ①부터 ⑩까지 차례대로 정사각형을 1개 붙여 보시오.

STEP 2 돌리거나 뒤집었을 때 겹쳐지는 같은 모양을 찾아 번호를 써 보시오.
①−⑥, ②−⑦, ③−⑧, ④−⑤−⑨−⑩

STEP 3 만들 수 있는 서로 다른 모양은 몇 가지인지 구하시오.
4가지

36

정답과 풀이 15쪽

01 정사각형 4개를 이어 붙여 만든 테트로미노는 다음과 같이 모두 5가지입니다. 주어진 모양을 남는 칸이 없게 하여 서로 다른 테트로미노 5조각으로 나누어 보시오.

테트로미노 조각

Lecture ··· 폴리오미노

크기가 같은 정사각형을 변끼리 여러 개 붙여서 만든 모양을 폴리오미노(Polyomino)라고 합니다.

모노미노 도미노 트리오미노 테트로미노

37

대표문제

STEP 1 주어진 모양에 정사각형 1개를 붙여 만들 수 있는 모양을 모두 찾아봅니다.

STEP 2 STEP 1에서 그린 모양 중에서 돌리거나 뒤집었을 때 겹쳐지는 같은 모양을 찾아봅니다.

STEP 3 주어진 모양에 정사각형 1개를 붙여 만들 수 있는 모양은 다음과 같이 모두 4가지입니다.

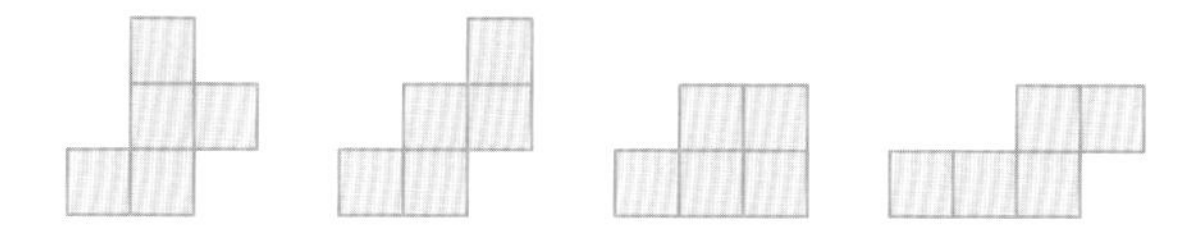

01 가장자리에 놓을 수 있는 조각을 먼저 생각합니다.

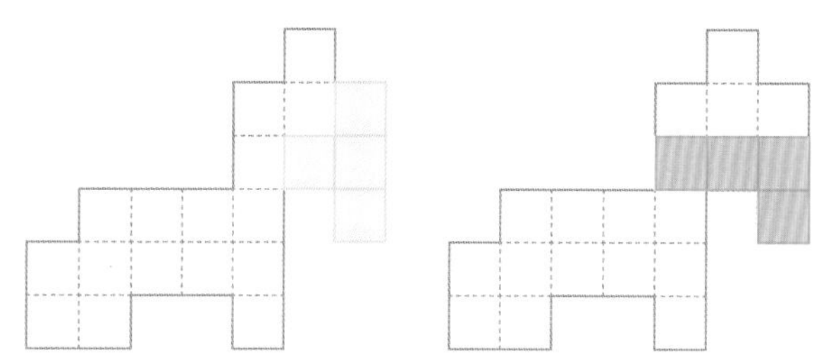

나머지 부분에 다른 조각을 놓아 보며 주어진 모양을 채워 봅니다. 오른쪽의 경우 서로 다른 테트리미노 5조각으로 채울 수 없습니다.

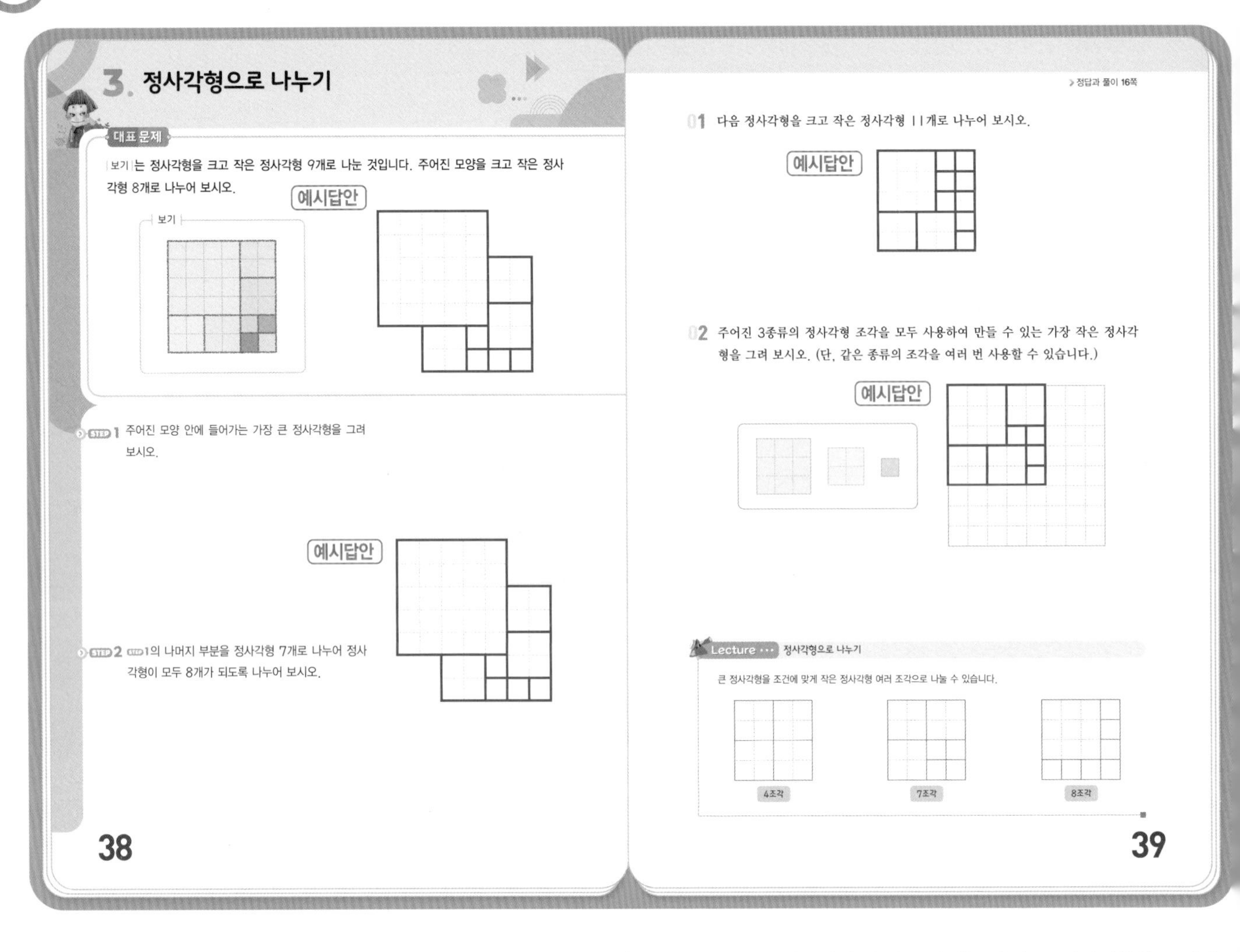

3. 정사각형으로 나누기

대표 문제

보기 는 정사각형을 크고 작은 정사각형 9개로 나눈 것입니다. 주어진 모양을 크고 작은 정사각형 8개로 나누어 보시오.

예시답안

보기

STEP 1 주어진 모양 안에 들어가는 가장 큰 정사각형을 그려 보시오.

예시답안

STEP 2 STEP 1의 나머지 부분을 정사각형 7개로 나누어 정사각형이 모두 8개가 되도록 나누어 보시오.

38

정답과 풀이 16쪽

01 다음 정사각형을 크고 작은 정사각형 11개로 나누어 보시오.

예시답안

02 주어진 3종류의 정사각형 조각을 모두 사용하여 만들 수 있는 가장 작은 정사각형을 그려 보시오. (단, 같은 종류의 조각을 여러 번 사용할 수 있습니다.)

예시답안

Lecture ··· 정사각형으로 나누기

큰 정사각형을 조건에 맞게 작은 정사각형 여러 조각으로 나눌 수 있습니다.

4조각 7조각 8조각

39

대표 문제

STEP 1 주어진 모양을 나눌 수 있는 가장 큰 정사각형은 다음과 같습니다.

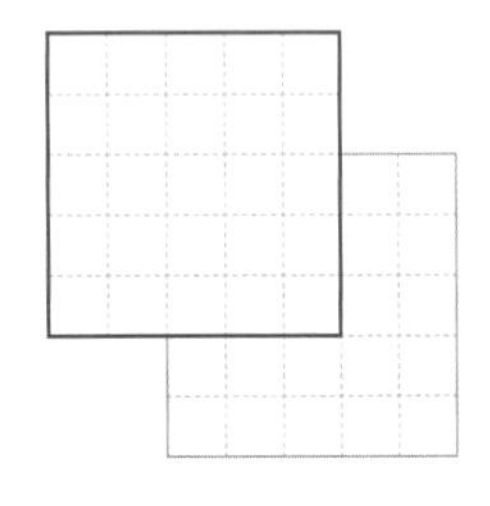

STEP 2 남은 부분에 들어갈 수 있는 정사각형 모양은

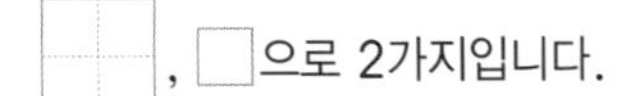

으로 2가지입니다.

나머지 부분을 정사각형 7개로 나누어 봅니다.

01 주어진 정사각형 안에 들어가는 가장 큰 정사각형을 그리면 다음과 같습니다.

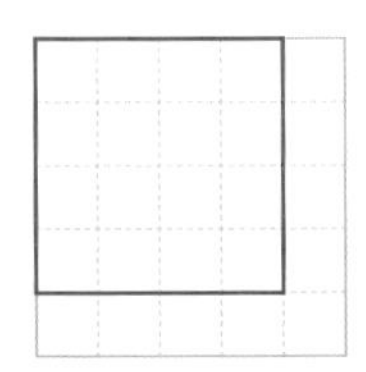

남은 부분에 정사각형을 모두 그리면 크고 작은 정사각형 10개를 그릴 수 있습니다.
위에 그린 정사각형 다음으로 큰 정사각형을 그린 후, 크고 작은 정사각형 11개를 그릴 수 있는지 알아봅니다.

02 조각을 모두 사용하여 만들 수 있는 가장 작은 정사각형은 5×5 정사각형입니다.

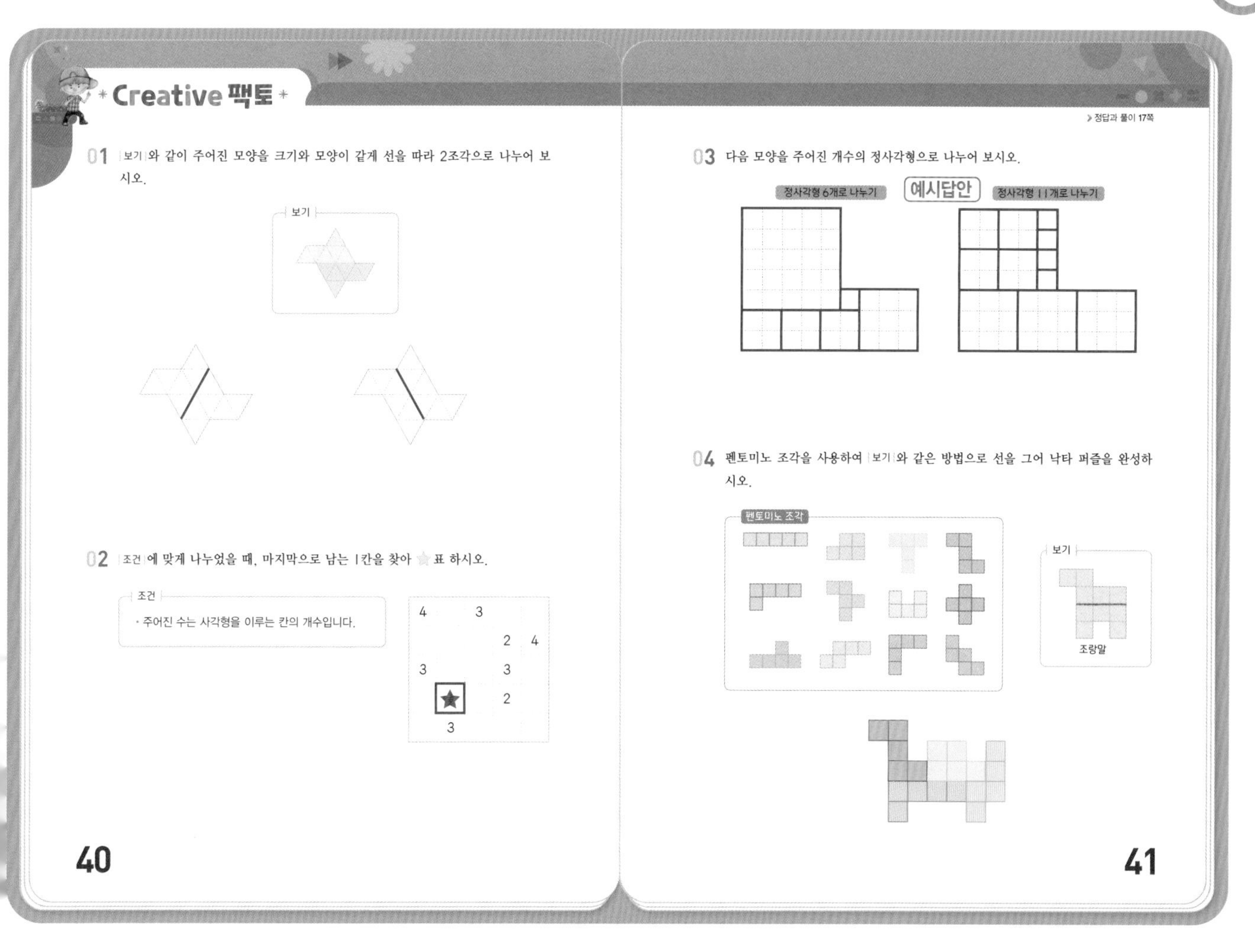

01 정삼각형 12개로 이루어진 도형이므로 2조각으로 나누면 1조각에 정삼각형이 6개씩 들어가야 합니다.

02 가장 큰 수인 4를 포함하는 사각형을 먼저 그린 후 나머지 사각형을 조건에 맞게 나누어 ☆이 들어갈 칸을 찾아봅니다.

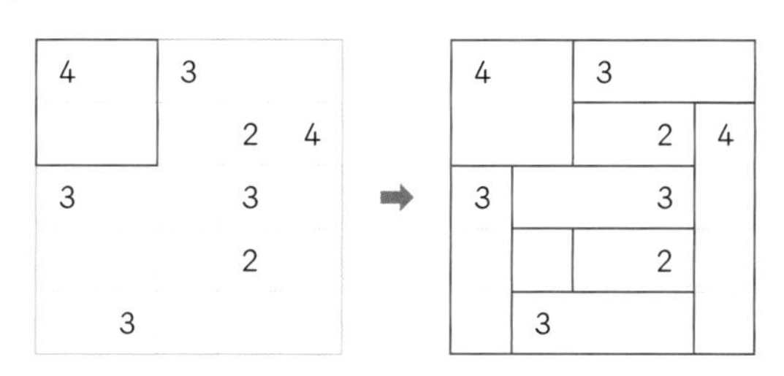

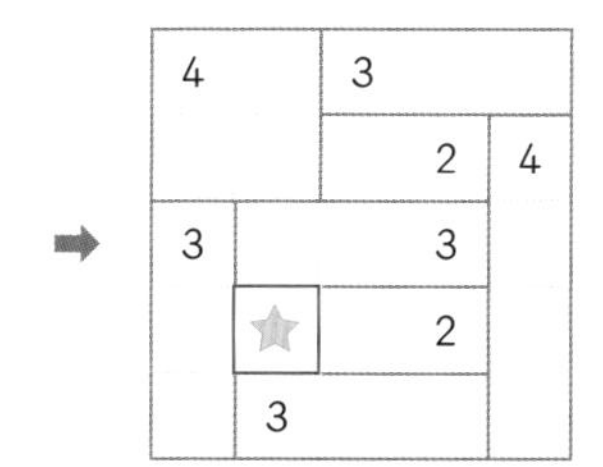

03 주어진 모양에 들어갈 수 있는 가장 큰 정사각형 조각의 크기와 위치를 정합니다. 남은 부분에 더 작은 조각을 조건에 맞게 그립니다.

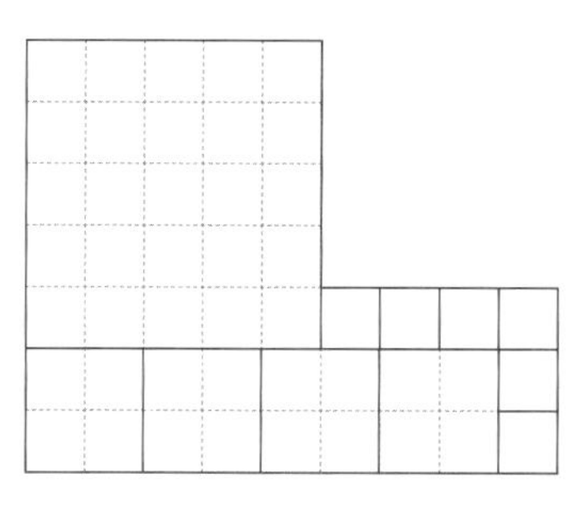

04 가장자리에 놓을 수 있는 조각부터 차례대로 찾아봅니다.

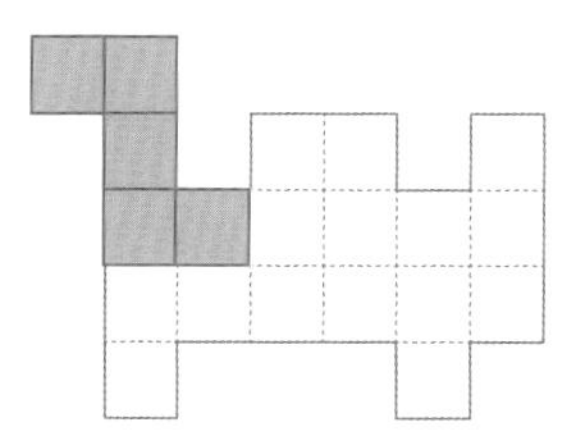

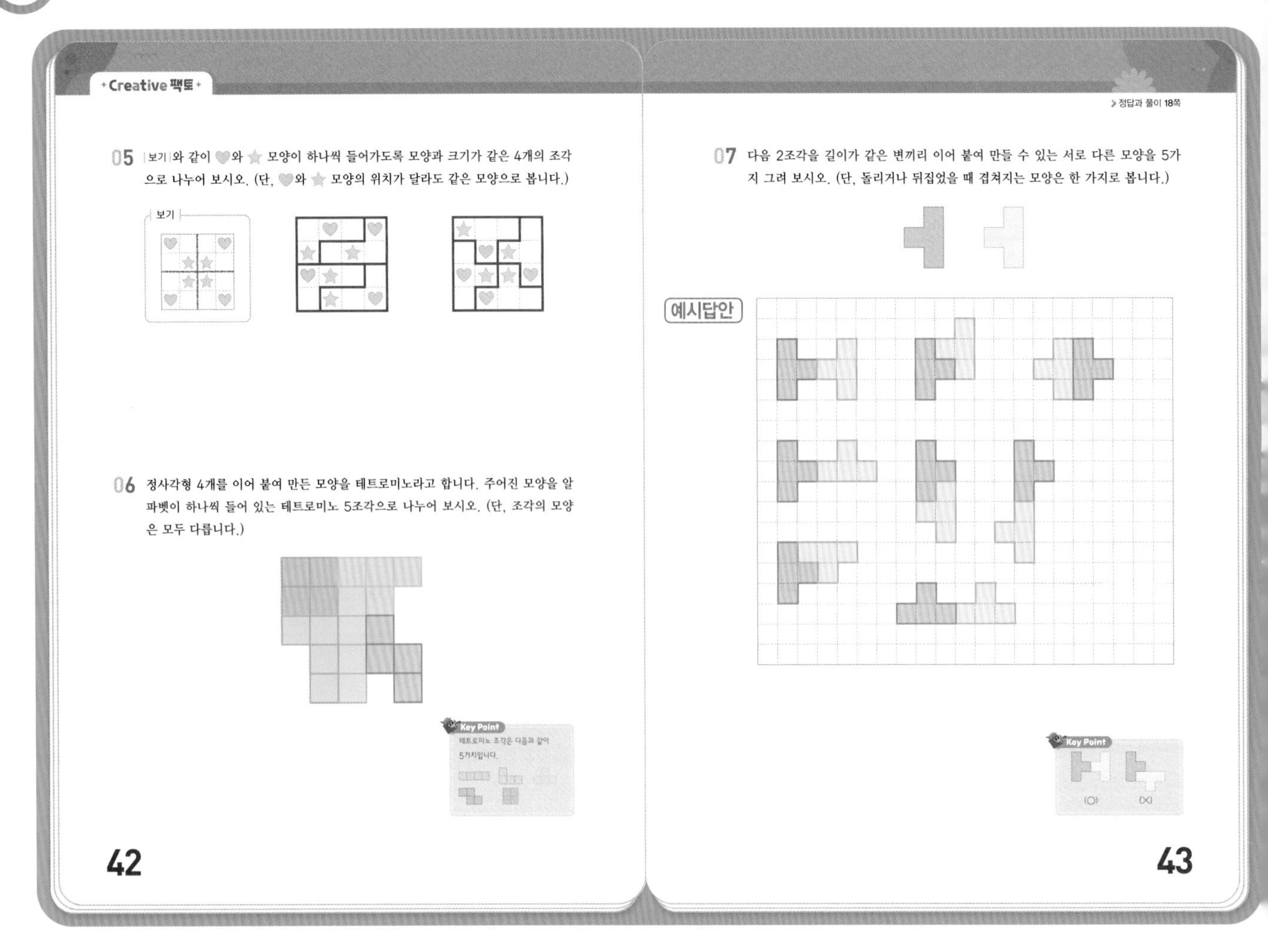
Creative 팩토

정답과 풀이 18쪽

05 보기 와 같이 ♡와 ☆ 모양이 하나씩 들어가도록 모양과 크기가 같은 4개의 조각으로 나누어 보시오. (단, ♡와 ☆ 모양의 위치가 달라도 같은 모양으로 봅니다.)

보기

06 정사각형 4개를 이어 붙여 만든 모양을 테트로미노라고 합니다. 주어진 모양을 알파벳이 하나씩 들어 있는 테트로미노 5조각으로 나누어 보시오. (단, 조각의 모양은 모두 다릅니다.)

Key Point
테트로미노 조각은 다음과 같이 5가지입니다.

42

07 다음 2조각을 길이가 같은 변끼리 이어 붙여 만들 수 있는 서로 다른 모양을 5가지 그려 보시오. (단, 돌리거나 뒤집었을 때 겹쳐지는 모양은 한 가지로 봅니다.)

예시답안

Key Point
(○) (×)

43

05 16칸을 4조각으로 나누려면 한 조각에 가장 작은 정사각형이 4개씩 들어가야 합니다.
♡와 ☆ 모양이 하나씩 포함되도록 크기와 모양이 같게 나누어 봅니다.

06 테트로미노 조각은 다음과 같이 5가지입니다. 주어진 모양을 알파벳이 하나씩 있도록 나누어 봅니다.

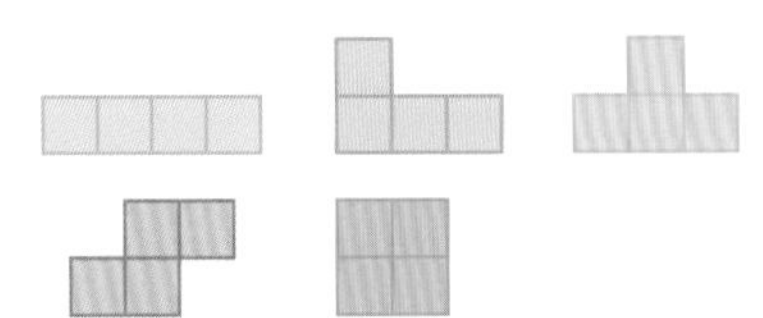

07 ①부터 ⑦까지의 변은 길이가 모두 같고, ⑧만 변의 길이가 다릅니다. 길이가 같은 변끼리 이어 붙여 봅니다.

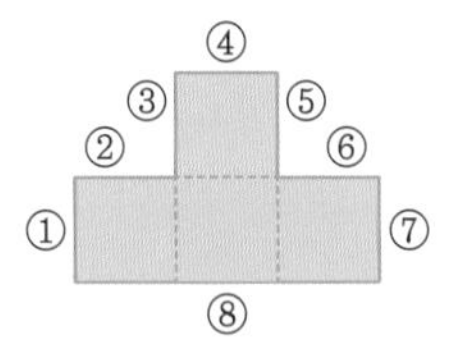

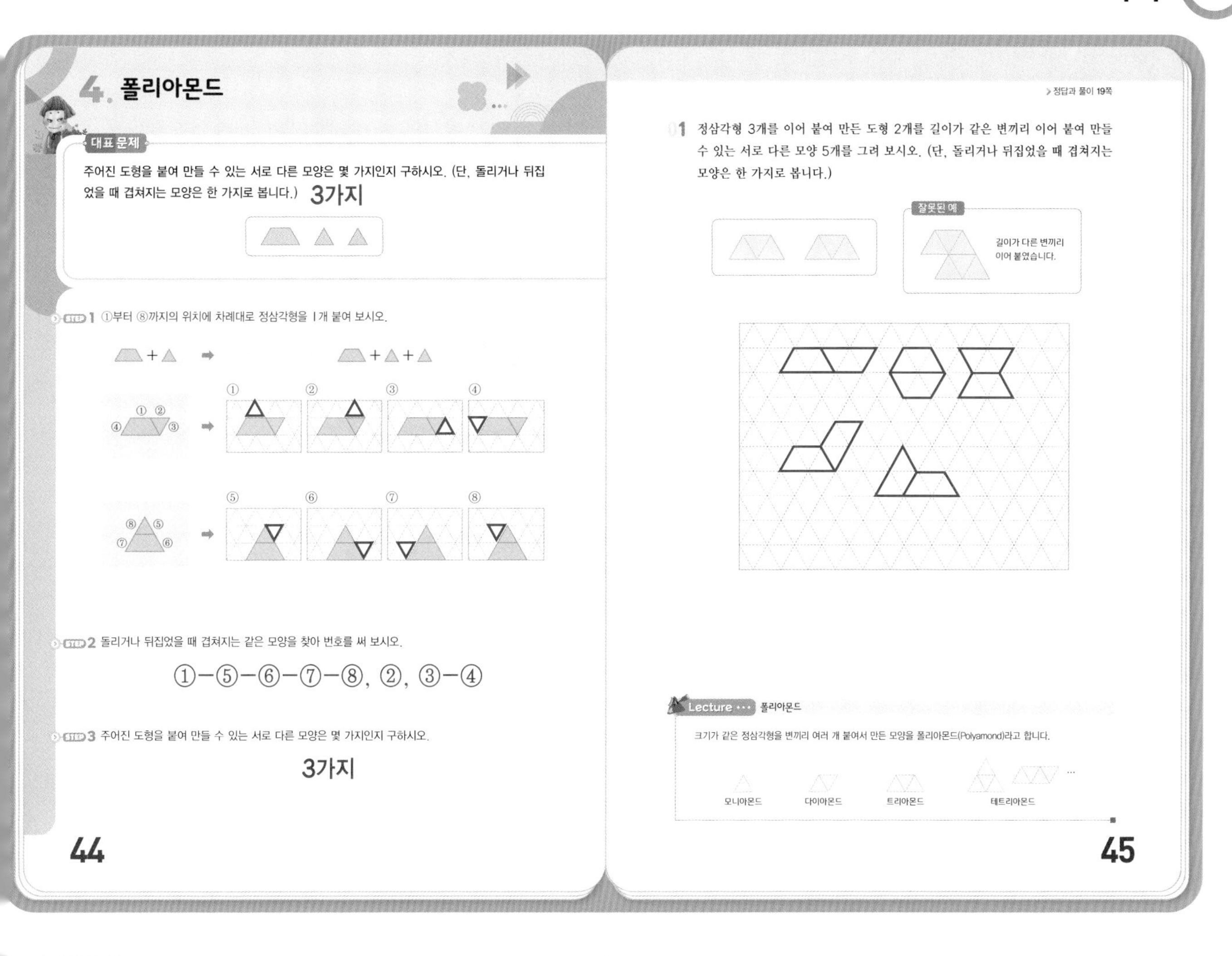

4. 폴리아몬드

대표 문제

주어진 도형을 붙여 만들 수 있는 서로 다른 모양은 몇 가지인지 구하시오. (단, 돌리거나 뒤집었을 때 겹쳐지는 모양은 한 가지로 봅니다.) 3가지

STEP 1 ①부터 ⑧까지의 위치에 차례대로 정삼각형을 1개 붙여 보시오.

STEP 2 돌리거나 뒤집었을 때 겹쳐지는 같은 모양을 찾아 번호를 써 보시오.

①−⑤−⑥−⑦−⑧, ②, ③−④

STEP 3 주어진 도형을 붙여 만들 수 있는 서로 다른 모양은 몇 가지인지 구하시오.

3가지

44

> 정답과 풀이 19쪽

01 정삼각형 3개를 이어 붙여 만든 도형 2개를 길이가 같은 변끼리 이어 붙여 만들 수 있는 서로 다른 모양 5개를 그려 보시오. (단, 돌리거나 뒤집었을 때 겹쳐지는 모양은 한 가지로 봅니다.)

Lecture ··· 폴리아몬드

크기가 같은 정삼각형을 변끼리 여러 개 붙여서 만든 모양을 폴리아몬드(Polyamond)라고 합니다.

45

대표 문제

STEP 1 와 모양을 붙여 만들 수 있는 모양은 다음과 같습니다.

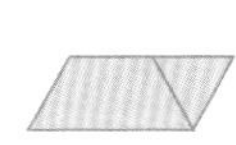
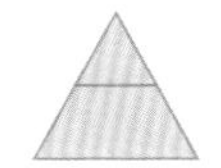

두 모양에 정삼각형 1개를 붙여 만들 수 있는 모양을 모두 찾아봅니다.

STEP 2 STEP 1에서 그린 모양 중에서 돌리거나 뒤집었을 때 겹쳐지는 같은 모양을 찾아봅니다.

STEP 3 주어진 모양을 붙여 만들 수 있는 모양은 다음과 같이 모두 3가지입니다.

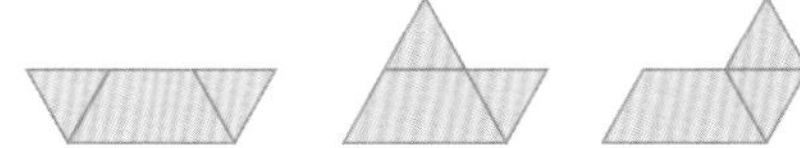
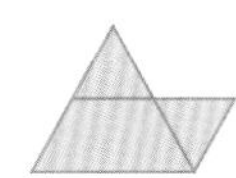
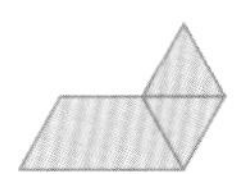

01 ①, ②, ③은 길이가 같기 때문에 서로 붙일 수 있고, ④는 길이가 같은 ④끼리만 붙일 수 있습니다. 또 모양을 붙이는 방향에 따라 다른 모양을 만들 수도 있습니다.

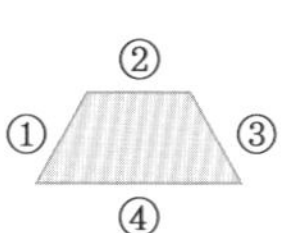

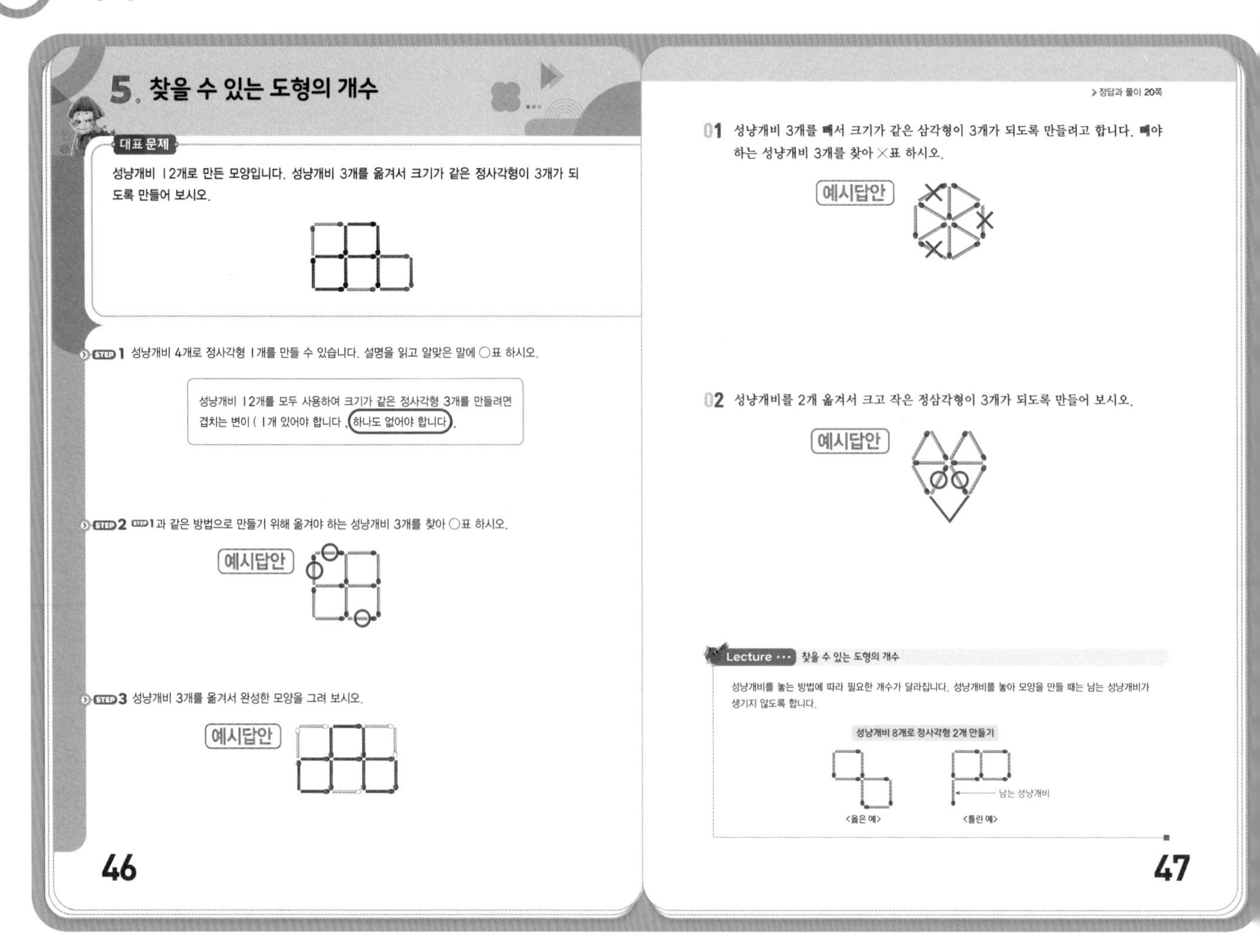

대표문제

STEP 1 성냥개비 12개를 모두 사용하여 크기가 같은 정사각형 3개를 만들려면 겹치는 변이 하나도 없어야 합니다.

STEP 2 정사각형 3개에 겹치는 변이 하나도 없도록 성냥개비를 옮겨야 합니다.

STEP 3 STEP 2 에서 ○표 한 성냥개비를 옮겨서 새로운 사각형을 만듭니다.

01 12개의 성냥개비에서 3개를 빼면 9개가 됩니다. 성냥개비 9개로 삼각형 3개를 만들려면 겹치는 변이 하나도 없어야 합니다.

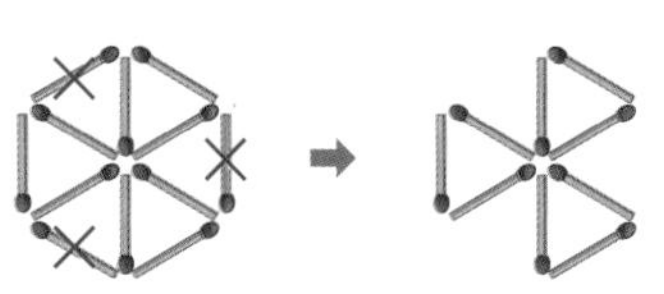

02

△ 모양: 2개

△ 모양: 2개

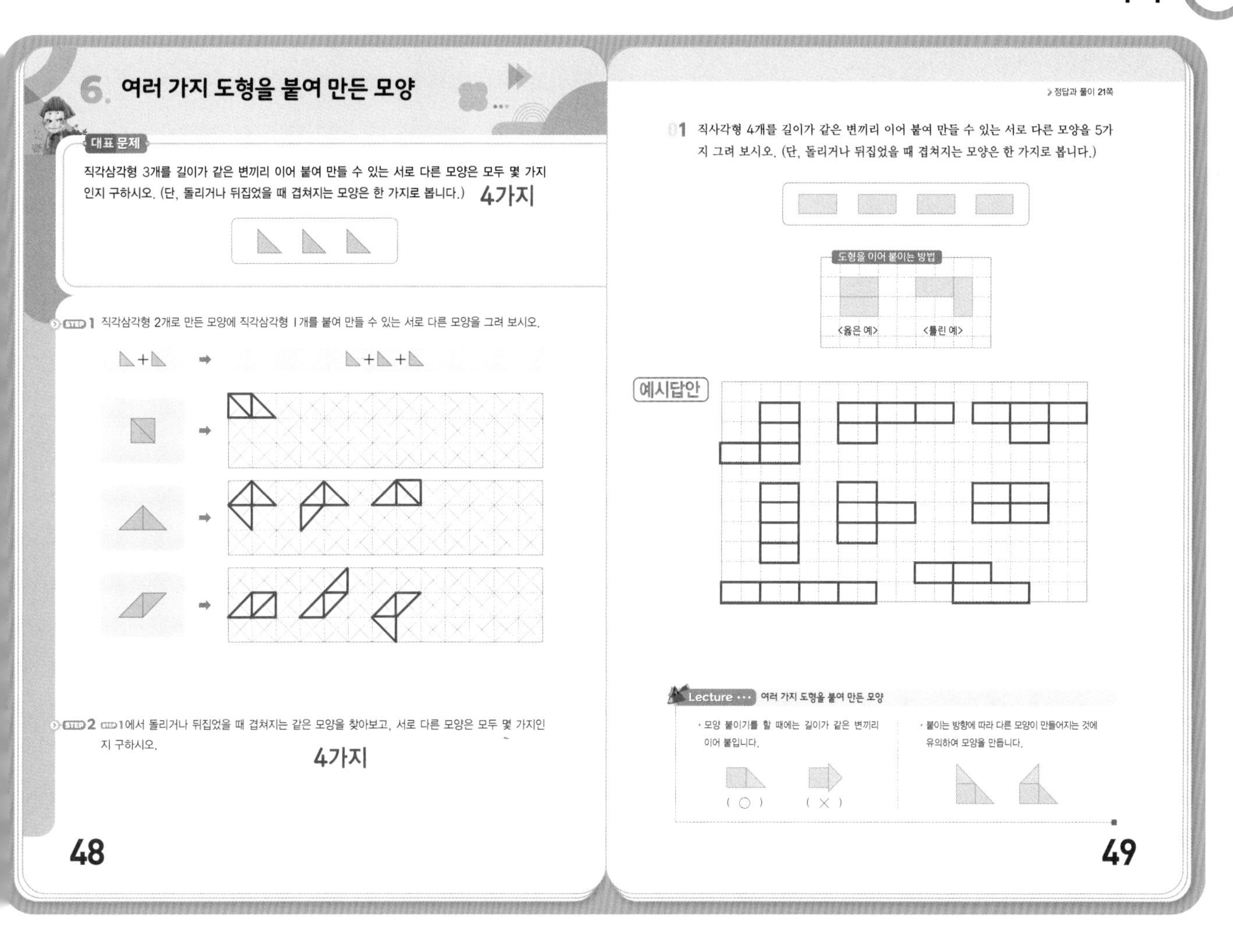
6. 여러 가지 도형을 붙여 만든 모양

정답과 풀이 21쪽

대표 문제

직각삼각형 3개를 길이가 같은 변끼리 이어 붙여 만들 수 있는 서로 다른 모양은 모두 몇 가지인지 구하시오. (단, 돌리거나 뒤집었을 때 겹쳐지는 모양은 한 가지로 봅니다.) 4가지

STEP 1 직각삼각형 2개로 만든 모양에 직각삼각형 1개를 붙여 만들 수 있는 서로 다른 모양을 그려 보시오.

STEP 2 STEP 1에서 돌리거나 뒤집었을 때 겹쳐지는 같은 모양을 찾아보고, 서로 다른 모양은 모두 몇 가지인지 구하시오. 4가지

48

01 직사각형 4개를 길이가 같은 변끼리 이어 붙여 만들 수 있는 서로 다른 모양을 5가지 그려 보시오. (단, 돌리거나 뒤집었을 때 겹쳐지는 모양은 한 가지로 봅니다.)

도형을 이어 붙이는 방법

<옳은 예> <틀린 예>

예시답안

Lecture ··· 여러 가지 도형을 붙여 만든 모양

- 모양 붙이기를 할 때에는 길이가 같은 변끼리 이어 붙입니다. (○) (×)
- 붙이는 방향에 따라 다른 모양이 만들어지는 것에 유의하여 모양을 만듭니다.

49

대표 문제

STEP 1 직각삼각형 2개를 붙여 만들 수 있는 모양은 다음과 같습니다.

 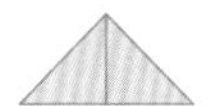 

3가지 모양에 직각삼각형 1개를 붙여 만들 수 있는 모양을 모두 찾아봅니다.

STEP 2 직각삼각형 3개를 붙여 만들 수 있는 모양은 다음과 같이 모두 4가지입니다.

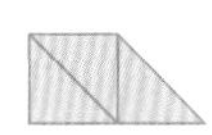 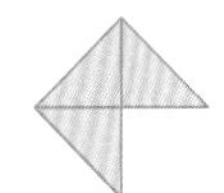 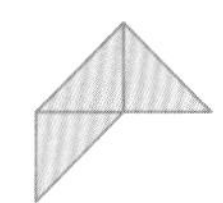 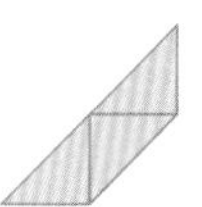

01 직사각형 3개를 이어 붙여 만들 수 있는 모양은 다음과 같이 3가지입니다.

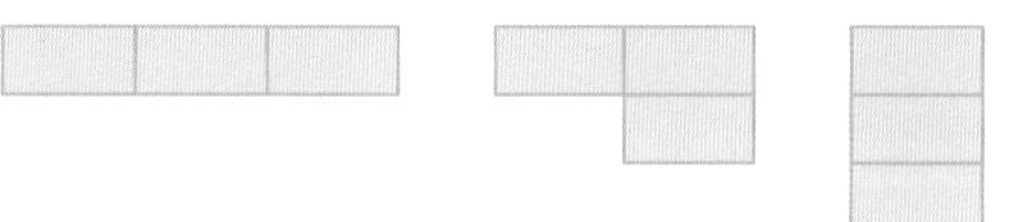

세 모양에 직사각형 1개를 붙여 만들 수 있는 모양을 찾아봅니다.

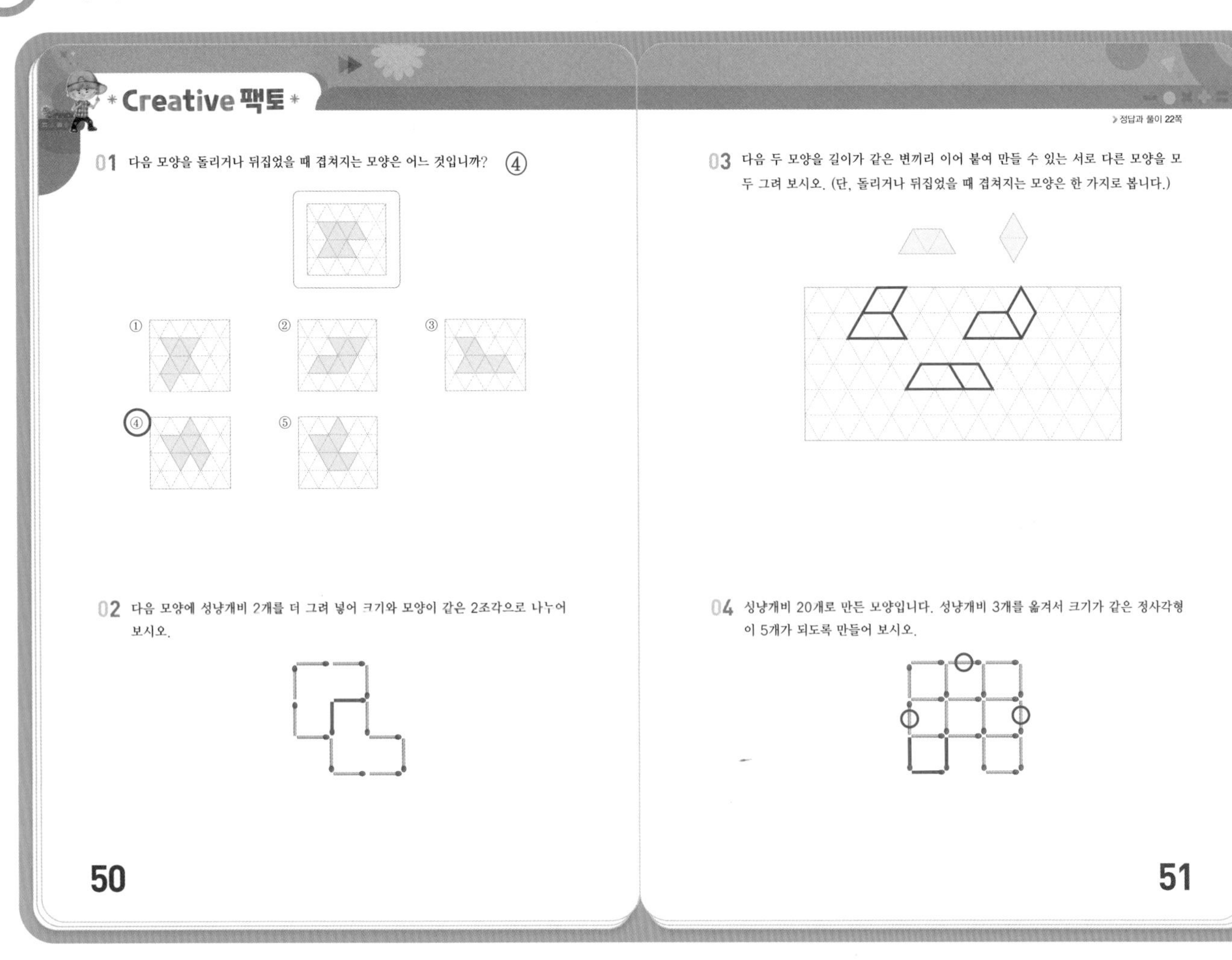
Creative 팩토

▸ 정답과 풀이 22쪽

01 다음 모양을 돌리거나 뒤집었을 때 겹쳐지는 모양은 어느 것입니까? ④

① ② ③ ④ ⑤

02 다음 모양에 성냥개비 2개를 더 그려 넣어 크기와 모양이 같은 2조각으로 나누어 보시오.

03 다음 두 모양을 길이가 같은 변끼리 이어 붙여 만들 수 있는 서로 다른 모양을 모두 그려 보시오. (단, 돌리거나 뒤집었을 때 겹쳐지는 모양은 한 가지로 봅니다.)

04 성냥개비 20개로 만든 모양입니다. 성냥개비 3개를 옮겨서 크기가 같은 정사각형이 5개가 되도록 만들어 보시오.

50 51

01 주어진 모양은 모양에 정삼각형을 하나 더 붙인 모양입니다.

모양이 들어간 그림은 ①과 ④입니다.

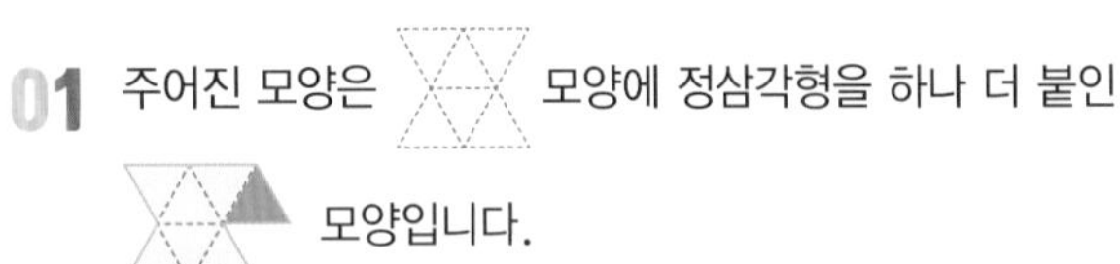

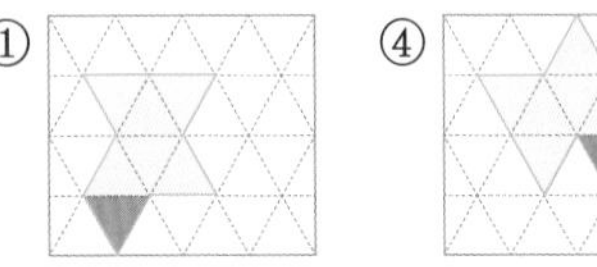

이 중 주어진 그림과 같은 것은 ④입니다.

02 주어진 모양을 성냥개비 1개를 한 변으로 하는 정사각형으로 나누면 정사각형 6개로 나누어집니다. 한 조각에 정사각형 3개가 들어가도록 같은 모양으로 나누면, 모양이 같은 2조각으로 나누어집니다.

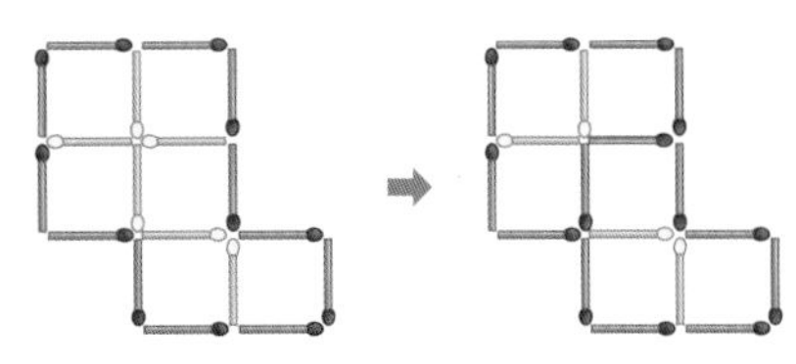

03 모양의 한 변의 길이와 같은 변은

3곳뿐입니다.

04 성냥개비 4개로 정사각형 1개를 만듭니다. 따라서 성냥개비 20개로 정사각형이 5개가 되게 하려면 겹치는 성냥개비가 하나도 없어야 합니다.

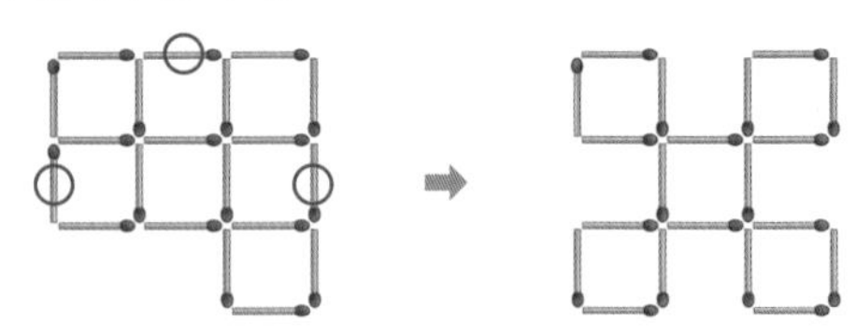

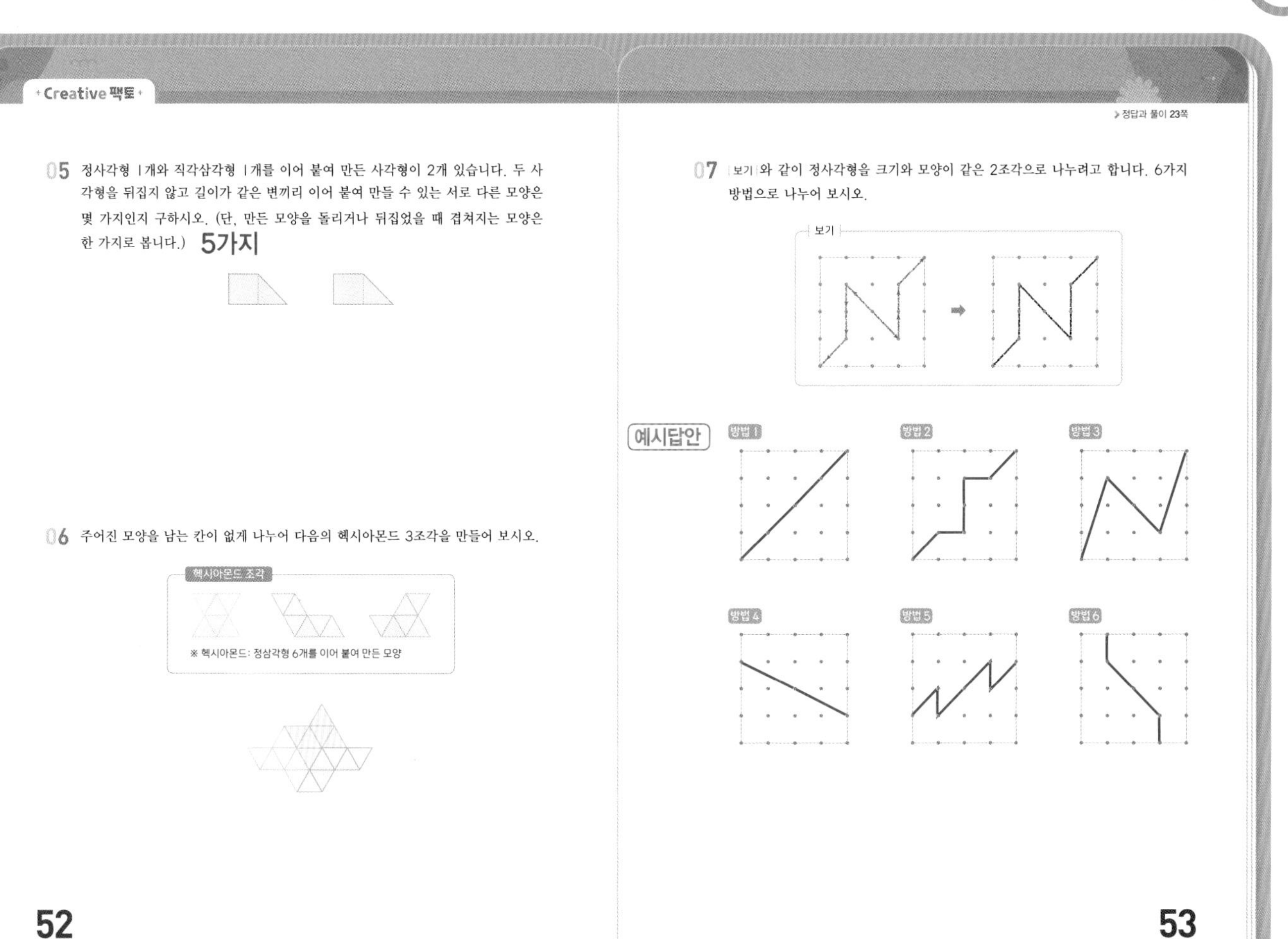
Creative 팩토

정답과 풀이 23쪽

05 정사각형 1개와 직각삼각형 1개를 이어 붙여 만든 사각형이 2개 있습니다. 두 사각형을 뒤집지 않고 길이가 같은 변끼리 이어 붙여 만들 수 있는 서로 다른 모양은 몇 가지인지 구하시오. (단, 만든 모양을 돌리거나 뒤집었을 때 겹쳐지는 모양은 한 가지로 봅니다.) 5가지

06 주어진 모양을 남는 칸이 없게 나누어 다음의 헥시아몬드 3조각을 만들어 보시오.

헥시아몬드 조각

※ 헥시아몬드: 정삼각형 6개를 이어 붙여 만든 모양

07 보기 와 같이 정사각형을 크기와 모양이 같은 2조각으로 나누려고 합니다. 6가지 방법으로 나누어 보시오.

보기

예시답안 방법 1 방법 2 방법 3 방법 4 방법 5 방법 6

52

53

05 ①과 ④는 변의 길이가 같으므로 서로 이어 붙일 수 있고, ②는 ②끼리만 ③은 ③끼리만 이어 붙일 수 있습니다.

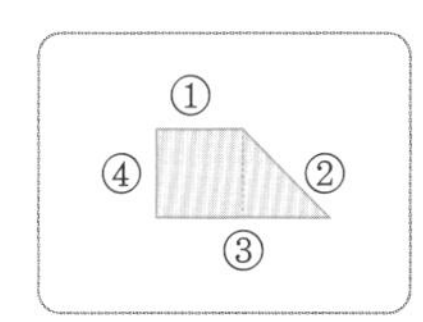

• ①에 붙이는 경우: 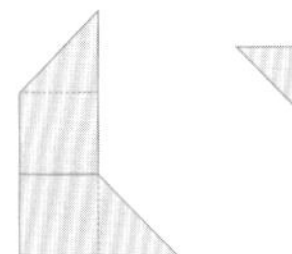 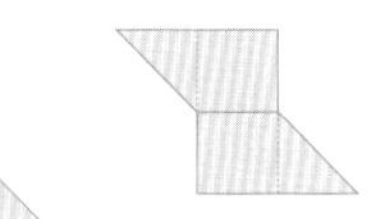

• ②에 붙이는 경우: 

• ③에 붙이는 경우: 

• ④에 붙이는 경우: 

따라서 길이가 같은 변끼리 이어 붙여 만들 수 있는 서로 다른 모양은 5가지입니다.

06 주어진 모양에 모양이 들어갈 수 있는 곳을 모두 찾아 봅니다.

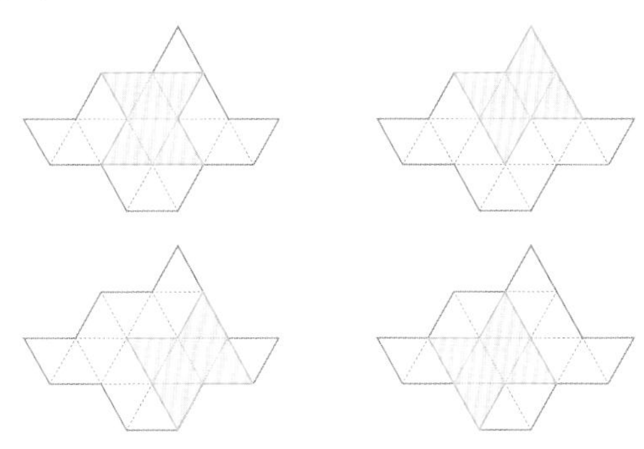

07 한가운데 점을 중심으로 모양과 크기가 같도록 선을 그려 나갑니다.

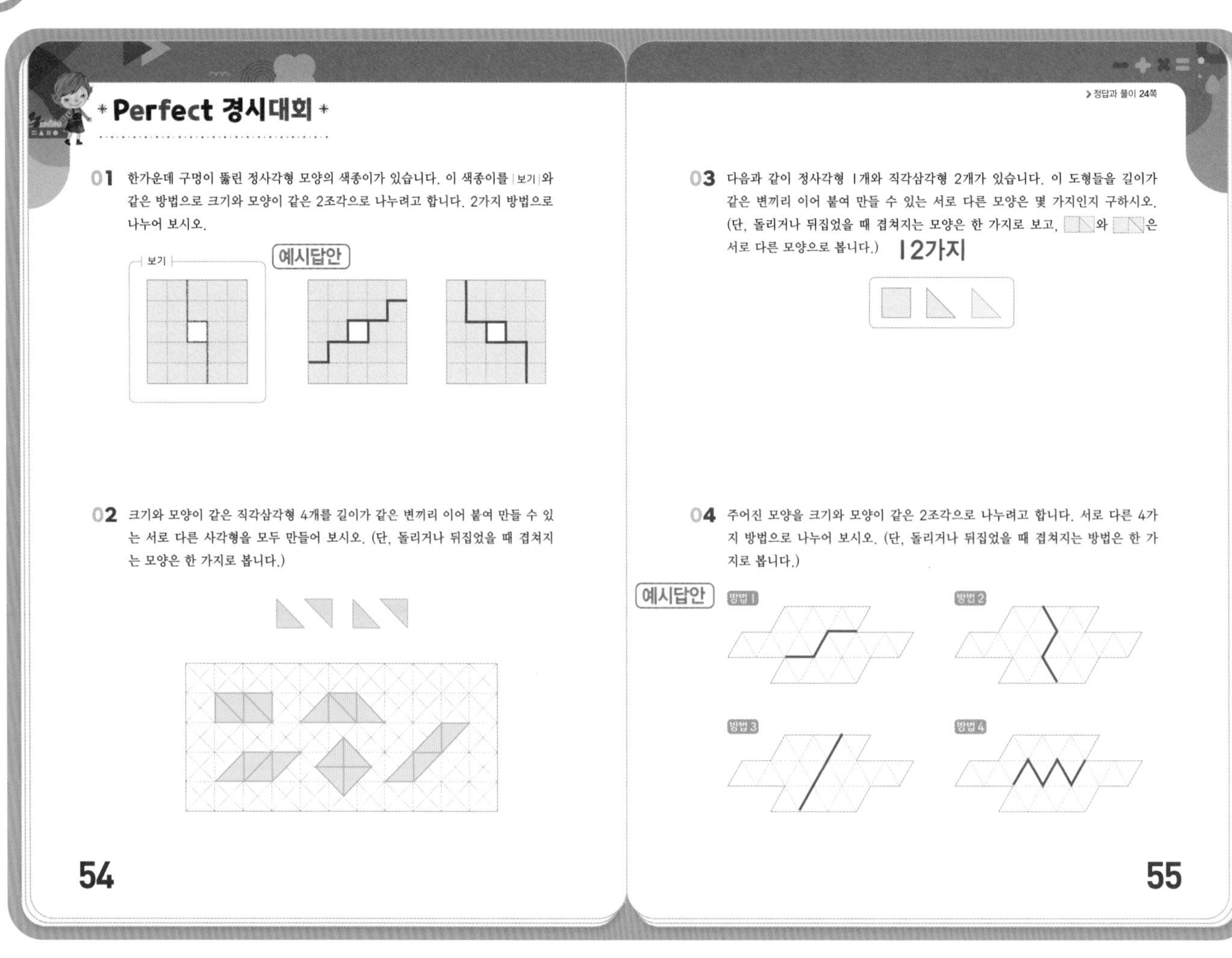

01 한가운데 구멍이 뚫린 정사각형 모양의 색종이가 있습니다. 이 색종이를 보기 와 같은 방법으로 크기와 모양이 같은 2조각으로 나누려고 합니다. 2가지 방법으로 나누어 보시오.

보기

예시답안

02 크기와 모양이 같은 직각삼각형 4개를 길이가 같은 변끼리 이어 붙여 만들 수 있는 서로 다른 사각형을 모두 만들어 보시오. (단, 돌리거나 뒤집었을 때 겹쳐지는 모양은 한 가지로 봅니다.)

03 다음과 같이 정사각형 1개와 직각삼각형 2개가 있습니다. 이 도형들을 길이가 같은 변끼리 이어 붙여 만들 수 있는 서로 다른 모양은 몇 가지인지 구하시오. (단, 돌리거나 뒤집었을 때 겹쳐지는 모양은 한 가지로 보고, 와 은 서로 다른 모양으로 봅니다.) 12가지

04 주어진 모양을 크기와 모양이 같은 2조각으로 나누려고 합니다. 서로 다른 4가지 방법으로 나누어 보시오. (단, 돌리거나 뒤집었을 때 겹쳐지는 방법은 한 가지로 봅니다.)

예시답안 방법 1 방법 2 방법 3 방법 4

54 55

01 정사각형의 구멍 부분의 꼭짓점에서부터 선을 한 칸 그은 다음, 반대쪽에 똑같은 선분을 긋습니다.

02 직각삼각형 2조각을 붙여 만들 수 있는 모양은

, , 로 3가지입니다.

, , 를 길이가 같은 변끼리 2개씩 이어 붙여 사각형이 되도록 만들어 봅니다.

03 정사각형 1개와 직각삼각형 2개로 만들 수 있는 모양은 다음과 같습니다.

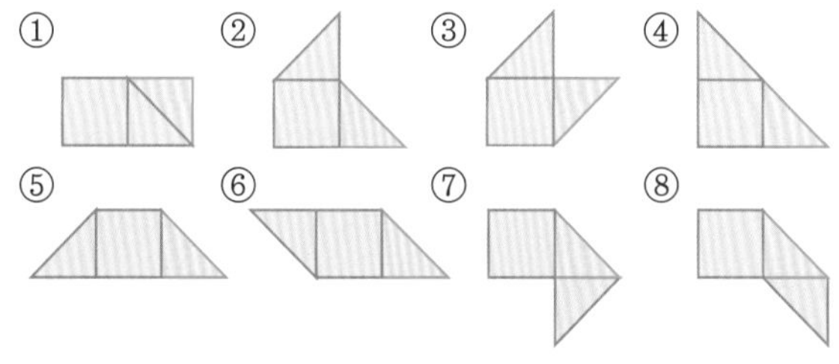

위 8가지 모양 중에 ①, ②, ⑦, ⑧은 하늘색 삼각형과 분홍색 삼각형의 위치를 바꾸면 서로 다른 경우가 됩니다.
③, ④, ⑤, ⑥은 두 삼각형의 색을 바꾸고 돌리거나 뒤집으면 다시 원래의 경우와 같아집니다.
따라서 구하는 경우는 $8+4=12$(가지)입니다.

04 주어진 모양의 한가운데 점은 다음과 같습니다.

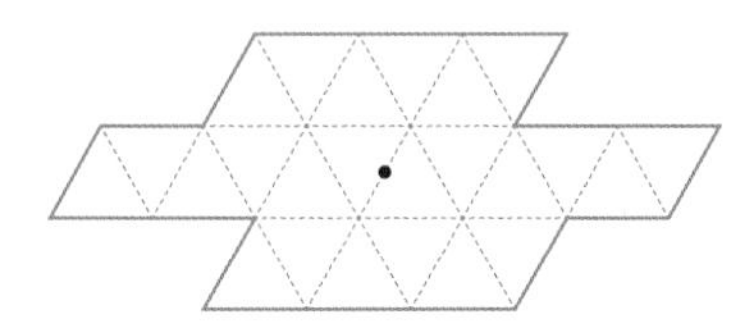

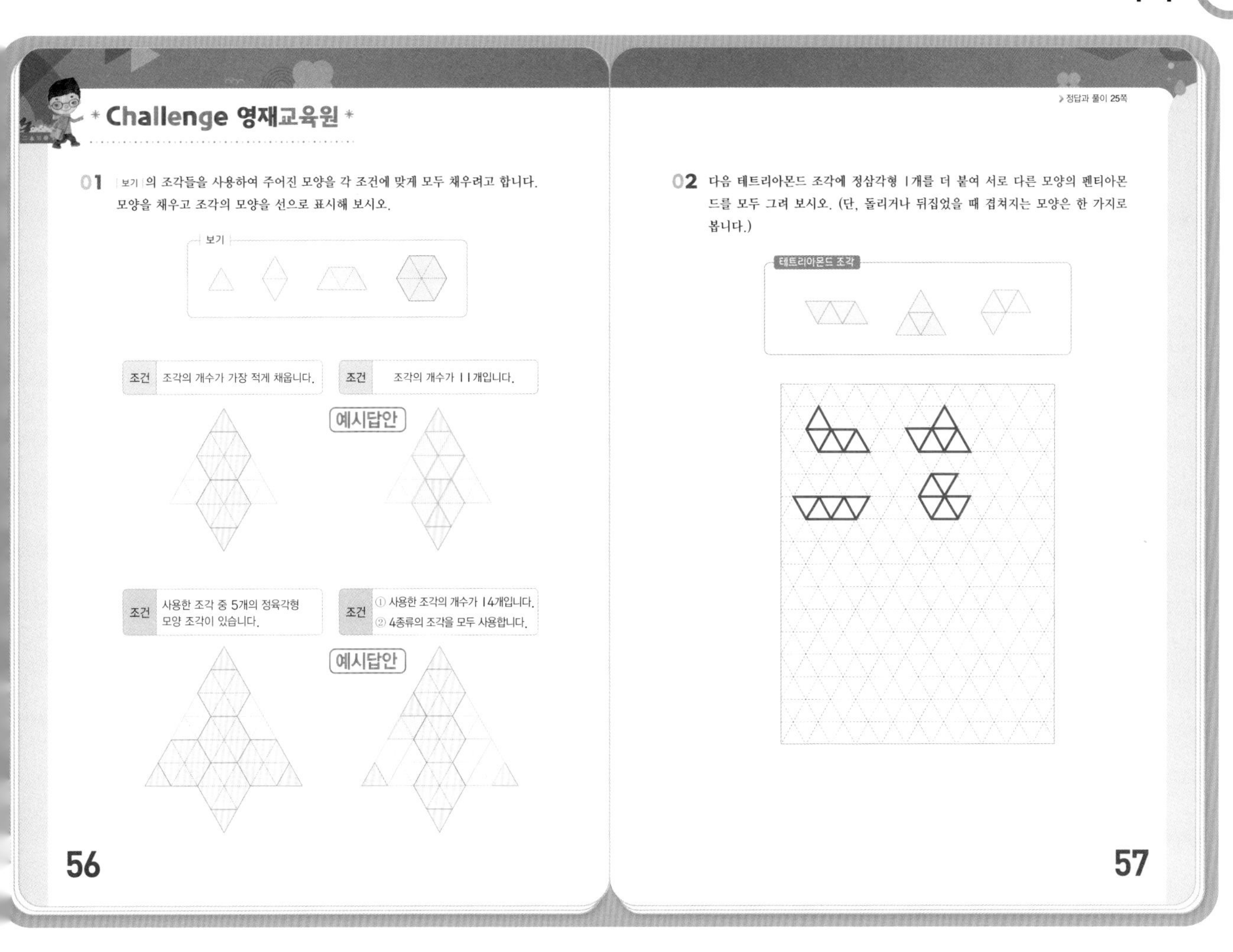

01 주어진 조건을 생각하여 모양을 채워 봅니다.

TIP 조각의 개수를 늘려야 할 때 다음과 같이 조각을 바꿀 수 있습니다.

예

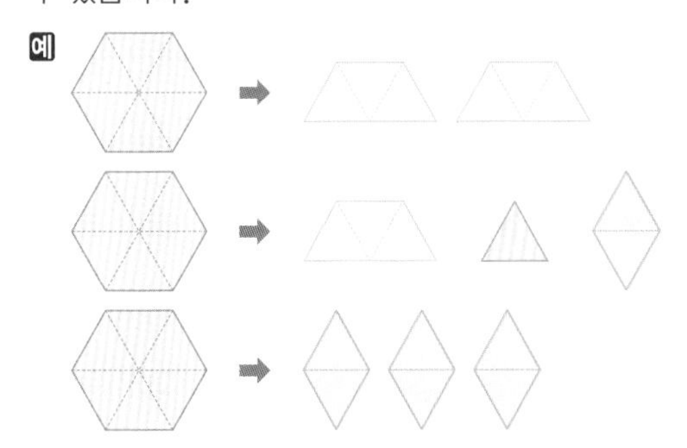

02 주어진 테트리아몬드 조각에 정삼각형 1개를 여러 가지 방법으로 붙여 봅니다. 이때 앞에 그렸던 모양과 같은 모양인 경우에는 제외합니다. 서로 다른 모양의 펜티아몬드는 모두 4가지입니다.

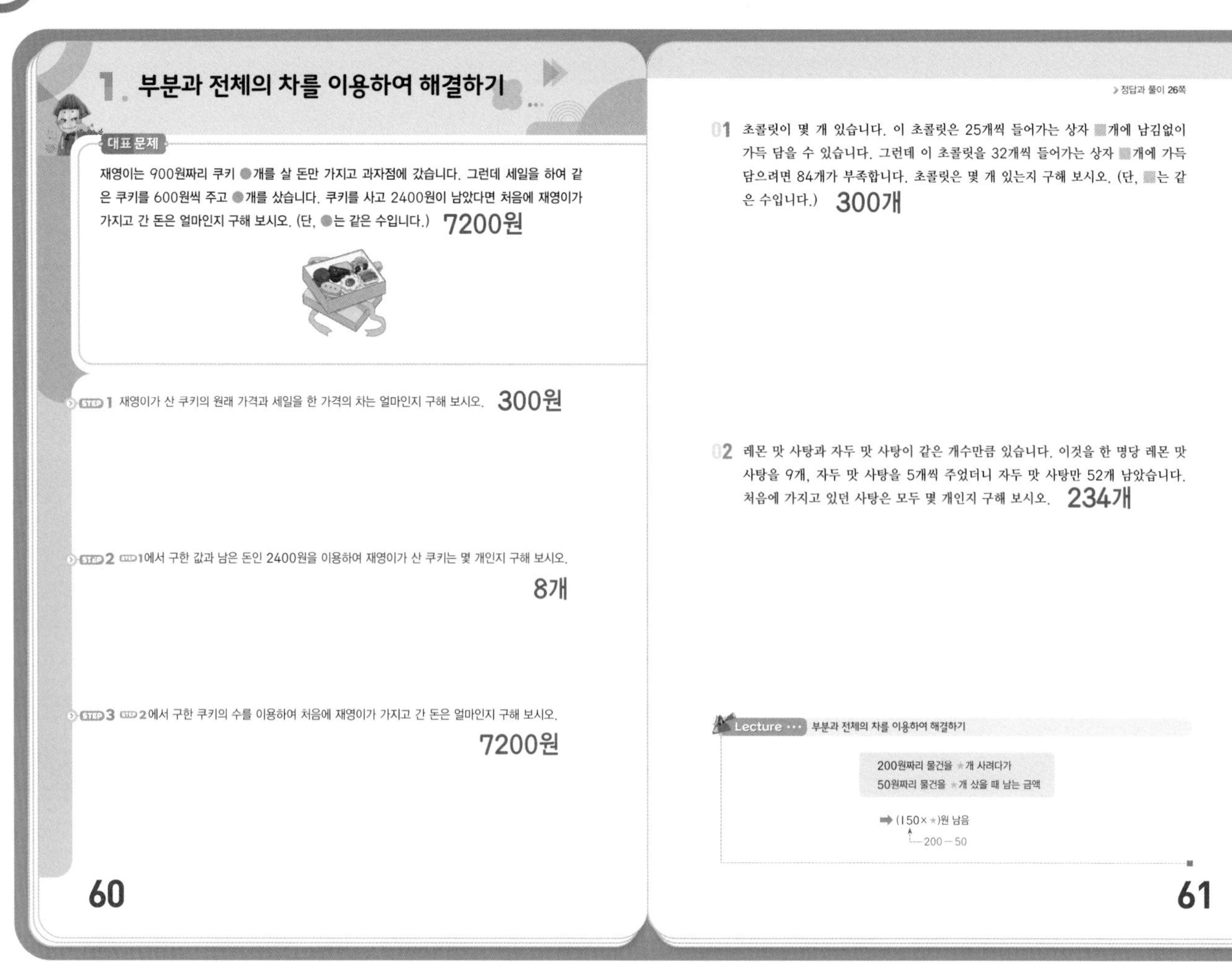

1. 부분과 전체의 차를 이용하여 해결하기

대표 문제

재영이는 900원짜리 쿠키 ●개를 살 돈만 가지고 과자점에 갔습니다. 그런데 세일을 하여 같은 쿠키를 600원씩 주고 ●개를 샀습니다. 쿠키를 사고 2400원이 남았다면 처음에 재영이가 가지고 간 돈은 얼마인지 구해 보시오. (단, ●는 같은 수입니다.) 7200원

STEP 1 재영이가 산 쿠키의 원래 가격과 세일을 한 가격의 차는 얼마인지 구해 보시오. 300원

STEP 2 STEP 1에서 구한 값과 남은 돈인 2400원을 이용하여 재영이가 산 쿠키는 몇 개인지 구해 보시오. 8개

STEP 3 STEP 2에서 구한 쿠키의 수를 이용하여 처음에 재영이가 가지고 간 돈은 얼마인지 구해 보시오. 7200원

60

▶ 정답과 풀이 26쪽

01 초콜릿이 몇 개 있습니다. 이 초콜릿은 25개씩 들어가는 상자 ■개에 남김없이 가득 담을 수 있습니다. 그런데 이 초콜릿을 32개씩 들어가는 상자 ■개에 가득 담으려면 84개가 부족합니다. 초콜릿은 몇 개 있는지 구해 보시오. (단, ■는 같은 수입니다.) 300개

02 레몬 맛 사탕과 자두 맛 사탕이 같은 개수만큼 있습니다. 이것을 한 명당 레몬 맛 사탕을 9개, 자두 맛 사탕을 5개씩 주었더니 자두 맛 사탕만 52개 남았습니다. 처음에 가지고 있던 사탕은 모두 몇 개인지 구해 보시오. 234개

Lecture ··· 부분과 전체의 차를 이용하여 해결하기

200원짜리 물건을 ★개 사려다가
50원짜리 물건을 ★개 샀을 때 남는 금액

➡ (150×★)원 남음
└ 200－50

61

대표 문제

STEP 1 (두 가격의 차이)＝900－600＝300(원)

STEP 2 ●개를 샀을 때 남는 돈이 (300×●)원이므로
300×●＝2400이고, ●＝8입니다.

STEP 3 처음에 재영이가 가지고 간 돈은 900×8＝7200(원)입니다.

01 25개씩 ■상자 대신 32개씩 ■상자에 담음
➡ (7×■)개 부족
└➤ 32－25

■상자를 담았을 때 부족한 초콜릿이 (7×■)개이므로
7×■＝84이고, ■＝12입니다.
25개씩 상자 12개에 담으려고 했으므로 초콜릿은
25×12＝300(개)입니다.

02 레몬 맛 사탕은 9개씩 주고 자두 맛 사탕은 5개씩 주므로 한 명한테 줄 때마다 자두 맛 사탕이 4개씩 남게 되는 셈입니다.
■명에게 사탕을 주었다고 하면 자두 맛 사탕이 (4×■)개 남습니다.
4×■＝52이므로 ■＝13입니다.
따라서 레몬 맛 사탕은 9×13＝117(개)이고, 자두 맛 사탕도 117개이므로 처음에 있던 사탕은
117＋117＝234(개)입니다.

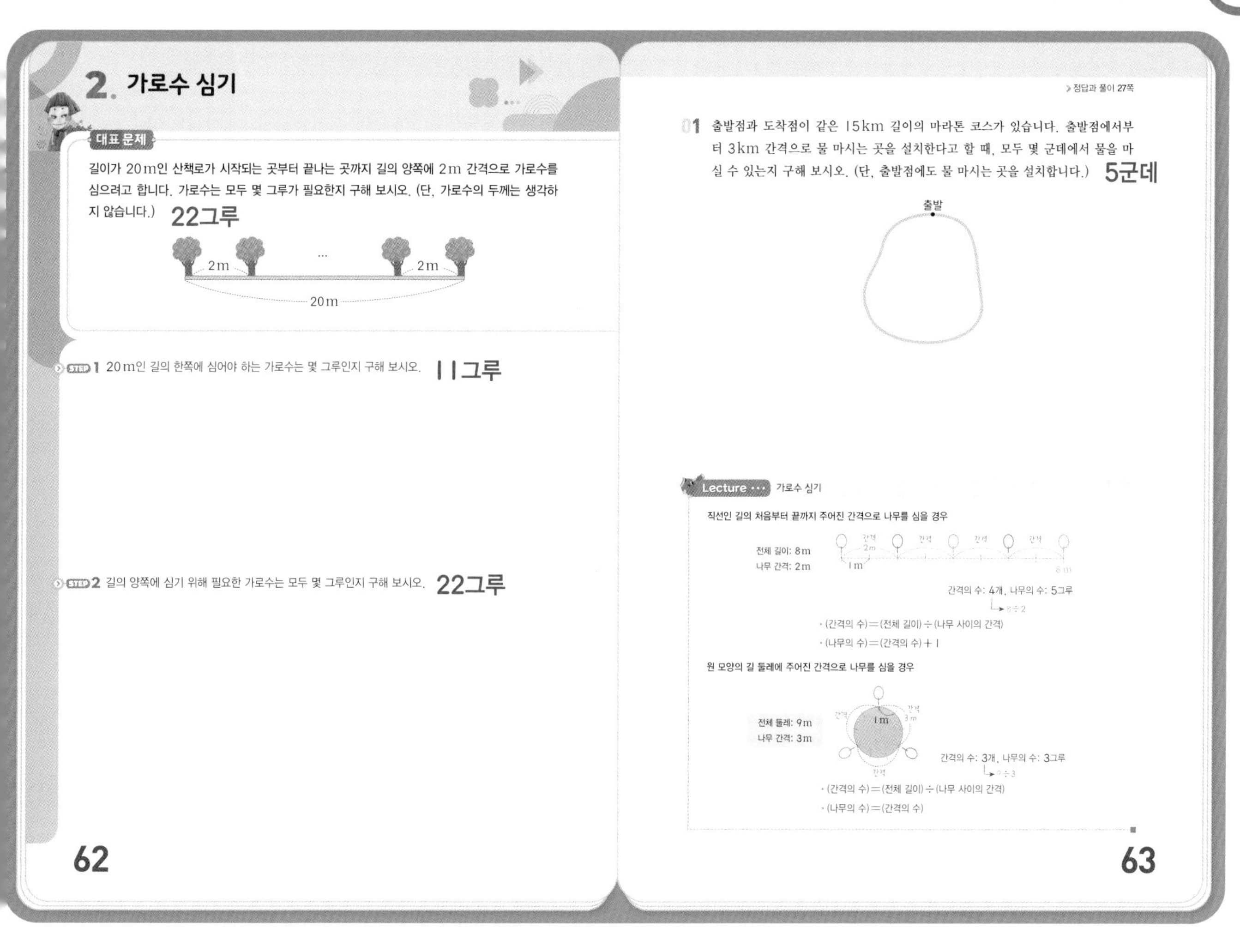

2. 가로수 심기

대표 문제

길이가 20m인 산책로가 시작되는 곳부터 끝나는 곳까지 길의 양쪽에 2m 간격으로 가로수를 심으려고 합니다. 가로수는 모두 몇 그루가 필요한지 구해 보시오. (단, 가로수의 두께는 생각하지 않습니다.) 22그루

STEP 1 20m인 길의 한쪽에 심어야 하는 가로수는 몇 그루인지 구해 보시오. 11그루

STEP 2 길의 양쪽에 심기 위해 필요한 가로수는 모두 몇 그루인지 구해 보시오. 22그루

62

정답과 풀이 27쪽

01 출발점과 도착점이 같은 15km 길이의 마라톤 코스가 있습니다. 출발점에서부터 3km 간격으로 물 마시는 곳을 설치한다고 할 때, 모두 몇 군데에서 물을 마실 수 있는지 구해 보시오. (단, 출발점에도 물 마시는 곳을 설치합니다.) 5군데

Lecture … 가로수 심기

직선인 길의 처음부터 끝까지 주어진 간격으로 나무를 심을 경우

- (간격의 수)=(전체 길이)÷(나무 사이의 간격)
- (나무의 수)=(간격의 수)+1

원 모양의 길 둘레에 주어진 간격으로 나무를 심을 경우

- (간격의 수)=(전체 길이)÷(나무 사이의 간격)
- (나무의 수)=(간격의 수)

63

대표 문제

STEP 1 (간격의 수)=(전체 길이)÷(가로수 사이의 간격)이므로 간격은 20÷2=10(군데)이고, (가로수의 수)=(간격의 수)+1이므로 길의 한쪽에 심어야 하는 가로수는 10+1=11(그루)입니다.

STEP 2 길의 양쪽에 심기 위해 필요한 가로수는 11+11=22(그루)입니다.

01 (간격의 수)=(전체 길이)÷(사이의 간격)이므로 간격은 15÷3=5(군데)입니다.
다음과 같이 그림으로 나타내어 구할 수도 있습니다.

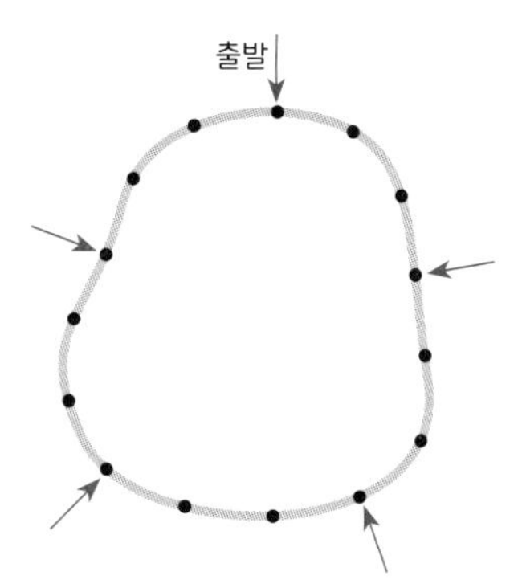

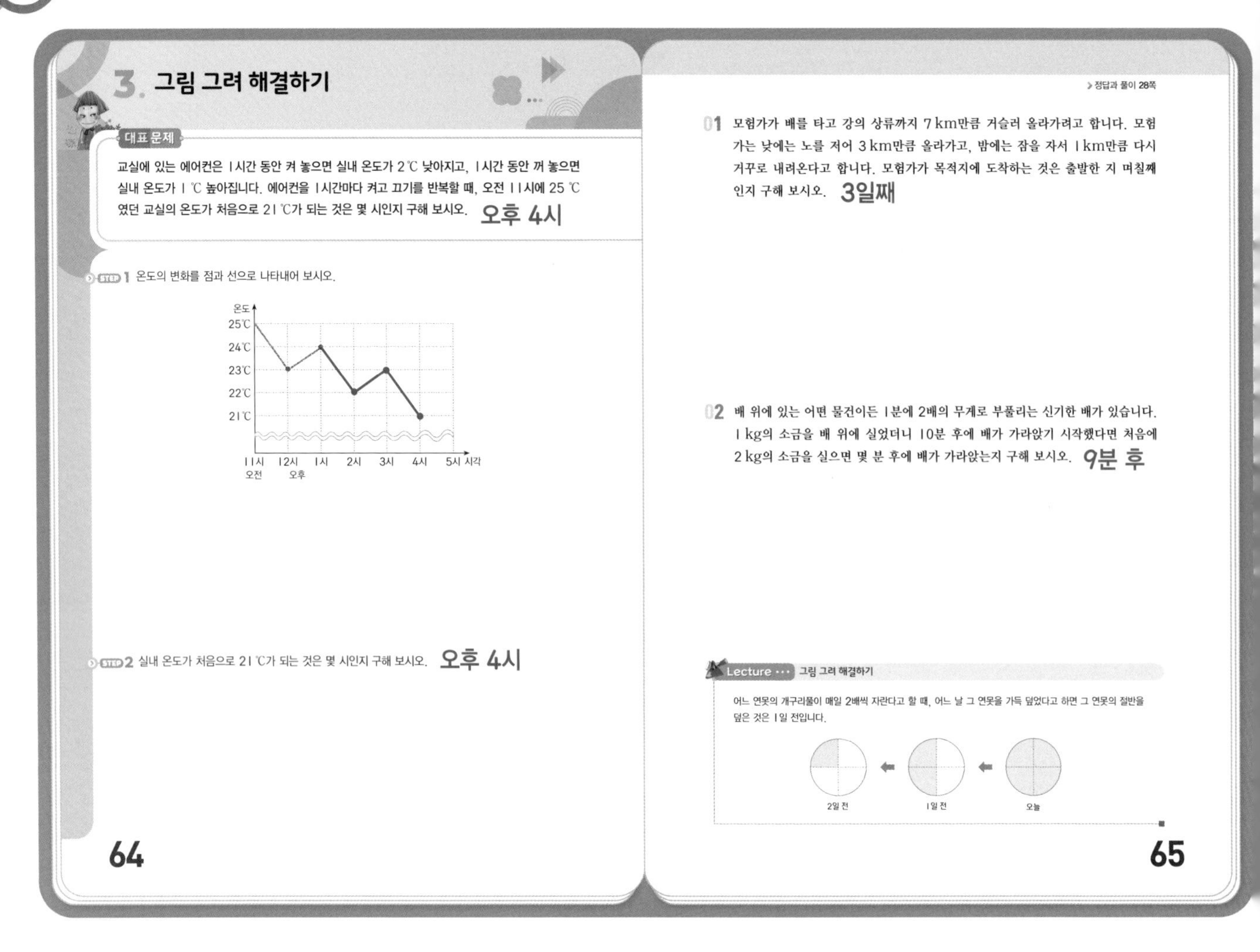

3. 그림 그려 해결하기

대표 문제

교실에 있는 에어컨은 1시간 동안 켜 놓으면 실내 온도가 2 ℃ 낮아지고, 1시간 동안 꺼 놓으면 실내 온도가 1 ℃ 높아집니다. 에어컨을 1시간마다 켜고 끄기를 반복할 때, 오전 11시에 25 ℃였던 교실의 온도가 처음으로 21 ℃가 되는 것은 몇 시인지 구해 보시오. 오후 4시

STEP 1 온도의 변화를 점과 선으로 나타내어 보시오.

온도 25℃ 24℃ 23℃ 22℃ 21℃ 11시 오전 12시 오후 1시 2시 3시 4시 5시 시각

STEP 2 실내 온도가 처음으로 21 ℃가 되는 것은 몇 시인지 구해 보시오. 오후 4시

64

정답과 풀이 28쪽

01 모험가가 배를 타고 강의 상류까지 7 km만큼 거슬러 올라가려고 합니다. 모험가는 낮에는 노를 저어 3 km만큼 올라가고, 밤에는 잠을 자서 1 km만큼 다시 거꾸로 내려온다고 합니다. 모험가가 목적지에 도착하는 것은 출발한 지 며칠째인지 구해 보시오. 3일째

02 배 위에 있는 어떤 물건이든 1분에 2배의 무게로 부풀리는 신기한 배가 있습니다. 1 kg의 소금을 배 위에 실었더니 10분 후에 배가 가라앉기 시작했다면 처음에 2 kg의 소금을 실으면 몇 분 후에 배가 가라앉는지 구해 보시오. 9분 후

Lecture ··· 그림 그려 해결하기

어느 연못의 개구리풀이 매일 2배씩 자란다고 할 때, 어느 날 그 연못을 가득 덮었다고 하면 그 연못의 절반을 덮은 것은 1일 전입니다.

2일 전 1일 전 오늘

65

대표 문제

STEP 1 주어진 그래프의 나머지 부분을 문제의 조건에 맞게 완성해 봅니다.

STEP 2 그래프에서 교실의 온도가 처음으로 21 ℃가 되는 것은 오후 4시입니다.

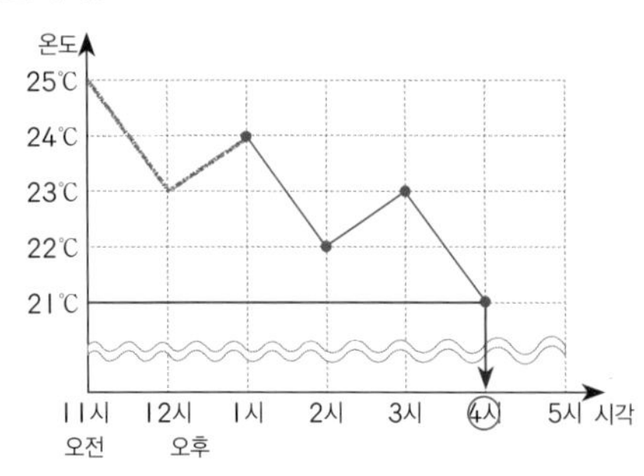

01 배가 매일 낮과 밤 동안 움직이는 모습을 그림으로 나타내어 보면 다음과 같습니다.

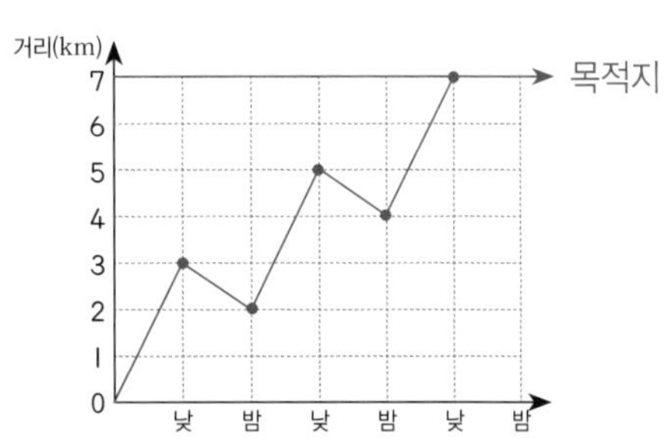

3일째 낮에 출발점에서 7 km 지점에 다다르게 되므로 출발한 지 3일째에 목적지에 도착합니다.

02 1분에 2배씩 무거워지고 10분 후에 가라앉기 시작했다면 9분일 때 가라앉는 무게의 절반이 됩니다.
따라서 처음 2 kg의 소금을 실으면 9분 후에 배가 가라앉게 됩니다.

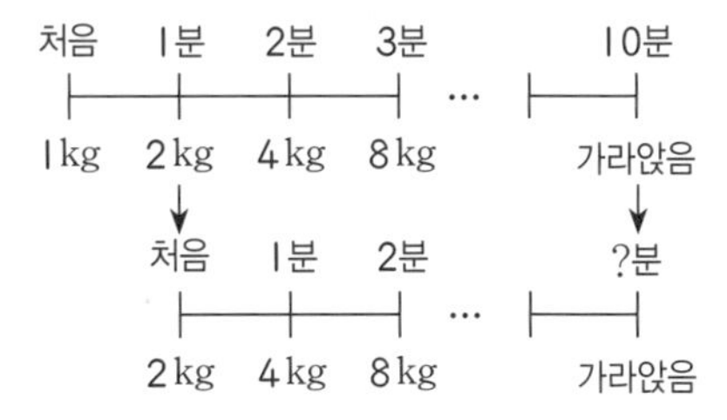

> 정답과 풀이 29쪽

01 다음과 같은 100m 길이의 육상 트랙에 10m 간격으로 허들을 설치하려고 합니다. 출발점과 도착점에는 허들을 놓지 않을 때, 필요한 허들은 모두 몇 개인지 구해 보시오. 18개

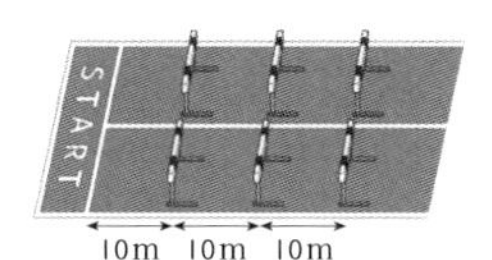

02 딸기 맛 사탕과 포도 맛 사탕이 같은 개수만큼 있습니다. 이것을 한 명당 딸기 맛 사탕 8개와 포도 맛 사탕 6개를 주었더니 포도 맛 사탕만 24개 남았습니다. 처음 가지고 있던 사탕은 몇 개인지 구해 보시오. 192개

03 폭의 길이가 10m인 개울에 19개의 징검다리 돌을 놓으려고 합니다. 개울가와 징검다리 돌 사이의 간격과 징검다리 돌끼리의 간격이 모두 같도록 놓으려면 몇 cm 간격으로 돌을 놓아야 하는지 구해 보시오. (단, 돌의 두께는 생각하지 않습니다.) 2 m

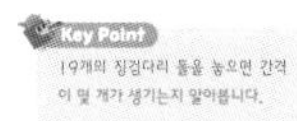
Key Point
19개의 징검다리 돌을 놓으면 간격이 몇 개가 생기는지 알아봅니다.

04 지구에서 멀리 떨어져 있는 어떤 별이 있습니다. 이 별은 1년에 2배씩 지구에서 멀어지고 8년 후에는 너무 멀어 보이지 않게 됩니다. 만약 이 별이 지금보다 2배 더 멀리 떨어져 있다면 이 별이 보이지 않게 되는 것은 몇 년 후인지 구해 보시오. 7년 후

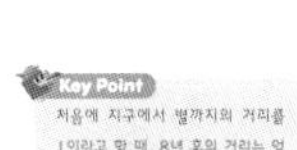
Key Point
처음에 지구에서 별까지의 거리를 1이라고 할 때, 8년 후의 거리는 얼마인지 구해 봅니다.

01 하나의 트랙에 설치하는 허들의 개수는 다음과 같이 9개입니다.

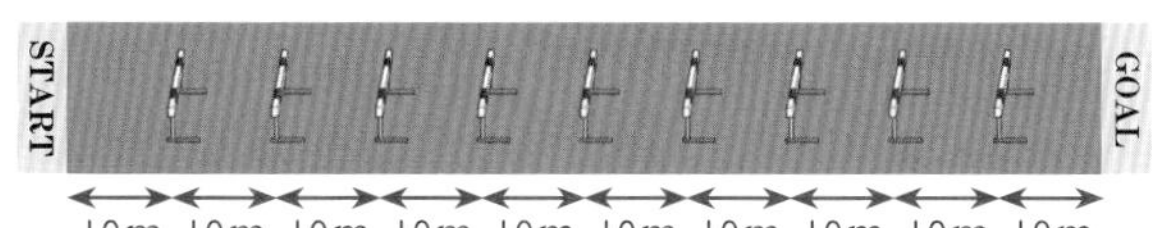

트랙은 2줄이므로 필요한 허들은 모두 $9 \times 2 = 18$(개)입니다.

02 딸기 맛 사탕은 8개씩 주고 포도 맛 사탕은 6개씩 주므로 한 명한테 줄 때마다 포도 맛 사탕이 2개씩 남게 되는 셈입니다.
■명에게 사탕을 주었다고 하면 포도 맛 사탕이 (2×■)개 남습니다.
2×■=24이므로 ■=12입니다.
따라서 딸기 맛 사탕은 $8 \times 12 = 96$(개)이고, 포도 맛 사탕도 96개이므로 처음 가지고 있던 사탕은
$96 + 96 = 192$(개)입니다.

03 다음과 같이 개울 사이에 19개의 징검다리 돌을 놓으면 모두 20개의 간격이 생깁니다.

개울가 ←1→ ⓵ ←2→ ⓶ … ⑰ ←18→ ⑱ ←19→ ⑲ ←20→ 개울가

개울 사이의 거리는 10m(=1000cm)이고
모든 간격이 다 같으므로 돌 사이의 간격은
$1000 \div 20 = 50$(cm)입니다.

04 처음에 지구와 별 사이의 거리를 1이라고 가정하여 해마다 멀어지는 별의 거리를 표를 이용하여 알아봅니다.

시간(년)	0	1	2	3	4	5	6	7	8
거리	1	2	4	8	16	32	64	128	256

8년 후에는 별까지의 거리가 256이 되고 별은 더 이상 보이지 않게 됩니다.
별까지의 거리가 2배 더 멀다고 가정하면 지구와 별 사이의 거리는 처음에 2가 됩니다.
같은 방법으로 표를 완성해 봅니다.

시간(년)	0	1	2	3	4	5	6	7
거리	2	4	8	16	32	64	128	256

Creative 팩토

> 정답과 풀이 30쪽

05 두 팀으로 나누어 줄다리기를 하려고 합니다. 같은 편끼리의 간격은 1 m, 마주 보는 두 팀 사이의 거리는 2m가 되도록 줄을 서야 합니다. 가장 멀리 떨어진 두 사람 사이의 거리가 10m가 되려면 두 팀의 선수는 모두 몇 명 있어야 하는지 구해 보시오. 10명

06 보아는 800원짜리 주스 ●병을 살 돈만 가지고 있었습니다. 이 돈으로 720원짜리 주스를 (● + 1)병 샀더니 240원이 남았습니다. 처음에 보아가 가지고 있던 돈은 얼마인지 구해 보시오. (단, ●는 같은 수입니다.) 9600원

68

07 새끼곰이 높이가 10m인 나무를 기어 올라가려고 합니다. 새끼곰은 10초 동안 4m를 올라가고, 5초를 쉬는 동안 다시 2m만큼 미끄러져 내려옵니다. 물음에 답해 보시오.

(1) 다음은 새끼곰이 시간에 따라 나무를 올라가는 높이를 그래프로 나타낸 것입니다. 그래프의 나머지 부분을 완성해 보시오.

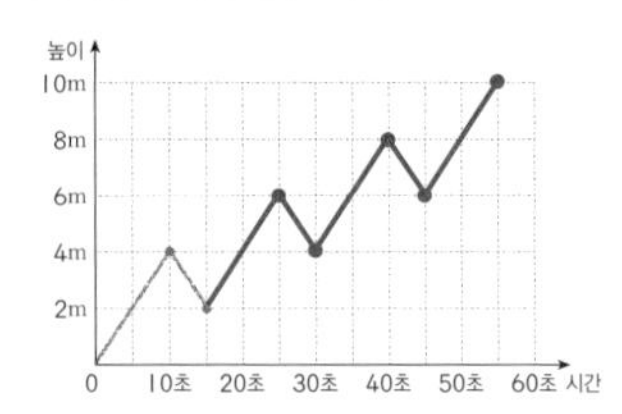

(2) 새끼곰이 나무를 다 오르는 데 걸리는 시간은 몇 초인지 구해 보시오. 55초

69

05 줄다리기 선수들의 위치를 조건에 맞게 아래 그림과 같이 점으로 표시해 봅니다.

선수들의 수를 직접 세어 보면 모두 10명입니다.

06 800원과 720원의 차는 80원이고,
800원짜리 ●병과 720원짜리 ●병을 똑같이 샀다고 하면 두 금액의 차이는 (720 + 240)원입니다.

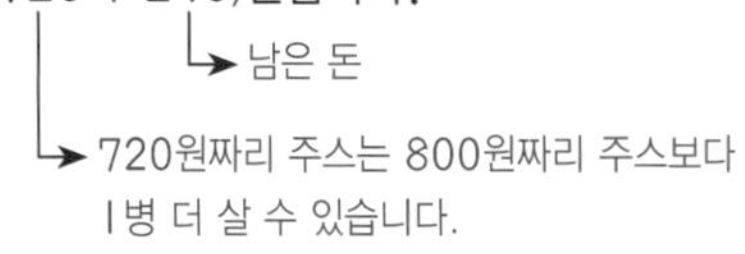

$80 \times ● = 960$, $● = 12$이므로
처음 보아가 가지고 있던 돈은 $800 \times 12 = 9600$(원)입니다.

07 (1) 새끼곰이 올라간 거리를 그래프에 점과 선으로 나타내어 봅니다.

(2) 그래프에서 새끼곰이 올라간 높이가 10 m가 되는 시간을 찾아보면 55초입니다.

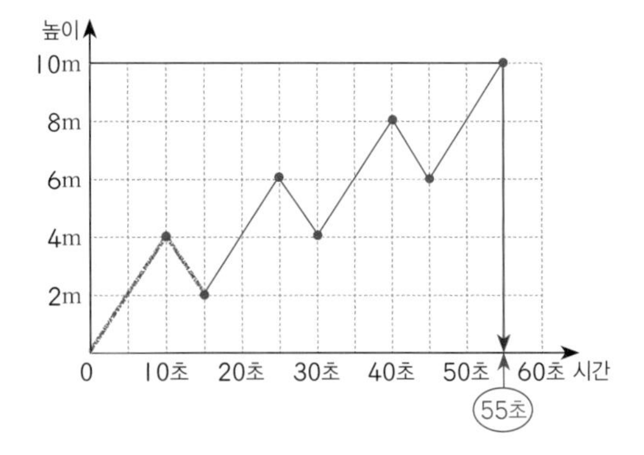

4. 나누어 계산하기

대표 문제

초콜릿 84개를 누나는 정우의 2배, 동생은 정우의 4배가 되도록 나누려고 합니다. 동생은 누나보다 초콜릿 몇 개를 더 가지게 되는지 구해 보시오. 24개

STEP 1 정우가 가지게 되는 초콜릿의 수를 □와 같이 나타낼 때, 누나와 동생이 가지게 되는 초콜릿의 수를 그림으로 나타내어 보시오.

누나는 정우의 2배, 동생은 정우의 4배

정우 □
누나 □□
동생 □□□□

STEP 2 초콜릿이 모두 84개일 때, STEP 1의 □ 1칸은 초콜릿 몇 개를 나타냅니까? 12개

STEP 3 정우, 누나, 동생은 초콜릿을 각각 몇 개씩 가지게 되는지 구해 보시오.
정우: 12개, 누나: 24개, 동생: 48개

STEP 4 동생은 누나보다 초콜릿 몇 개를 더 가지게 되는지 구해 보시오. 24개

70

> 정답과 풀이 31쪽

01 사탕 91개를 지유는 정후의 2배, 미소는 정후의 4배가 되도록 나누려고 합니다. 정후, 지유, 미소가 가지게 되는 사탕은 각각 몇 개인지 구해 보시오.
정후: 13개, 지유: 26개, 미소: 52개

02 미주는 하늘이보다 공책이 5권 더 많고, 연우는 하늘이보다 공책이 3권 더 많습니다. 세 사람이 가진 공책을 합하면 29권일 때, 각각 공책을 몇 권씩 가지고 있는지 구해 보시오. 미주: 12권, 하늘: 7권, 연우: 10권

Lecture ··· 나누어 계산하기

구슬 16개를 언니는 연수의 3배가 되도록 나누려고 합니다. 연수와 언니는 각각 구슬을 몇 개씩 가지게 됩니까?

3배가 되게 그림 그리기 ➡ 16개를 나누어 1칸의 크기 구하기 ➡ 각각의 구슬의 개수 구하기

연수 ① / 언니 ①②③ ; 16개: ①①②③ ➝ 16÷4=4(개) ; 연수 4 ➡ 4개, 언니 4 4 4 ➡ 12개

71

대표 문제

STEP 1 정우가 가지게 되는 초콜릿의 수가 □이므로 누나는 □를 2칸, 동생은 □를 4칸으로 나타냅니다.

STEP 2 정우, 누나, 동생이 가지게 되는 초콜릿은 모두 □ 7칸이므로 □ 1칸은 84÷7=12(개)입니다.

STEP 3 정우는 초콜릿을 12개 가지게 되고, 누나는 12×2=24(개), 동생은 12×4=48(개)를 가지게 됩니다.

STEP 4 동생은 누나보다 초콜릿 48−24=24(개)를 더 가지게 됩니다.

01 그림으로 나타내면 다음과 같습니다.

정후 □
지유 □□
미소 □□□□

□ 7칸이 사탕 91개를 나타내므로
□ 1칸은 91÷7=13(개)를 나타냅니다.
따라서 정후는 13개, 지유는 13×2=26(개), 미소는 13×4=52(개)를 가지게 됩니다.

02 그림으로 나타내면 다음과 같습니다.

하늘 □
미주 □ +5권
연우 □ +3권

□ 3칸이 공책 29−5−3=21(권)을 나타내므로
□ 1칸은 21÷3=7(권)을 나타냅니다.
따라서 하늘이는 7권, 미주는 7+5=12(권), 연우는 7+3=10(권)을 가지고 있습니다.

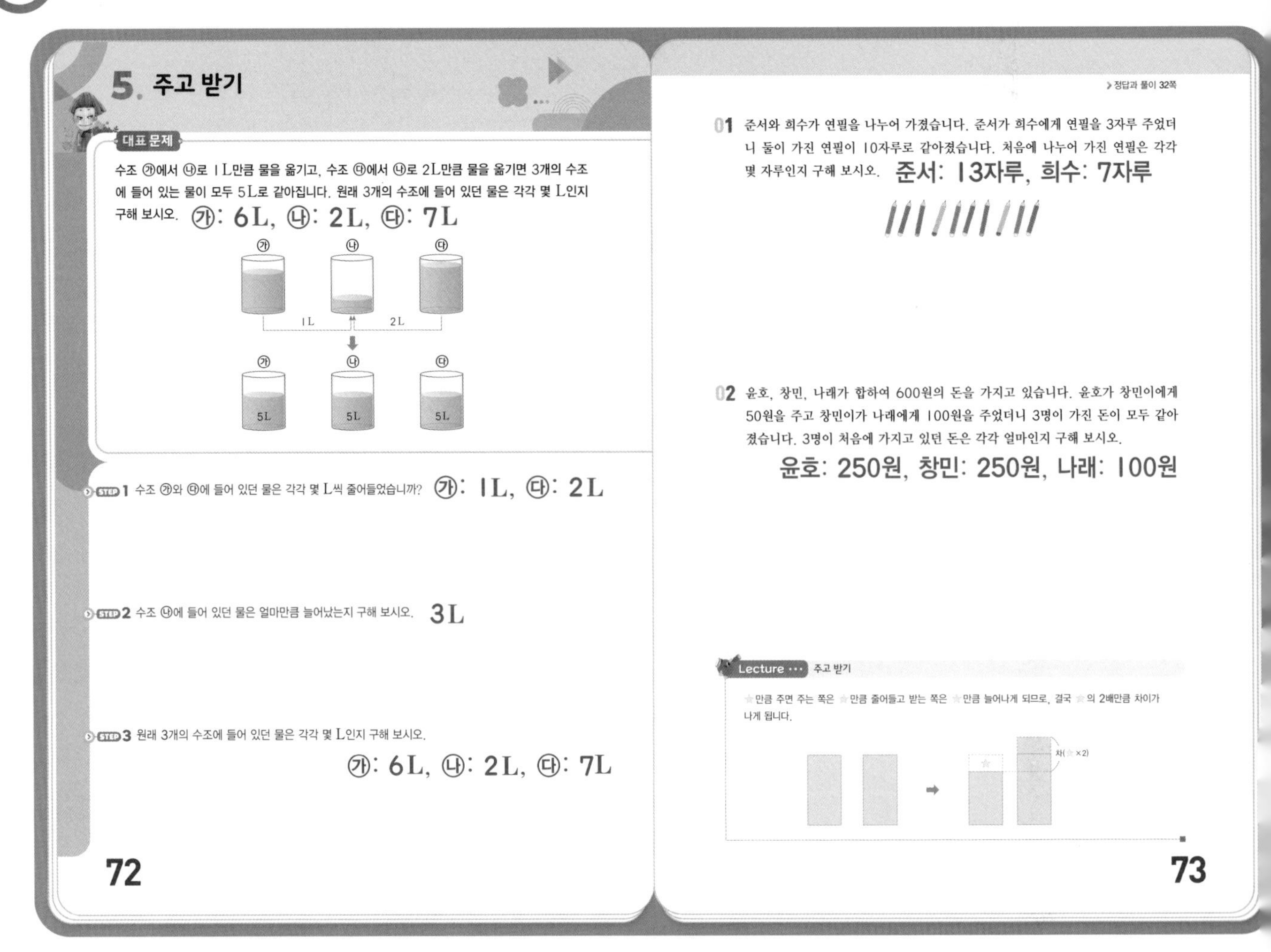

5. 주고 받기

대표 문제

수조 ㉮에서 ㉯로 1L만큼 물을 옮기고, 수조 ㉰에서 ㉯로 2L만큼 물을 옮기면 3개의 수조에 들어 있는 물이 모두 5L로 같아집니다. 원래 3개의 수조에 들어 있던 물은 각각 몇 L인지 구해 보시오. ㉮: 6L, ㉯: 2L, ㉰: 7L

STEP 1 수조 ㉮와 ㉰에 들어 있던 물은 각각 몇 L씩 줄어들었습니까? ㉮: 1L, ㉰: 2L

STEP 2 수조 ㉯에 들어 있던 물은 얼마만큼 늘어났는지 구해 보시오. 3L

STEP 3 원래 3개의 수조에 들어 있던 물은 각각 몇 L인지 구해 보시오.
㉮: 6L, ㉯: 2L, ㉰: 7L

72

정답과 풀이 32쪽

01 준서와 희수가 연필을 나누어 가졌습니다. 준서가 희수에게 연필을 3자루 주었더니 둘이 가진 연필이 10자루로 같아졌습니다. 처음에 나누어 가진 연필은 각각 몇 자루인지 구해 보시오. 준서: 13자루, 희수: 7자루

02 윤호, 창민, 나래가 합하여 600원의 돈을 가지고 있습니다. 윤호가 창민이에게 50원을 주고 창민이가 나래에게 100원을 주었더니 3명이 가진 돈이 모두 같아졌습니다. 3명이 처음에 가지고 있던 돈은 각각 얼마인지 구해 보시오.
윤호: 250원, 창민: 250원, 나래: 100원

Lecture ··· 주고 받기

☆만큼 주면 주는 쪽은 ☆만큼 줄어들고 받는 쪽은 ☆만큼 늘어나게 되므로, 결국 ☆의 2배만큼 차이가 나게 됩니다.

73

대표 문제

STEP 1 ㉮에서 ㉯로 1L만큼 옮기고, ㉰에서 ㉯로 2L만큼 옮겼으므로 ㉮는 1L만큼 줄고, ㉰는 2L만큼 줄어들었습니다.

STEP 2 ㉮에서 ㉯로 1L만큼 옮기고, ㉰에서 ㉯로 2L만큼 옮겼으므로 ㉯는 $1+2=3$(L)만큼 늘었습니다.

STEP 3 ㉮: $5+1=6$(L)
㉯: $5-3=2$(L)
㉰: $5+2=7$(L)

01 준서가 희수에게 연필 3자루를 주어서 둘이 가진 연필의 수가 10자루로 같아졌으므로
준서가 처음 가진 연필은 $10+3=13$(자루)이고,
희수가 처음 가진 연필은 $10-3=7$(자루)입니다.

02 3명이 마지막에 같은 금액의 돈을 가지고 있고, 돈은 모두 600원이므로 3명이 마지막에 가진 돈은 각각 $600 \div 3=200$(원)입니다.
- 윤호는 창민이에게 50원을 주었으므로 처음 가진 돈보다 50원이 줄었습니다.
  따라서 윤호가 처음 가지고 있던 돈은 $200+50=250$(원)입니다.
- 창민이는 윤호에게 50원을 받았고, 나래에게 100원을 주었으므로 처음 가진 돈보다 50원 줄었습니다.
  따라서 창민이가 처음 가지고 있던 돈은 $200+50=250$(원)입니다.
- 나래는 창민이에게 100원을 받았으므로 처음 가진 돈보다 100원이 늘었습니다.
  따라서 나래가 처음 가지고 있던 돈은 $200-100=100$(원)입니다.

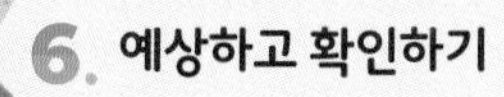

6. 예상하고 확인하기

대표 문제

지혜는 바퀴가 4개인 장난감 기차 칸과 바퀴가 2개인 장난감 기차 칸 여러 개로 바퀴가 14개인 5칸짜리 기차를 만들려고 합니다. 바퀴가 4개인 칸과 2개인 칸은 각각 몇 개씩 필요한지 구해 보시오. 바퀴가 4개인 기차 칸: 2개, 바퀴가 2개인 기차 칸: 3개

STEP 1 5칸을 모두 바퀴가 2개인 장난감 기차 칸으로 만들었을 때, 바퀴는 모두 몇 개인지 구해 보시오. 10개

STEP 2 5칸을 모두 바퀴가 2개인 기차 칸으로 만든 뒤, 기차 칸을 한 개씩 바퀴가 4개인 기차 칸으로 바꿀 때마다 전체 바퀴의 개수가 몇 개씩 늘어나는지 구해 보시오. 2개

STEP 3 바퀴의 개수가 14개가 되려면 바퀴가 4개인 기차 칸이 몇 개 있어야 하는지 구하고, 바퀴가 2개인 기차 칸의 수도 구해 보시오. 바퀴가 4개인 기차 칸: 2개, 바퀴가 2개인 기차 칸: 3개

74

정답과 풀이 33쪽

01 1 L들이 바가지와 2 L들이 바가지를 모두 8번 사용하여 13 L들이 수조에 물을 가득 채울 때, 각 바가지를 각각 몇 번씩 사용해야 하는지 구해 보시오. 1 L들이: 3번, 2 L들이: 5번

02 개미의 다리는 6개이고, 거미의 다리는 8개입니다. 개미와 거미가 모두 10마리 있고 다리의 개수의 합이 68개일 때, 개미는 몇 마리인지 구해 보시오. 6마리

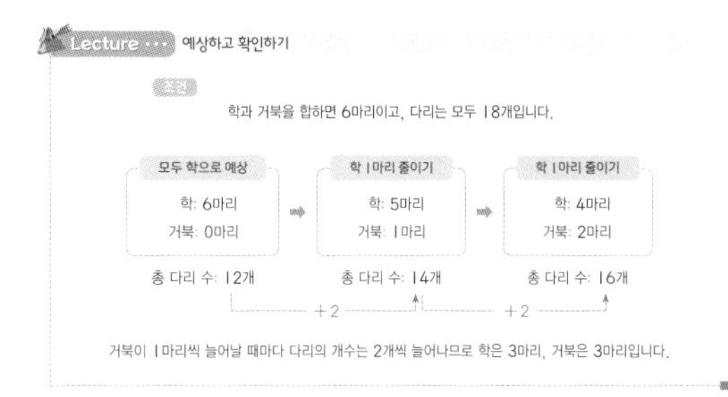

75

대표 문제

STEP 1 지혜가 5칸을 모두 바퀴가 2개인 장난감 기차 칸으로 만들었다고 가정하면 바퀴는 모두 $5 \times 2 = 10$(개)입니다.

STEP 2 바퀴가 2개인 기차 칸 1개를 바퀴가 4개인 기차 칸 1개로 바꿀 때마다 바퀴의 수는 $4 - 2 = 2$(개)씩 늘어납니다.

STEP 3 기차의 바퀴의 개수가 14개가 되려면 모든 칸의 바퀴의 개수가 2개일 때보다 바퀴의 개수가 $14 - 10 = 4$(개) 늘어나야 하므로 바퀴가 4개인 기차 칸은 $4 \div 2 = 2$(개)입니다.
또, 기차는 모두 5칸이므로 바퀴가 2개인 기차 칸은 $5 - 2 = 3$(개)입니다.

01 1 L들이 바가지를 8번 사용했다고 가정하면 담을 수 있는 물의 들이는 $1 \times 8 = 8$(L)입니다.
1 L들이 바가지를 2 L들이 바가지로 바꿀 때마다 담을 수 있는 물의 들이가 $2 - 1 = 1$(L)씩 늘어납니다.
담아야 하는 물의 들이가 1 L들이 바가지만 사용했을 때보다 $13 - 8 = 5$(L) 더 많으므로 사용해야 하는 2 L들이 바가지는 $5 \div 1 = 5$(번)이고, 1 L들이 바가지는 $8 - 5 = 3$(번)입니다.

02 10마리 모두 개미라고 가정하면 다리의 개수는 $6 \times 10 = 60$(개)입니다.
개미 한 마리가 거미 한 마리로 바뀔 때마다 다리의 개수는 $8 - 6 = 2$(개)씩 늘어납니다.
따라서 늘어난 다리의 개수는 $68 - 60 = 8$(개)이므로 거미는 $8 \div 2 = 4$(마리), 개미는 $10 - 4 = 6$(마리)가 있습니다.

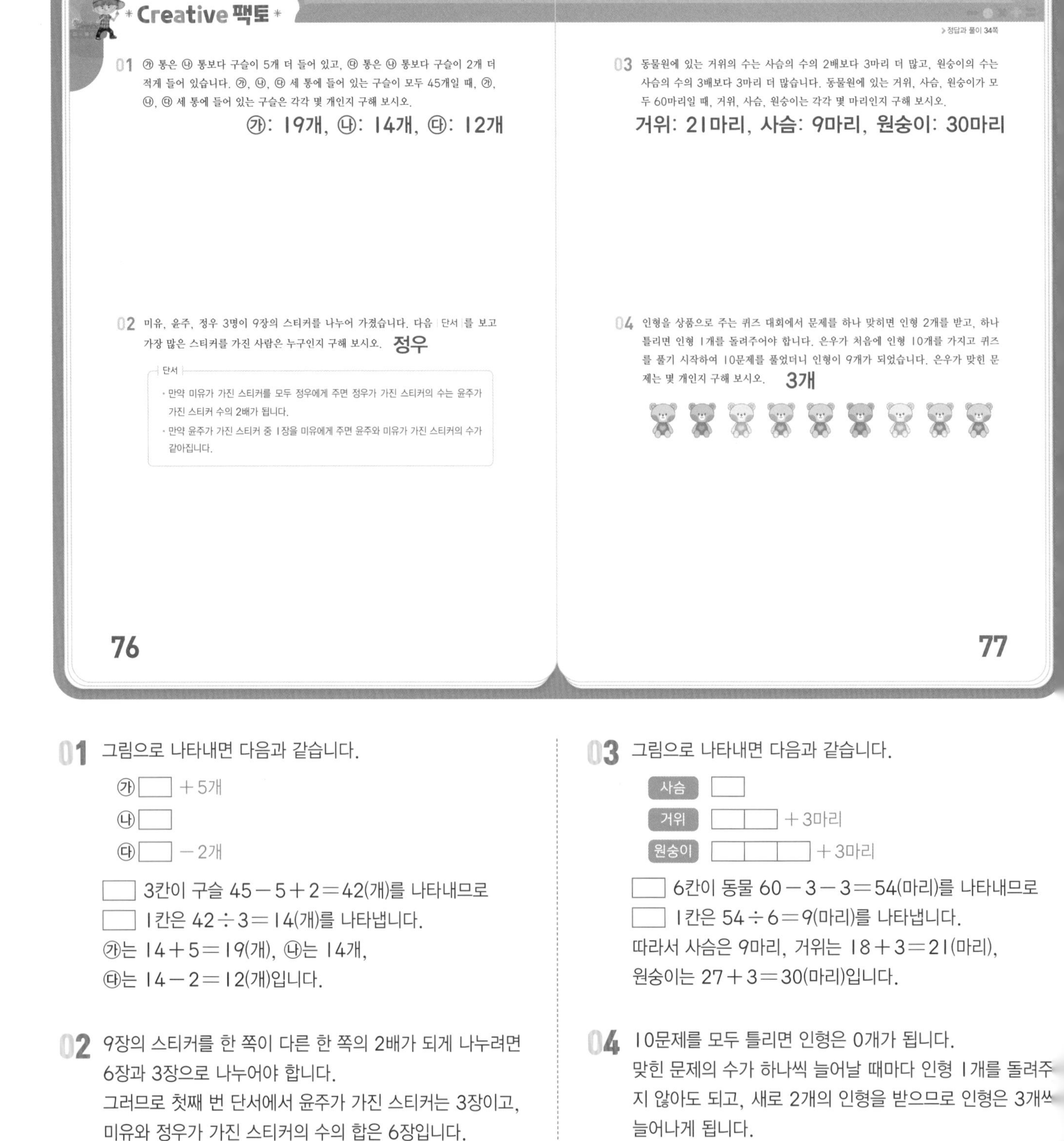
Creative 팩토

01 ㉮ 통은 ㉯ 통보다 구슬이 5개 더 들어 있고, ㉰ 통은 ㉯ 통보다 구슬이 2개 더 적게 들어 있습니다. ㉮, ㉯, ㉰ 세 통에 들어 있는 구슬이 모두 45개일 때, ㉮, ㉯, ㉰ 세 통에 들어 있는 구슬은 각각 몇 개인지 구해 보시오.

㉮: 19개, ㉯: 14개, ㉰: 12개

02 미유, 윤주, 정우 3명이 9장의 스티커를 나누어 가졌습니다. 다음 단서를 보고 가장 많은 스티커를 가진 사람은 누구인지 구해 보시오. 정우

단서
- 만약 미유가 가진 스티커를 모두 정우에게 주면 정우가 가진 스티커의 수는 윤주가 가진 스티커 수의 2배가 됩니다.
- 만약 윤주가 가진 스티커 중 1장을 미유에게 주면 윤주와 미유가 가진 스티커의 수가 같아집니다.

76

정답과 풀이 34쪽

03 동물원에 있는 거위의 수는 사슴의 수의 2배보다 3마리 더 많고, 원숭이의 수는 사슴의 수의 3배보다 3마리 더 많습니다. 동물원에 있는 거위, 사슴, 원숭이가 모두 60마리일 때, 거위, 사슴, 원숭이는 각각 몇 마리인지 구해 보시오.

거위: 21마리, 사슴: 9마리, 원숭이: 30마리

04 인형을 상품으로 주는 퀴즈 대회에서 문제를 하나 맞히면 인형 2개를 받고, 하나 틀리면 인형 1개를 돌려주어야 합니다. 은우가 처음에 인형 10개를 가지고 퀴즈를 풀기 시작하여 10문제를 풀었더니 인형이 9개가 되었습니다. 은우가 맞힌 문제는 몇 개인지 구해 보시오. 3개

77

01 그림으로 나타내면 다음과 같습니다.

㉮ □ +5개
㉯ □
㉰ □ −2개

□ 3칸이 구슬 $45-5+2=42$(개)를 나타내므로
□ 1칸은 $42\div3=14$(개)를 나타냅니다.
㉮는 $14+5=19$(개), ㉯는 14개,
㉰는 $14-2=12$(개)입니다.

02 9장의 스티커를 한 쪽이 다른 한 쪽의 2배가 되게 나누려면 6장과 3장으로 나누어야 합니다.
그러므로 첫째 번 단서에서 윤주가 가진 스티커는 3장이고, 미유와 정우가 가진 스티커의 수의 합은 6장입니다.
둘째 번 단서에서 윤주가 가진 스티커는 3장이므로 1장을 미유에게 주면 윤주와 미유는 2장씩 갖게 됩니다.
그러므로 미유가 가진 스티커는 1장입니다.
또, 정우가 가진 스티커는 $6-1=5$(장)입니다.
따라서 정우가 가장 많은 스티커를 가지고 있습니다.

03 그림으로 나타내면 다음과 같습니다.

사슴 □
거위 □□ +3마리
원숭이 □□□ +3마리

□ 6칸이 동물 $60-3-3=54$(마리)를 나타내므로
□ 1칸은 $54\div6=9$(마리)를 나타냅니다.
따라서 사슴은 9마리, 거위는 $18+3=21$(마리),
원숭이는 $27+3=30$(마리)입니다.

04 10문제를 모두 틀리면 인형은 0개가 됩니다.
맞힌 문제의 수가 하나씩 늘어날 때마다 인형 1개를 돌려주지 않아도 되고, 새로 2개의 인형을 받으므로 인형은 3개씩 늘어나게 됩니다.
따라서 10문제를 풀었을 때 인형이 9개가 되려면 맞힌 문제는 $9\div3=3$(개)입니다.

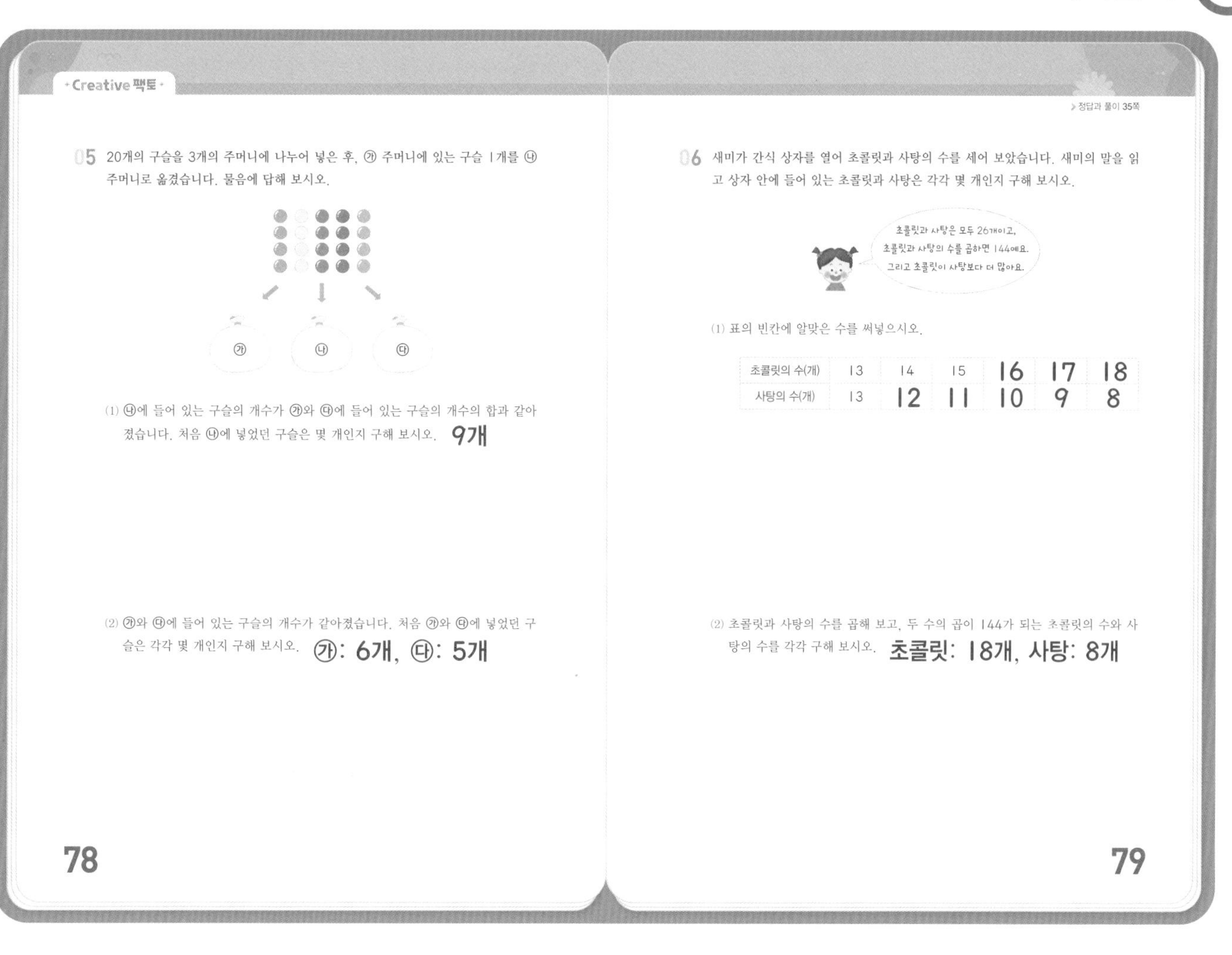

Creative 팩토

정답과 풀이 35쪽

05 20개의 구슬을 3개의 주머니에 나누어 넣은 후, ㉮ 주머니에 있는 구슬 1개를 ㉯ 주머니로 옮겼습니다. 물음에 답해 보시오.

(1) ㉯에 들어 있는 구슬의 개수가 ㉮와 ㉰에 들어 있는 구슬의 개수의 합과 같아졌습니다. 처음 ㉯에 넣었던 구슬은 몇 개인지 구해 보시오. **9개**

(2) ㉮와 ㉰에 들어 있는 구슬의 개수가 같아졌습니다. 처음 ㉮와 ㉰에 넣었던 구슬은 각각 몇 개인지 구해 보시오. **㉮: 6개, ㉰: 5개**

06 새미가 간식 상자를 열어 초콜릿과 사탕의 수를 세어 보았습니다. 새미의 말을 읽고 상자 안에 들어 있는 초콜릿과 사탕은 각각 몇 개인지 구해 보시오.

(1) 표의 빈칸에 알맞은 수를 써넣으시오.

초콜릿의 수(개)	13	14	15	16	17	18
사탕의 수(개)	13	12	11	10	9	8

(2) 초콜릿과 사탕의 수를 곱해 보고, 두 수의 곱이 144가 되는 초콜릿의 수와 사탕의 수를 각각 구해 보시오. **초콜릿: 18개, 사탕: 8개**

78

79

05 (1) ㉯에 들어 있는 구슬의 개수와 ㉮와 ㉰에 들어 있는 구슬의 개수의 합이 같으려면 ㉯에 $20 \div 2 = 10$(개)의 구슬이 들어 있고, ㉮와 ㉰에 들어 있는 구슬의 개수의 합도 10개이어야 합니다.
주머니 ㉮에서 ㉯로 구슬 1개를 옮겼으므로 처음 주머니 ㉯에 넣었던 구슬의 개수는 $10 - 1 = 9$(개)입니다.

(2) 구슬을 옮긴 후, ㉮와 ㉰에 들어 있는 구슬의 개수의 합은 10개입니다.
㉮와 ㉰에 들어 있는 구슬의 개수가 같으므로 ㉮와 ㉰에는 구슬이 각각 $10 \div 2 = 5$(개)씩 들어 있습니다.
주머니 ㉮에서 ㉯로 구슬 1개를 옮겼으므로 ㉮에 들어 있는 구슬은 구슬을 옮기기 전보다 1개 줄었습니다.
따라서 처음 ㉮에 넣었던 구슬은 $5 + 1 = 6$(개)입니다.

06 (1) 초콜릿과 사탕은 모두 26개이므로 합이 26이 되는 두 수를 찾아 표를 완성해 봅니다.

(2) (1)에서 찾은 두 수를 곱하여 결과가 144가 되는 두 수를 찾아보면 18과 8입니다.
따라서 초콜릿은 18개, 사탕은 8개입니다.

Perfect 경시대회

정답과 풀이 36쪽

01 길이가 108 m인 도로 양쪽에 처음부터 끝까지 똑같은 간격으로 가로등 20개를 설치했습니다. 가로등과 가로등 사이의 간격은 몇 m인지 구해 보시오.
(단, 가로등의 두께는 생각하지 않습니다.)
12 m

02 은서는 한 개에 700원인 복숭아와 500원인 키위를 합하여 10개 사려고 5000원을 냈더니 400원이 모자란다고 합니다. 은서는 복숭아를 몇 개 사려고 했는지 구해 보시오. 2개

03 24 m 길이의 화단에 해바라기씨를 4 m 간격으로, 민들레씨를 6 m 간격으로 나란히 1개씩 심었습니다. 그런데 해바라기씨와 민들레씨를 같이 심은 곳에서는 해바라기 밖에 나지 않았습니다. 해바라기와 민들레는 각각 몇 뿌리씩 자라는지 구해 보시오. (단, 화단의 처음과 끝에는 해바라기씨와 민들레씨가 함께 심어져 있습니다.) 해바라기: 7뿌리, 민들레: 2뿌리

04 보은이가 10 m 길이의 눈이 쌓인 산책로를 똑같은 간격의 걸음으로 걸어 모두 11개의 발자국을 찍었습니다. 같은 걸음걸이로 30 m 거리를 걸어간다면 몇 개의 발자국이 찍히는지 구해 보시오. 31개

80 81

01 길의 양쪽에 가로등 20개를 설치했으므로
길의 한쪽에는 가로등 $20 \div 2 = 10$(개)를 설치했습니다.
(가로등의 수)=(간격의 수)+1이므로
간격은 $10 - 1 = 9$(개)입니다.
따라서 가로등과 가로등 사이의 간격은 $108 \div 9 = 12$(m)입니다.

02 5000원을 냈는데 400원이 모자랐으므로 과일의 가격은
$5000 + 400 = 5400$(원)입니다.
500원인 키위를 10개 샀다고 가정하면 금액은
$500 \times 10 = 5000$(원)이 됩니다.
만약 500원짜리 키위 1개를 700원짜리 복숭아 1개로 바꾸면 늘어나는 금액은 $700 - 500 = 200$(원)입니다.
과일의 가격은 5400원이므로 모두 키위를 살 때보다
$5400 - 5000 = 400$(원) 더 많습니다.
따라서 $200 \times 2 = 400$이므로 한 개에 700원짜리 복숭아를 2개 사려고 했습니다.

03
- 해바라기씨는 4 m 간격으로 심었으므로 간격의 개수는
$24 \div 4 = 6$(개)입니다.
그러므로 해바라기씨는 $6 + 1 = 7$(개) 심었습니다.
- 민들레씨는 6 m 간격으로 심었으므로 간격의 개수는
$24 \div 6 = 4$(개)입니다.
그러므로 민들레씨는 $4 + 1 = 5$(개) 심었습니다.

그런데 해바라기씨와 민들레씨는 화단의 시작 지점, 중간 지점, 끝 지점의 3곳에서 같이 심어졌으므로 3개의 민들레씨는 자라지 못합니다.
따라서 해바라기는 7뿌리, 민들레는 $5 - 3 = 2$(뿌리) 자랍니다.

04 11개의 발자국 사이의 간격은 10개이므로 발자국 하나의 간격은 $10 \div 10 = 1$(m)입니다.
따라서 30 m 거리를 1 m 간격으로 걸어가면 간격의 수는
$30 \div 1 = 30$(개)이므로 발자국의 수는 $30 + 1 = 31$(개)입니다.

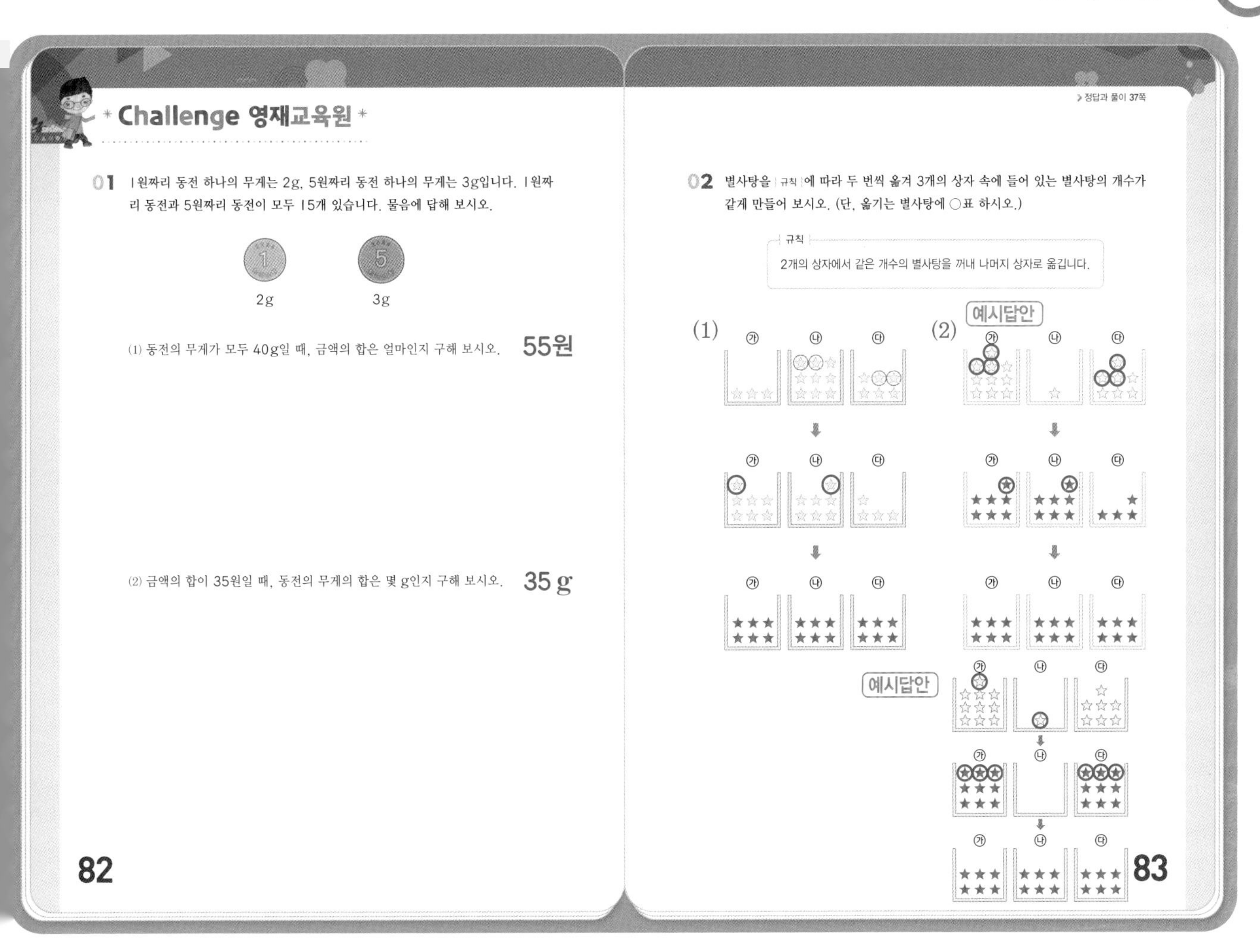
Challenge 영재교육원

01 1원짜리 동전 하나의 무게는 2g, 5원짜리 동전 하나의 무게는 3g입니다. 1원짜리 동전과 5원짜리 동전이 모두 15개 있습니다. 물음에 답해 보시오.

2g 3g

(1) 동전의 무게가 모두 40g일 때, 금액의 합은 얼마인지 구해 보시오. **55원**

(2) 금액의 합이 35원일 때, 동전의 무게의 합은 몇 g인지 구해 보시오. **35 g**

82

> 정답과 풀이 37쪽

02 별사탕을 규칙 에 따라 두 번씩 옮겨 3개의 상자 속에 들어 있는 별사탕의 개수가 같게 만들어 보시오. (단, 옮기는 별사탕에 ○표 하시오.)

규칙
2개의 상자에서 같은 개수의 별사탕을 꺼내 나머지 상자로 옮깁니다.

(1) ㉮ ㉯ ㉰

(2) 예시답안 ㉮ ㉯ ㉰

예시답안

83

01 (1) 동전이 모두 1원짜리라고 가정하면 동전의 무게의 합은 $2\times15=30$(g)입니다.
1원짜리 동전 하나를 5원짜리 동전 하나로 바꿀 때마다 동전의 무게의 합은 $3-2=1$(g)씩 늘어납니다.
동전의 무게의 합이 1원짜리만 있을 때보다 $40-30=10$(g) 더 무거우므로
5원짜리 동전은 $10\div1=10$(개)이고,
1원짜리 동전은 $15-10=5$(개)입니다.
따라서 1원짜리 동전의 금액의 합은 $1\times5=5$(원), 5원짜리 동전의 금액의 합은 $5\times10=50$(원)이므로 모두 $5+50=55$(원)입니다.

(2) 동전이 모두 1원짜리라고 가정하면 동전의 금액의 합은 $1\times15=15$(원)입니다.
1원짜리 동전 하나를 5원짜리 동전 하나로 바꿀 때마다 동전의 금액의 합은 $5-1=4$(원)씩 늘어납니다.
동전의 금액의 합이 1원짜리만 있을 때보다 $35-15=20$(원) 더 많으므로
5원짜리 동전은 $20\div4=5$(개)이고,
1원짜리 동전은 $15-5=10$(개)입니다.
따라서 1원짜리 동전의 무게의 합은 $2\times10=20$(g), 5원짜리 동전의 무게의 합은 $3\times5=15$(g)이므로 모두 $20+15=35$ (g)입니다.

02 3개의 상자에 들어 있는 별사탕의 개수는 모두 18개입니다. 따라서 두 번씩 옮긴 후 각각의 상자에는 $18\div3=6$(개)씩의 별사탕이 들어가야 합니다.
따라서 최종 단계에서 거꾸로 생각하여 중간 단계가 될 수 있는 경우는 모두 3가지인 것을 알 수 있습니다.

최종 별사탕	옮기는 방법	중간 별사탕
Ⓐ Ⓑ Ⓒ 6 6 6	Ⓐ에서 Ⓑ, Ⓒ로 각각 1개씩 옮김	Ⓐ Ⓑ Ⓒ 4 7 7
Ⓐ Ⓑ Ⓒ 6 6 6	Ⓐ에서 Ⓑ, Ⓒ로 각각 2개씩 옮김	Ⓐ Ⓑ Ⓒ 2 8 8
Ⓐ Ⓑ Ⓒ 6 6 6	Ⓐ에서 Ⓑ, Ⓒ로 각각 3개씩 옮김	Ⓐ Ⓑ Ⓒ 0 9 9

(1) 다음과 같이 중간 단계의 별사탕을 만들면 됩니다.

처음 별사탕	옮기는 방법	중간 별사탕
㉮ ㉯ ㉰ 3 9 6	㉯, ㉰에서 ㉮로 각각 2개씩 옮김	㉮ ㉯ ㉰ 7 7 4

(2) 다음과 같이 중간 단계의 별사탕을 만들면 됩니다.

처음 별사탕	옮기는 방법	중간 별사탕
㉮ ㉯ ㉰ 10 1 7	㉮, ㉰에서 ㉯로 각각 3개씩 옮김	㉮ ㉯ ㉰ 7 7 4
㉮ ㉯ ㉰ 10 1 7	㉮, ㉯에서 ㉰로 각각 1개씩 옮김	㉮ ㉯ ㉰ 9 0 9

형성평가 규칙 영역

01 규칙에 따라 모양을 늘어놓을 때, 18째 번에 올 그림을 찾아 기호를 써 보시오. ㉰

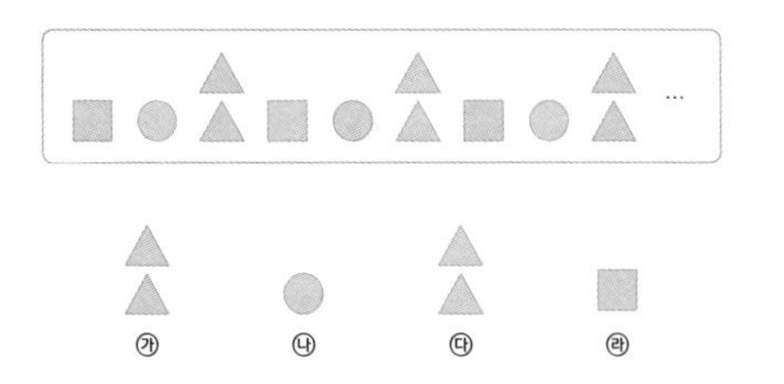

02 일정한 규칙으로 성냥개비를 늘어놓았습니다. 14째 번에 놓일 성냥개비는 몇 개인지 구해 보시오. 29개

03 다음 수 배열표에서 규칙을 찾아 5행 6열의 수를 구해 보시오. 32

	1열	2열	3열	4열	5열
1행	1	4	9	16	…
2행	2	3	8	15	…
3행	5	6	7	14	…
4행	10	11	12	13	…
⋮	⋮	⋮	⋮	⋮	⋱

04 그림과 같이 규칙에 따라 바둑돌을 늘어놓을 때, 8째 번에 놓일 바둑돌은 몇 개인지 구해 보시오. 64개

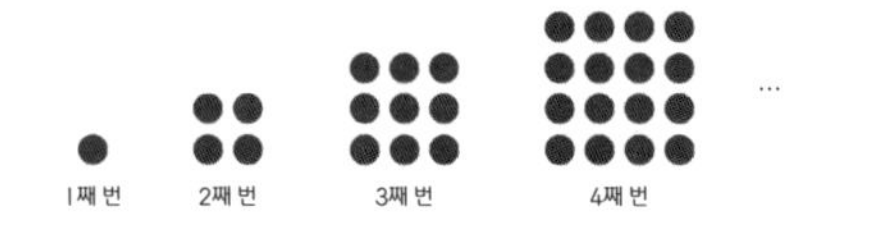

01 모양은 '□, ○, △'가 반복되고, 색깔은 '초록색, 분홍색'이 반복되고, 개수는 '1개, 1개, 2개'가 반복됩니다.
18÷3의 나머지는 0이고, 18÷2의 나머지는 0이므로 18째 번의 그림의 모양은 △이고, 색깔은 분홍색이고, 개수는 2개입니다.

02 1째 번에는 성냥개비가 3개 있습니다.
2째 번에는 성냥개비가 $3+2=5$(개) 있습니다.
3째 번에는 성냥개비가 $3+2+2=7$(개) 있습니다.
따라서 14째 번에는 성냥개비가 $3+\underbrace{2+\cdots+2}_{13번}=29$(개) 있습니다.

03 1행 1열부터 대각선 방향의 수들을 써 보면 1, 3, 7, 13…으로 1부터 시작하여 2, 4, 6…으로 늘어나는 수가 2씩 커집니다.
따라서 6행 6열의 수가 $13+8+10=31$이므로 5행 6열의 수는 32입니다.

	1열	2열	3열	4열	5열
1행	1	4	9	16	…
2행	2	3	8	15	…
3행	5	6	7	14	…
4행	10	11	12	13	…
⋮	⋮	⋮	⋮	⋮	⋱

04 1째 번에 놓인 바둑돌의 수는 $1\times1=1$(개)입니다.
2째 번에 놓인 바둑돌의 수는 $2\times2=4$(개)입니다.
3째 번에 놓인 바둑돌의 수는 $3\times3=9$(개)입니다.
⋮
8째 번에 놓인 바둑돌의 수는 $8\times8=64$(개)입니다.

형성평가 규칙 영역

05 규칙에 따라 20째 번에 올 마카롱을 찾아 ○표 하시오.

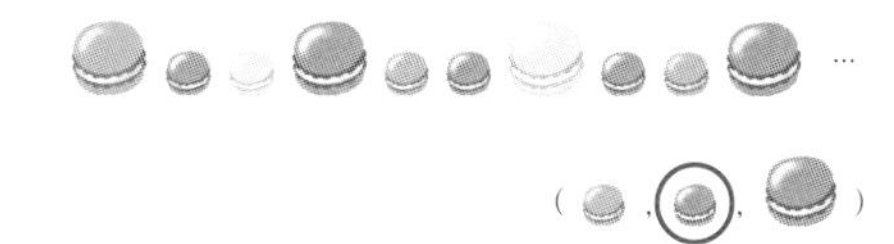

06 규칙을 찾아 빈칸에 알맞은 수를 써넣으시오.

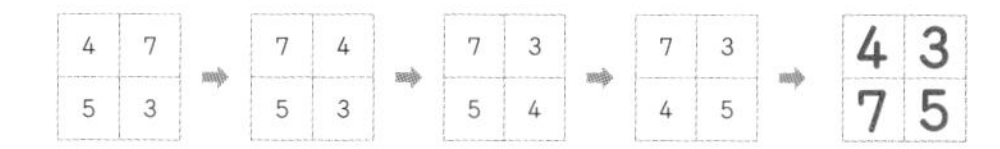

07 일정한 규칙으로 ●를 그렸습니다. 15째 번 그림에 있는 ●는 몇 개인지 구해 보시오. 44개

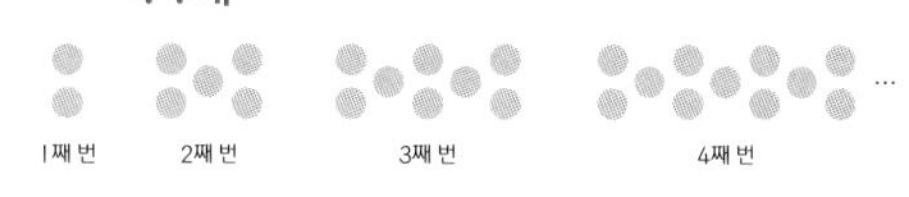

08 다음과 같이 도화지를 3등분으로 계속 자르려고 합니다. 도화지를 자른 조각이 81개가 되는 것은 몇째 번인지 구해 보시오. 5째 번

05 색깔은 '파란색, 분홍색, 노란색, 분홍색'이 반복되고, 크기는 '크다, 작다, 작다'가 반복됩니다.
$20 \div 4$의 나머지는 0이고, $20 \div 3$의 나머지는 2이므로 20째 번의 색깔은 분홍색이고, 크기는 작습니다.

06 색칠된 부분의 숫자가 서로 바뀝니다.

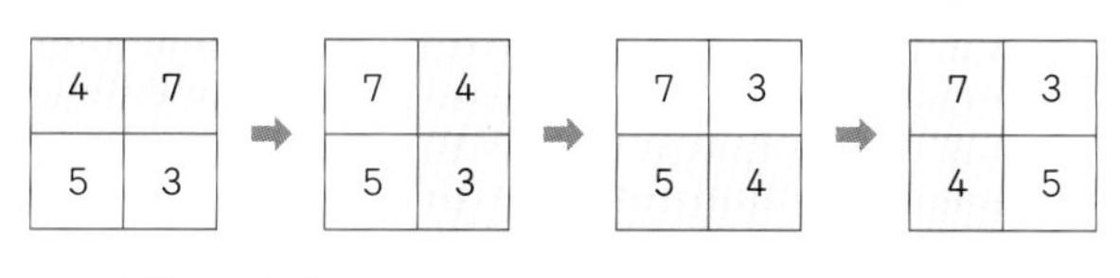

07 1째 번에 있는 동그라미의 수는 2개입니다.
2째 번에 있는 동그라미의 수는 $2+3=5$(개)입니다.
3째 번에 있는 동그라미의 수는 $2+3+3=8$(개)입니다.
4째 번에 있는 동그라미의 수는 $2+3+3+3=11$(개)입니다.

⋮

15째 번에 놓인 바둑돌의 수는 $2+\underbrace{3+\cdots+3}_{14번}$(개)입니다.

3을 14번 더하면 42이므로 15째 번에 놓인 ●의 수는 44개입니다.

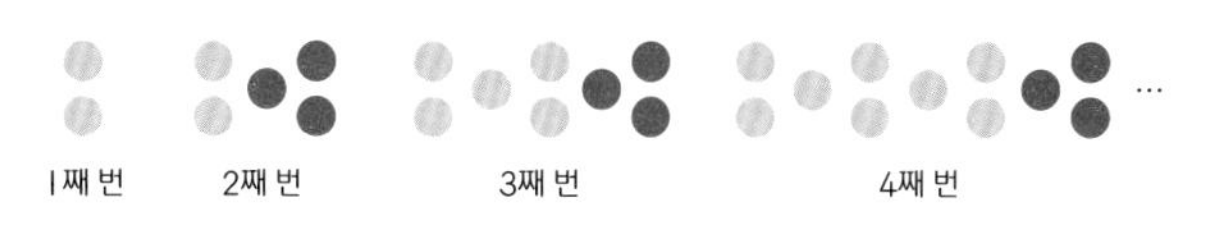

08 1째 번 조각 수는 1개입니다.
2째 번 조각 수는 $1 \times 3=3$(개)입니다.
3째 번 조각 수는 $1 \times 3 \times 3=9$(개)입니다.
4째 번 조각 수는 $1 \times 3 \times 3 \times 3=27$(개)입니다.
5째 번 조각 수는 $1 \times 3 \times 3 \times 3 \times 3=81$(개)입니다.

평가

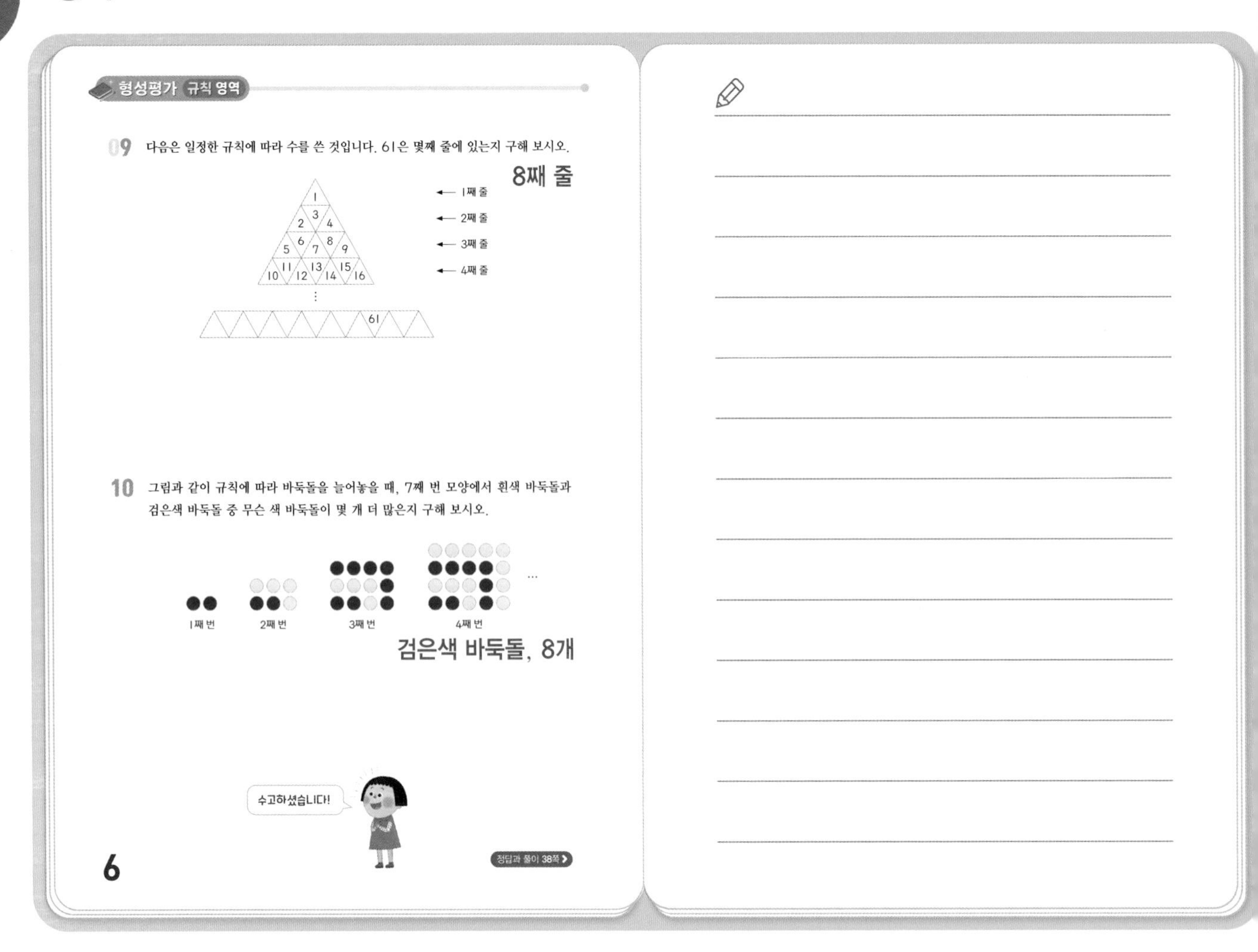
형성평가 규칙 영역

09 다음은 일정한 규칙에 따라 수를 쓴 것입니다. 61은 몇째 줄에 있는지 구해 보시오.

8째 줄

10 그림과 같이 규칙에 따라 바둑돌을 늘어놓을 때, 7째 번 모양에서 흰색 바둑돌과 검은색 바둑돌 중 무슨 색 바둑돌이 몇 개 더 많은지 구해 보시오.

검은색 바둑돌, 8개

6

정답과 풀이 38쪽

09 가장 오른쪽 수는 1, 4, 9, 16…입니다.
따라서 8째 줄의 가장 오른쪽 수는 64입니다.
61이 있는 줄의 가장 오른쪽 수는 64이므로
61은 8째 줄에 있습니다.

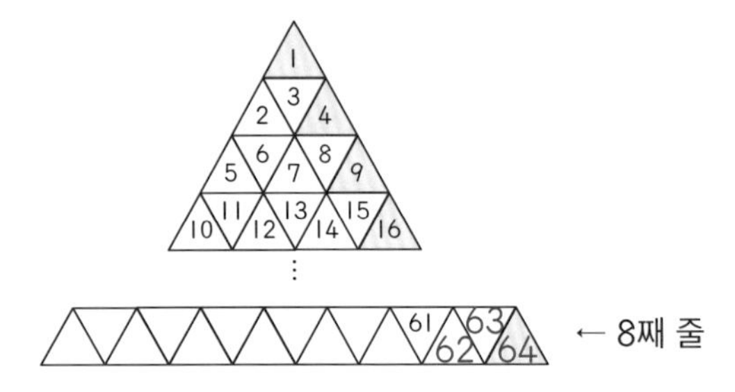

10 흰색 바둑돌 2개와 검은색 바둘돌 2개를 다음과 같이 묶고 남은 바둑돌의 색과 개수를 알아봅니다.

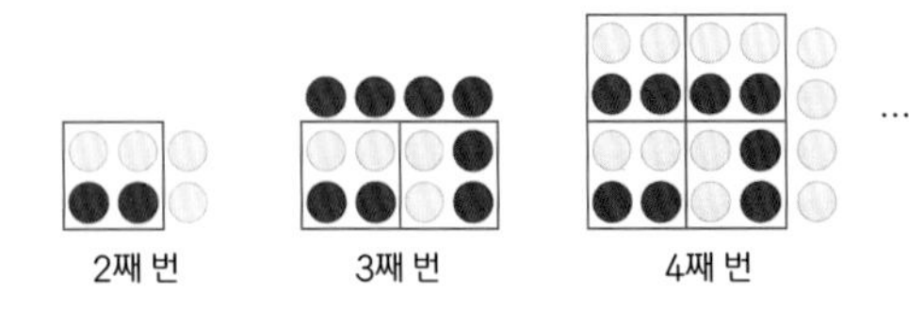

2째 번 모양에서는 흰색 바둑돌이 2개 더 많습니다.
3째 번 모양에서는 검은색 바둑돌이 4개 더 많습니다.
4째 번 모양에서는 흰색 바둑돌이 4개 더 많습니다.
5째 번 모양에서는 검은색 바둑돌이 6개 더 많습니다.
6째 번 모양에서는 흰색 바둑돌이 6개 더 많습니다.
따라서 7째 번 모양에서는 검은색 바둑돌이 8개 더 많습니다.

형성평가 기하 영역

01 성냥개비로 만든 다음 모양은 사각형 1개와 정육각형 1개로 이루어져 있습니다. 성냥개비 3개를 옮겨 정육각형 1개와 사각형 3개를 찾을 수 있는 모양으로 만들어 보시오.

예시답안

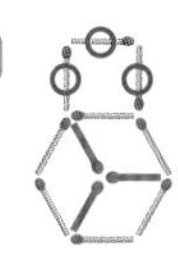

02 정삼각형 4개를 이어 붙여 만들 수 있는 서로 다른 모양을 모두 그려 보시오.

03 다음 모양을 크기와 모양이 같게 선을 따라 4조각으로 나누어 보시오.

예시답안

04 다음 모양을 조건에 맞게 사각형으로 나누고, ?에 알맞은 수를 찾아 써 보시오.

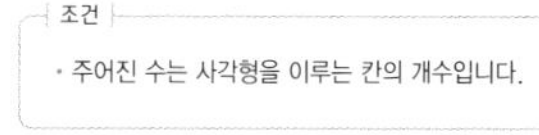

조건

• 주어진 수는 사각형을 이루는 칸의 개수입니다.

예시답안

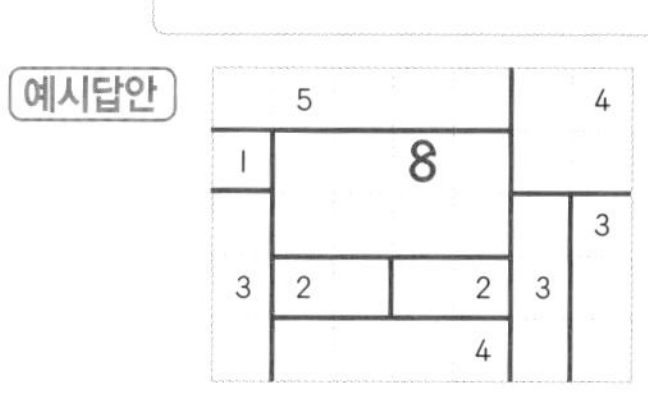

8

9

01 정육각형 밖에 있는 성냥개비 3개를 정육각형 안으로 옮겨 사각형 3개를 만들어 봅니다.

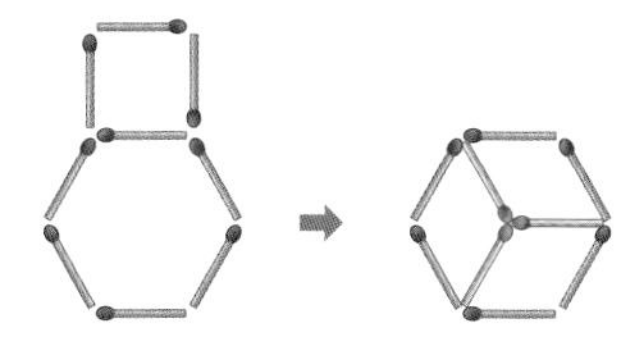

02 정삼각형 2개를 붙여 만들 수있는 모양은 다음과 같습니다.

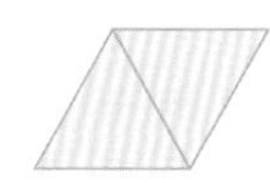

이 모양에 정삼각형 2개를 붙여 만들 수 있는 모양을 모두 찾아봅니다.

03 정삼각형 24개로 이루어진 도형이므로 4조각으로 나누면 1조각에 정삼각형이 6개씩 들어가야 합니다.

예시답안

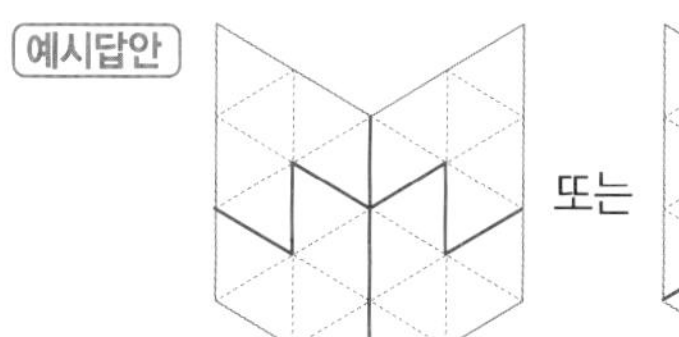

또는

04 가장 큰 수인 5를 포함하는 직사각형을 먼저 그린 후 나머지 직사각형을 조건에 맞게 나누고 남는 칸의 수를 세어 봅니다.

	5					4
1			?			
						3
3	2			2	3	
				4		

형성평가 기하 영역

05 성냥개비를 4개 더해서 크고 작은 정삼각형 13개가 되도록 만들어 보시오.

예시답안

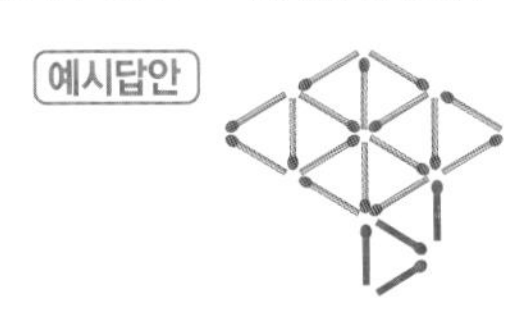

06 다음 모양은 81개의 작은 정사각형으로 이루어져 있습니다. 이 모양을 크고 작은 10개의 정사각형으로 나누어 보시오.

예시답안

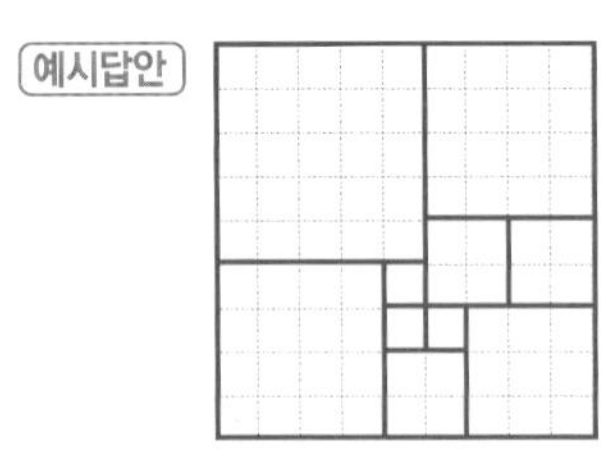

07 정사각형 4개를 붙여 만든 도형을 테트로미노라고 합니다. 다음 모양을 알파벳이 하나씩 들어 있는 서로 다른 테트로미노 5조각으로 나누어 보시오.

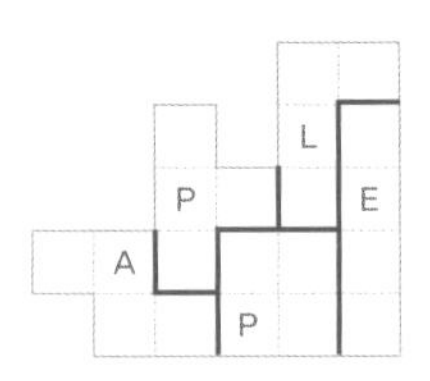

08 다음과 같은 모양의 정사각형 2개가 있습니다. 2개의 정사각형을 이어 붙여 만들 수 있는 서로 다른 모양은 모두 몇 가지인지 구해 보시오. (단, 돌리거나 뒤집었을 때 색칠된 부분까지 같은 모양은 한 가지로 봅니다.) 6가지

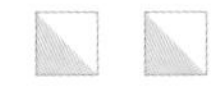

10

11

05 성냥개비 16개로 정삼각형 10개를 만들 수 있습니다.

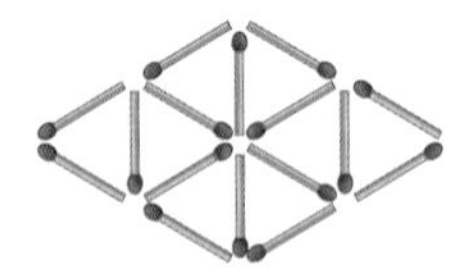

아래 그림과 같이 성냥개비 4개를 더하면 정삼각형 3개를 더 만들 수 있습니다.

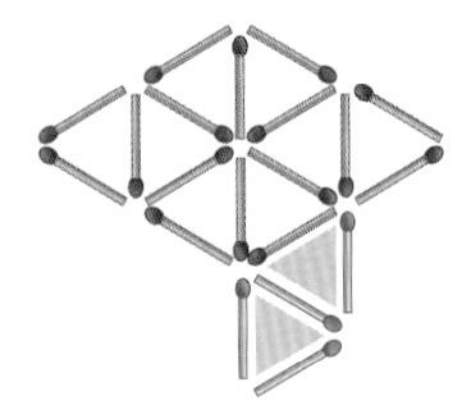

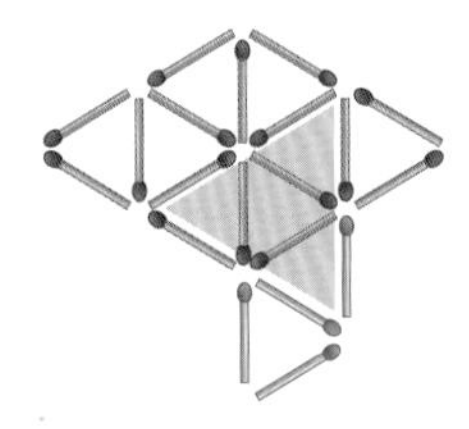

06 주어진 모양에 들어갈 수 있는 가장 큰 정사각형의 크기와 위치를 정합니다. 남은 부분에 더 작은 정사각형을 조건에 맞게 그립니다.

07 테트로미노 조각은 다음과 같이 5가지입니다. 주어진 모양을 알파벳이 하나씩 있도록 나누어 봅니다.

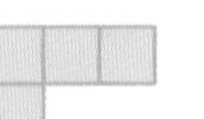

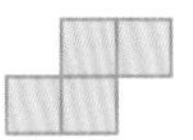

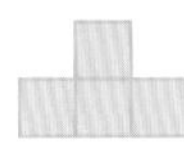

08 여러 가지 방법으로 그려 보고 같은 모양을 찾아봅니다.

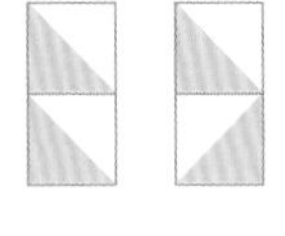

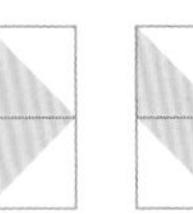

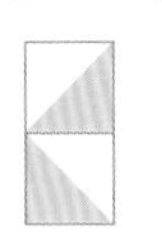

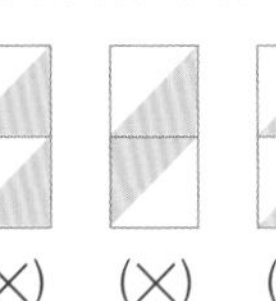

(×) (×) (×) (×)

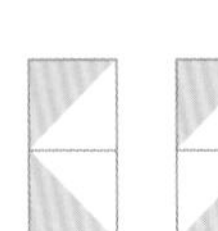

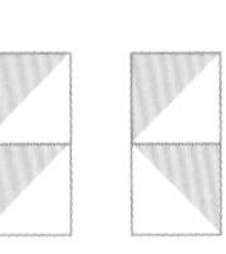

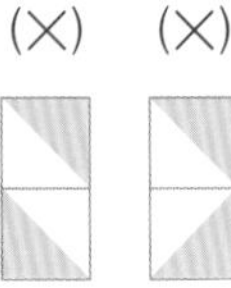

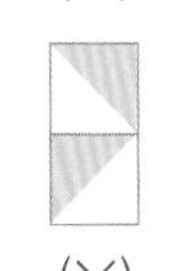

(×) (×) (×) (×) (×) (×)

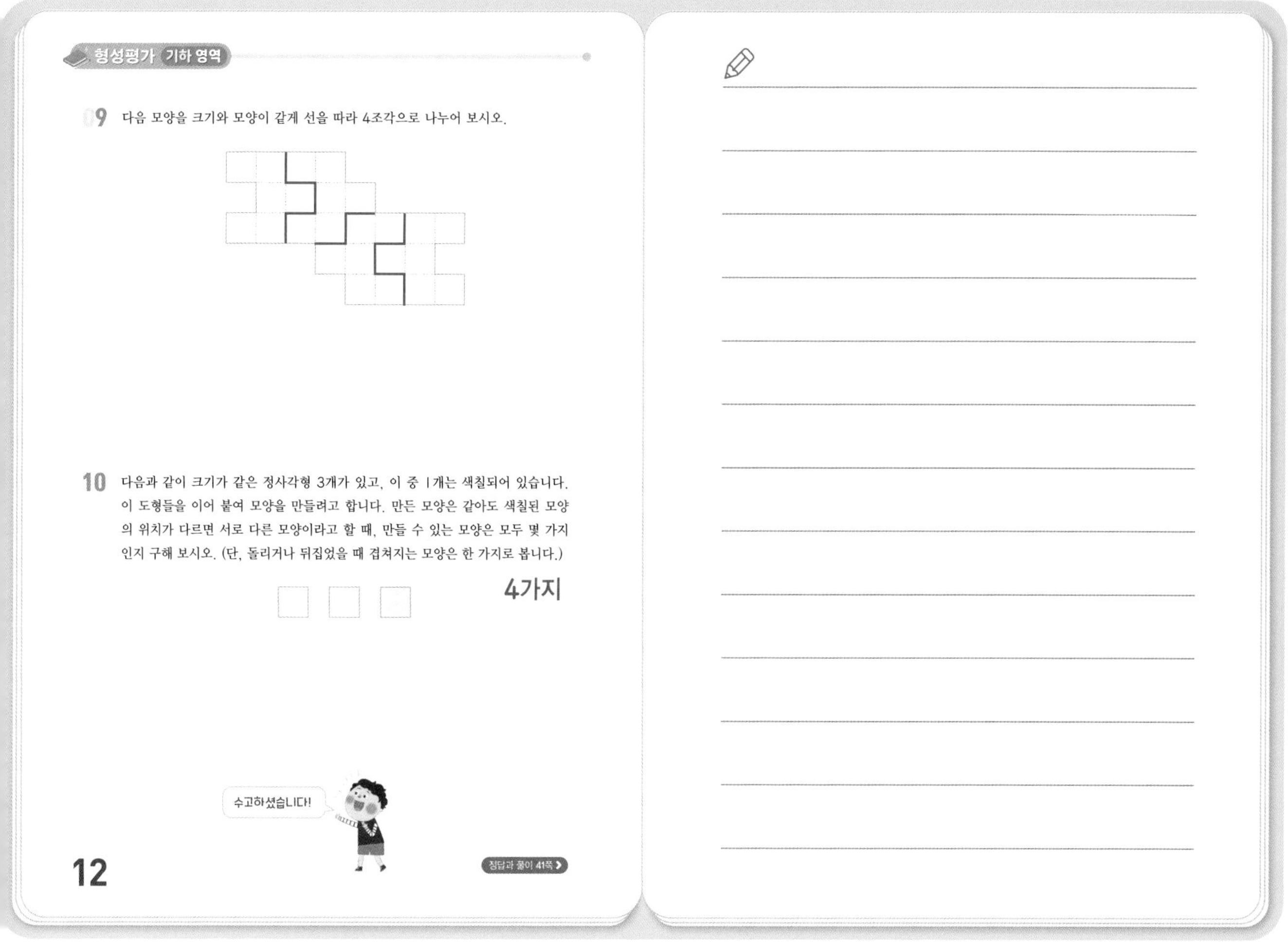

형성평가 기하 영역

09 다음 모양을 크기와 모양이 같게 선을 따라 4조각으로 나누어 보시오.

10 다음과 같이 크기가 같은 정사각형 3개가 있고, 이 중 1개는 색칠되어 있습니다. 이 도형들을 이어 붙여 모양을 만들려고 합니다. 만든 모양은 같아도 색칠된 모양의 위치가 다르면 서로 다른 모양이라고 할 때, 만들 수 있는 모양은 모두 몇 가지인지 구해 보시오. (단, 돌리거나 뒤집었을 때 겹쳐지는 모양은 한 가지로 봅니다.)

4가지

수고하셨습니다!

12

정답과 풀이 41쪽

09 먼저 크기와 모양이 같게 2조각으로 나누어 봅니다.

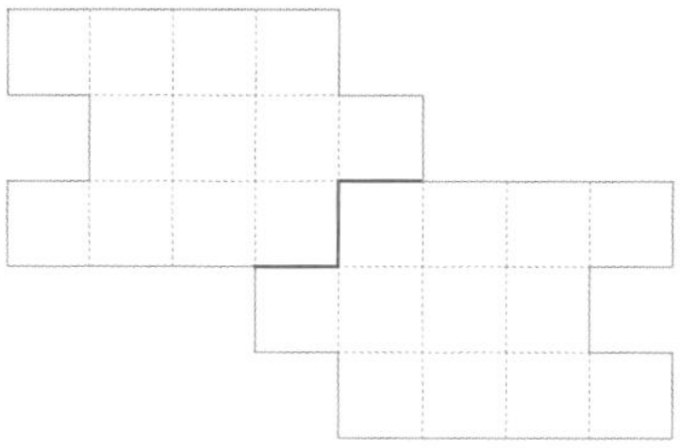

10 • □□ 모양을 기준으로 □ 모양을 붙여 봅니다.

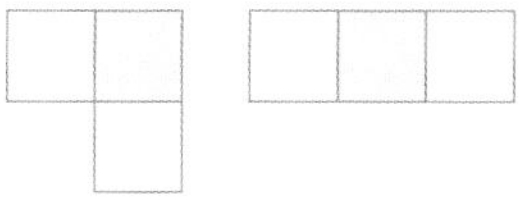

• □□ 모양을 기준으로 □ 모양을 붙여 봅니다.

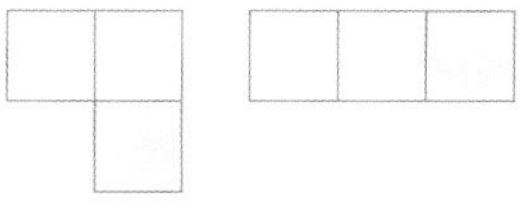

형성평가 문제해결력 영역

01 수지가 한 권에 450원짜리 공책을 몇 권 살 돈만 가지고 문구점에 갔는데 한 권에 400원짜리 공책을 같은 권수만큼 샀더니 450원이 남았습니다. 수지가 산 공책은 몇 권인지 구해 보시오. 9권

02 원 모양의 호수가 있습니다. 호수의 둘레가 80m일 때, 4m 간격으로 나무를 심으려면 필요한 나무는 몇 그루인지 구해 보시오. (단, 나무의 두께는 생각하지 않습니다.) 20그루

14

03 나무늘보가 나무를 기어오르는데 1시간 동안 70cm 기어올랐다가 그다음 1시간 동안은 50cm 미끄러져 내려온다고 합니다. 이 나무늘보가 1m 50cm의 나무 꼭대기까지 기어오르는데 걸리는 시간은 몇 시간인지 그림을 그려 구해 보시오.

9시간

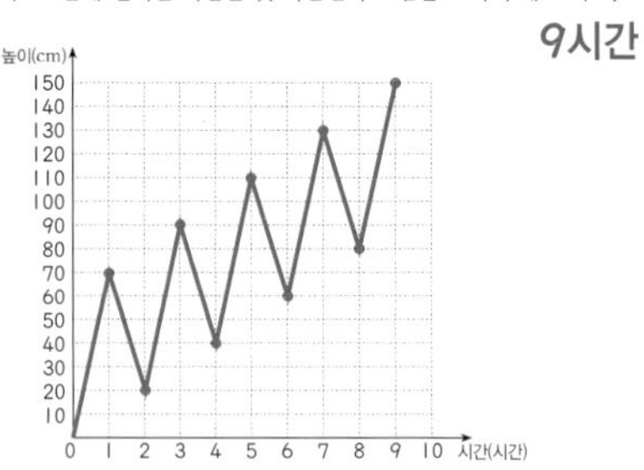

04 블록을 재우는 세희보다 3개 더 많이 가지고 있고, 주아는 세희의 2배만큼 가지고 있습니다. 세 사람이 가지고 있는 블록이 모두 59개일 때 세 사람이 가지고 있는 블록은 각각 몇 개인지 구해 보시오.

재우: 17개, 세희: 14개, 주아: 28개

15

01 (두 가격의 차이)=450−400=50(원)
●권을 샀을 때 남는 돈이 (50×●)원이므로
50×●=450이고, ●=9입니다.
따라서 수지가 산 공책은 9권입니다.

02 (간격의 수)=(호수의 둘레)÷(나무 사이의 간격)이고,
(나무의 수)=(간격의 수)이므로
필요한 나무는 80÷4=20(그루)입니다.

03 나무늘보의 움직임을 그림으로 나타내면 9시간 후에 1m 50cm의 꼭대기에 도착하게 됩니다.

04 그림으로 나타내면 다음과 같습니다.
재우 □ +3개
세희 □
주아 □□
세 사람이 가지고 있는 블록은 모두 59개이므로
□ 4칸과 블록 3개는 59개를 나타냅니다.
□ 1칸은 (59−3)÷4=14(개)를 나타냅니다.
따라서 재우는 14+3=17(개), 세희는 14개,
주아는 14×2=28(개)를 가지고 있습니다.

형성평가 문제해결력 영역

05 서준이와 지민이는 젤리를 나누어 가졌습니다. 서준이가 지민이에게 젤리를 5개 주었더니 둘이 가진 젤리가 11개로 같아졌습니다. 처음에 나누어 가진 젤리는 각각 몇 개인지 구해 보시오. 서준: 16개, 지민: 6개

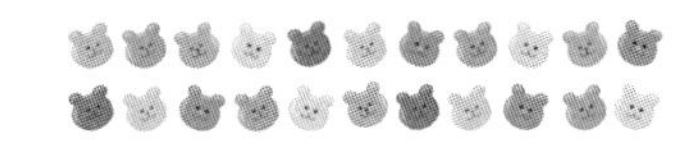

06 방에서 보일러를 1시간 동안 켜 놓으면 실내 온도가 4℃ 높아지고, 1시간 동안 꺼 놓으면 3℃ 낮아집니다. 보일러를 1시간마다 켜고 끄기를 반복할 때, 오전 10시에 17℃였던 방의 온도가 처음으로 23℃가 되는 것은 몇 시인지 구해 보시오.

오후 3시

07 어느 수학 시험에 4점짜리 문제와 3점짜리 문제가 섞여 있습니다. 지호가 수학 시험에서 15문제를 맞히고 54점을 받았습니다. 지호가 맞힌 4점짜리와 3점짜리 문제는 각각 몇 개인지 구해 보시오.

4점짜리 문제: 9개, 3점짜리 문제: 6개

08 도윤, 수아, 선우가 합하여 1200원의 돈을 가지고 있었습니다. 수아가 도윤이에게 200원을 주고 도윤이가 선우에게 150원을 주었더니 3명이 가진 돈이 모두 같아졌습니다. 3명이 처음에 가지고 있던 돈은 각각 얼마인지 구해 보시오.

도윤: 350원, 수아: 600원, 선우: 250원

16 17

05 서준이가 지민이에게 젤리 5개를 주어서 둘이 가진 젤리의 수가 11개로 같아졌으므로
서준이가 처음 가진 젤리는 $11+5=16$(개)이고,
지민이가 처음 가진 젤리는 $11-5=6$(개)입니다.

06 방의 온도의 변화를 그래프로 나타내면 다음과 같습니다.

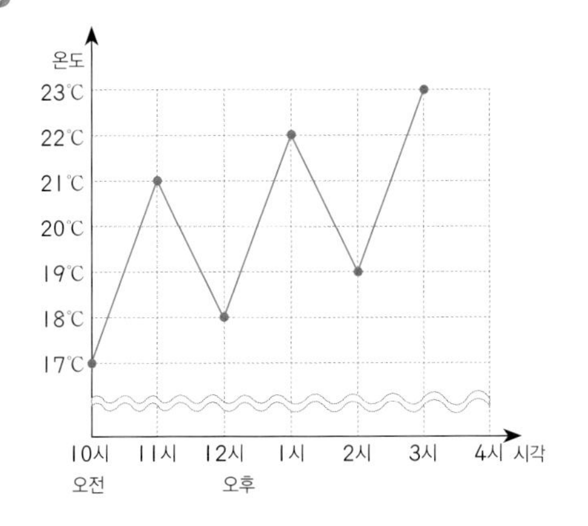

그래프에서 방의 온도가 처음으로 23℃가 되는 것은 오후 3시입니다.

07 15문제 모두 3점짜리 문제라고 가정하면 받은 점수는 $3\times15=45$(점)이 됩니다.
3점짜리 문제 1개가 4점짜리 문제로 바뀔 때마다 1점씩 늘어납니다.
따라서 늘어난 점수는 $54-45=9$(점)이므로
3점짜리 문제는 $15-9=6$(개), 4점짜리 문제는 9개가 됩니다.

08 3명이 마지막에 같은 금액을 가지고 있고,
돈은 모두 1200원이므로 3명이 마지막에 가진 돈은 각각 $1200\div3=400$(원)입니다.

- 수아는 도윤이에게 200원을 주었으므로 가진 돈보다 200원이 줄었습니다.
  따라서 수아가 처음 가지고 있던 돈은 $400+200=600$(원)입니다.
- 도윤이는 수아에게 200원을 받았고, 선우에게 150원을 주었으므로 처음 가진 돈보다 50원 늘었습니다. 따라서 도윤이가 처음 가진 돈은 $400-50=350$(원)입니다.
- 선우는 도윤이에게 150원을 받았으므로 처음 가진 돈보다 150원 늘었습니다.
  따라서 선우가 처음 가진 돈은 $400-150=250$(원)입니다.

형성평가 문제해결력 영역

09 과일 바구니에 들어 있는 사과의 수는 복숭아의 수의 3배보다 1개 더 많고, 귤의 수는 복숭아의 수의 2배만큼 있습니다. 과일 바구니에 들어 있는 사과, 복숭아, 귤은 모두 55개일 때, 사과는 귤보다 몇 개 더 많이 들어 있는지 구해 보시오.

10개

10 가인이가 900원짜리 과자를 ●개 살 돈만 가지고 마트에 갔는데 마침 할인을 해서 810원씩 주고 (●+1)개를 샀더니 90원이 남았습니다. 처음에 가인이가 마트에 가지고 간 돈은 얼마인지 구해 보시오. (단, ●는 같은 수입니다.)

9000원

수고하셨습니다!

18

정답과 풀이 44쪽

09 그림으로 나타내면 다음과 같습니다.

사과 □□□ +1개
복숭아 □
귤 □□

과일은 모두 55개이므로
□ 6칸과 과일 1개는 55개를 나타냅니다.
□ 1칸은 $(55-1) \div 6 = 9$(개)를 나타냅니다.
따라서 사과는 귤보다 (□+1)개 더 많으므로 10개 더 많습니다.

10 900원과 810원의 차는 90원이고,
900원짜리 ●개와 810원짜리 ●개를 똑같이 샀다고 하면 두 금액의 차이는 $(810+90)$원입니다.

→ 남은 돈 (90)
→ 810원짜리 과자는 900원짜리 과자보다 1개 더 살 수 있습니다. (810)

$90 \times ● = 900$, $● = 10$이므로
처음에 가인이가 가지고 있던 돈은 $900 \times 10 = 9000$(원)입니다.

총괄평가 1

Lv.3 응용 B

01 규칙을 찾아 빈칸에 알맞은 수를 써넣으시오.

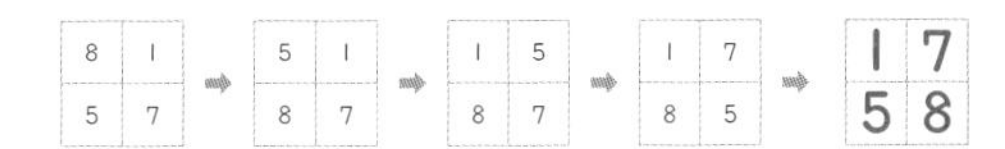

02 규칙을 찾아 안에 알맞은 수를 써넣으시오.

2, 1, 4, 2, 6, 4, 8, 7, 10, 11, 12, 16, 14

03 규칙을 찾아 색칠된 칸에 들어갈 수를 구해 보시오. 49

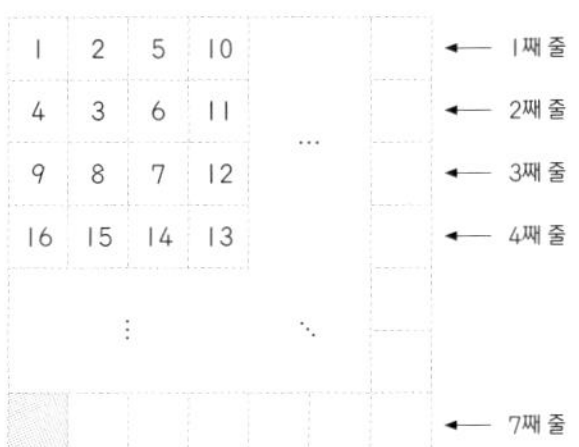

04 주어진 모양을 크기와 모양이 같은 2조각으로 나누려고 합니다. 서로 다른 3가지 방법으로 나누어 보시오. (단, 돌리거나 뒤집었을 때 겹쳐지는 모양은 한 가지로 봅니다.)

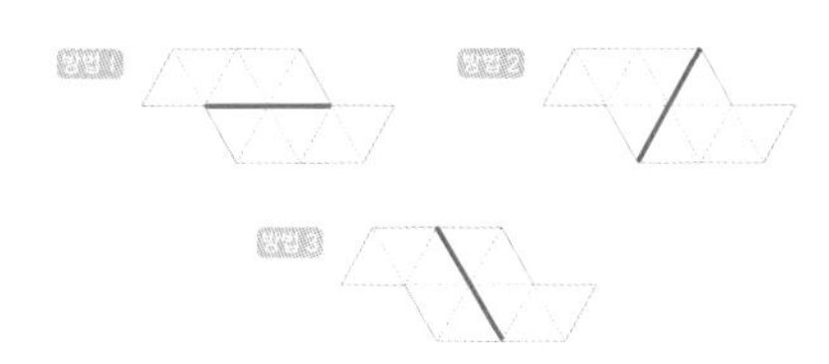

20

21

01 색칠된 부분의 숫자가 서로 바뀌는 규칙입니다.

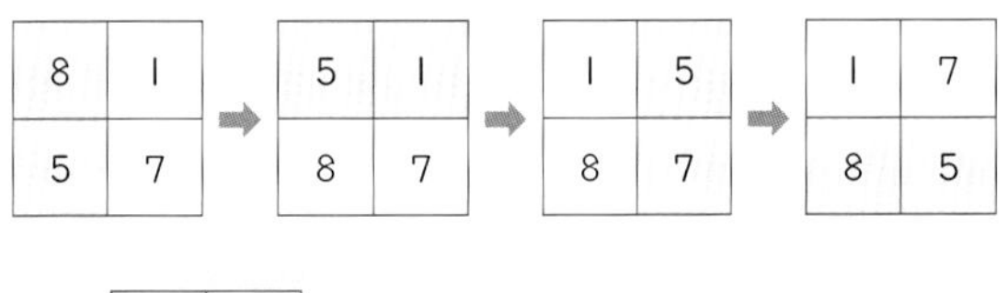

1	7
5	8

02 홀수째 번 수는 2부터 시작하여 2씩 커지는 규칙이고, 짝수째 번 수는 1부터 시작하여 1, 2, 3, 4…로 늘어나는 수가 1씩 커집니다.

03 각 줄의 왼쪽에서 첫째 번 수는
$1\times1=1$, $2\times2=4$, $3\times3=9$…입니다.
따라서 7째 줄의 왼쪽에서 첫째 번 수는 $7\times7=49$입니다.

04 주어진 모양의 한가운데 점은 다음과 같습니다.

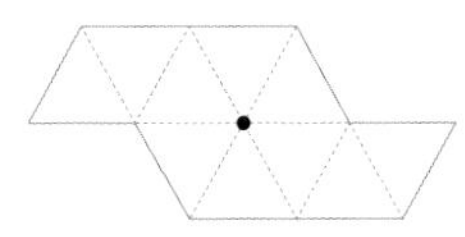

총괄평가 1 Lv.3 응용 B

05 성냥개비로 만든 다음 모양에서 찾을 수 있는 크고 작은 정삼각형은 모두 몇 개인지 구해 보시오. **10개**

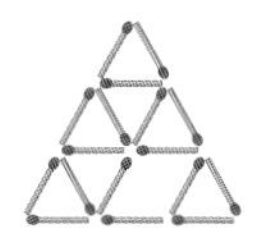

06 정삼각형 5개를 이어 붙여 만들 수 있는 서로 다른 모양을 모두 그려 보시오.
(단, 돌리거나 뒤집어서 겹쳐지는 모양은 한 가지로 봅니다.)

07 길이가 40 m인 산책로가 시작되는 곳부터 끝나는 곳까지 길의 양쪽에 8 m 간격으로 가로등을 설치하려고 합니다. 가로등은 모두 몇 개 필요한지 구해 보시오. (단, 가로등의 두께는 생각하지 않습니다.) **8분**

08 새끼 곰이 높이가 10 m인 나무를 기어 올라가려고 합니다. 새끼 곰은 10분 동안 6 m를 올라가고, 5분 쉬는 동안 다시 4 m만큼 미끄러져 내려옵니다. 새끼 곰이 나무 꼭대기까지 오르는데 걸리는 시간은 몇 분인지 그림을 그려 구해 보시오. **40분**

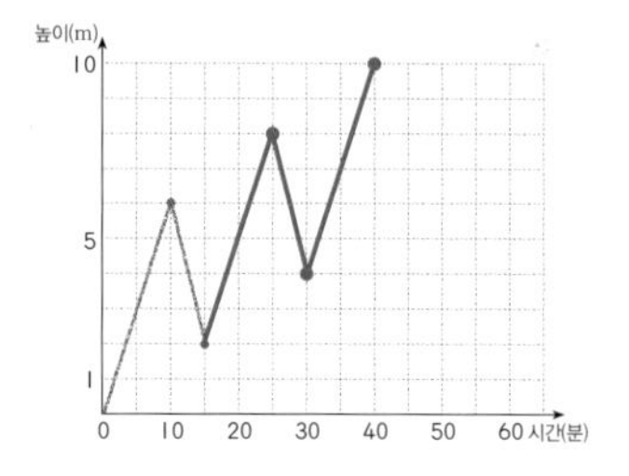

22 23

05 가장 작은 정삼각형 1개짜리 7개, 4개짜리 2개, 9개짜리 1개이므로

 : 7개 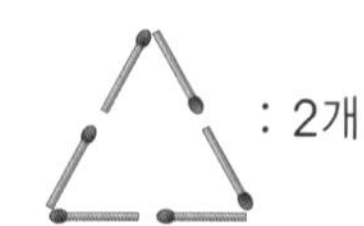 : 2개 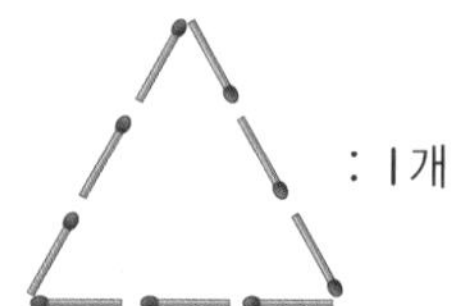 : 1개

정삼각형은 모두 $7+2+1=10$(개)입니다.

06 정삼각형 3개를 붙여 만들 수 있는 모양은 다음과 같은 모양입니다.

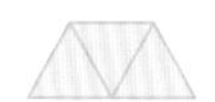

위 모양에 정삼각형 1개를 붙여 만들 수 있는 모양은 다음과 같은 모양입니다.

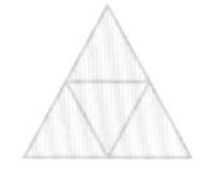 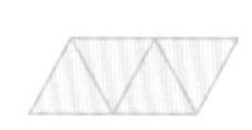 

위 모양에 정삼각형 1개를 더 붙여 만들 수 있는 모양은 다음과 같은 모양입니다.

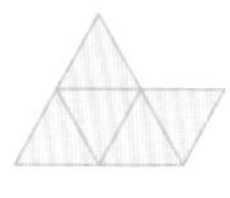 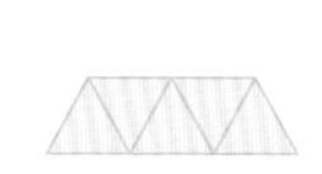 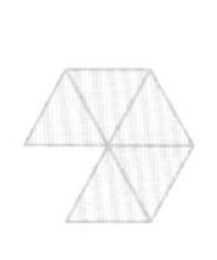 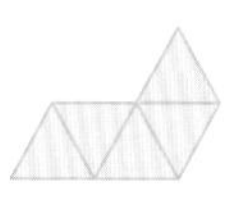

07 (간격의 수)=(전체 길이)÷(가로등 사이의 간격)이므로 간격은 $40 \div 8=5$(군데)이고,
(가로등의 수)=(간격의 수)+1이므로 길 한쪽에 설치해야 하는 가로등은 $5+1=6$(개)입니다.
따라서 길의 양쪽에 설치하기 위해 필요한 가로등은 $6+6=12$(개)입니다.

08 TIP 올라갈 때는 10분 동안 6m를 올라가고, 내려올 때는 5분 동안 4m 내려오는 것에 주의하여 그림을 그립니다. 그림에서 높이가 10m가 될 때까지 그려야 한다는 것도 주의합니다.

총괄평가 Lv.3 응용 B

09 서아, 이서, 지희가 합하여 900원의 돈을 가지고 있습니다. 서아가 이서에게 150원을 주고 이서가 지희에게 50원을 주었더니 3명의 가진 돈이 모두 같아졌습니다. 세 사람이 처음에 가지고 있던 돈은 각각 얼마인지 구해 보시오.

서아: 450원, 이서: 200원, 지희: 250원

10 10원짜리 동전 1개의 무게는 5g, 50원짜리 동전 1개의 무게는 9g입니다. 10원짜리 동전과 50원짜리 동전이 모두 12개 있습니다. 두 동전의 금액의 합이 400원일 때, 동전의 무게의 합은 몇 g인지 구해 보시오. 88g

수고하셨습니다!

24

정답과 풀이 47쪽

09 마지막에 3명 모두 똑같은 금액을 가지고 있으므로 각자 가진 돈은 $900 \div 3 = 300$(원)씩입니다.

- 서아는 이서에게 150원을 주었으므로 처음에 가지고 있던 돈은 $300 + 150 = 450$(원)입니다.
- 이서는 서아에게 150원을 받고 지희에게 50원을 주었으므로 처음에 가지고 있던 돈은 $300 - 150 + 50 = 200$(원)입니다.
- 지희는 이서에게 50원을 받았으므로 처음에 가지고 있던 돈은 $300 - 50 = 250$(원)입니다.

10 12개의 동전이 모두 50원짜리라고 가정하면 $50 \times 12 = 600$(원)이고,
50원짜리 1개를 10원짜리 1개로 바꿀 때마다 40원씩 줄어듭니다.
가정한 금액과 실제 금액의 차는 $600 - 400 = 200$(원)이므로 $200 \div 40 = 5$(개)의 동전을 바꾼 것입니다.
즉, 10원짜리 동전은 5개, 50원짜리 동전은 7개입니다.
따라서 동전의 무게의 합은
$5 \times 5 + 9 \times 7 = 25 + 63 = 88$(g)입니다.

MEMO

MEMO

MEMO

창의사고력
초등수학

팩토

팩토는 자유롭게 자신감있게 창의적으로 생각하는 주·니·어·수·학·자입니다.

Free Active Creative Thinking O. Junior mathtian

논리적 사고력과 창의적 문제해결력을 키워 주는

매스티안 교재 활용법!

대상	창의사고력 교재		연산 교재
	팩토슐레 시리즈	팩토 시리즈	원리 연산 소마셈
4~5세	팩토슐레 Math Lv.1 (6권)		
5~6세	팩토슐레 Math Lv.2 (6권)		
6~7세	팩토슐레 Math Lv.3 (6권)	팩토 킨더 A, 팩토 킨더 B, 팩토 킨더 C, 팩토 킨더 D	소마셈 K시리즈 K1~K8
7세~초1		팩토 키즈 기본 A, B, C / 팩토 키즈 응용 A, B, C	소마셈 P시리즈 P1~P8
초1~2		팩토 Lv.1 기본 A, B, C / 팩토 Lv.1 응용 A, B, C	소마셈 A시리즈 A1~A8
초2~3		팩토 Lv.2 기본 A, B, C / 팩토 Lv.2 응용 A, B, C	소마셈 B시리즈 B1~B8
초3~4		팩토 Lv.3 기본 A, B, C / 팩토 Lv.3 응용 A, B, C	소마셈 C시리즈 C1~C8
초4~5		팩토 Lv.4 기본 A, B / 팩토 Lv.4 응용 A, B	소마셈 D시리즈 D1~D6
초5~6		팩토 Lv.5 기본 A, B / 팩토 Lv.5 응용 A, B	
초6~		팩토 Lv.6 기본 A, B / 팩토 Lv.6 응용 A, B	